U0577703

化学综合实验

主　编　刘海燕　吴　晓
副主编　苑　蕾　张静玉　汪建江

北京理工大学出版社
BEIJING INSTITUTE OF TECHNOLOGY PRESS

内 容 简 介

本书包括化学实验安全、无机化学实验、有机化学实验、分析化学实验、物理化学实验及仪器分析实验等多个模块，避免了学科间的重复和脱节，有助于在较短的时间内使学生系统地掌握一套完整的化学实验操作技能，初步形成科学思维并培养创新能力。

本书可作为化学类、化工类、材料类、环境类、食品类、轻工类、农林类等各专业本科生的教材，也可供相关技术人员参考。

版权专有　侵权必究

图书在版编目（C I P）数据

化学综合实验 / 刘海燕，吴晓主编. -- 北京 ：北
京理工大学出版社，2024.1

ISBN 978-7-5763-3484-5

Ⅰ. ①化… Ⅱ. ①刘… ②吴… Ⅲ. ①化学实验-高
等学校-教材 Ⅳ. ①O6-3

中国国家版本馆 CIP 数据核字（2024）第 036836 号

责任编辑： 陈　玉		**文案编辑：** 李　硕	
责任校对： 刘亚男		**责任印制：** 李志强	

出版发行 / 北京理工大学出版社有限责任公司

社　　址 / 北京市丰台区四合庄路 6 号

邮　　编 / 100070

电　　话 / （010）68914026（教材售后服务热线）
　　　　　　　（010）68944437（课件资源服务热线）

网　　址 / http://www.bitpress.com.cn

版 印 次 / 2024 年 1 月第 1 版第 1 次印刷

印　　刷 / 三河市天利华印刷装订有限公司

开　　本 / 787 mm×1092 mm　1/16

印　　张 / 15.5

字　　数 / 286 千字

定　　价 / 78.00 元

前　言

  党的二十大报告强调了"创新驱动发展""科教兴国"等战略部署，为新时代化学实验教学指明了方向。本书深入贯彻党的二十大精神，全面落实立德树人根本任务，通过丰富多样的化学实验活动，引导学生感受化学与科技创新的魅力，激发其探索未知的热情，为培养新时代化学人才打下坚实基础。

  本书包括化学实验安全、无机化学实验、有机化学实验、分析化学实验、物理化学实验及仪器分析实验等多个模块，避免了学科间的重复和脱节，有助于在较短的时间内使学生系统地掌握一套完整的化学实验操作技能。全书各大实验模块分工明确，并相互综合，强调化学实验的综合性、设计性和研究性。在培养学生掌握实验的基本操作、基本技能和基本知识的同时，培养学生的创新思维与科学研究能力。

  在教育信息化背景下，本书将纸质教材与数字化资源有机融合，将实验项目中某些关键性实验操作以数字化的形式呈现，为学生提供更加直观、生动的学习体验，让化学学习变得更加有趣、高效和安全。

  总之，本书紧密围绕党的二十大精神，以培养学生的科学素养和实践探索精神为核心目标，注重绿色环保理念和安全实验操作，传承化学文化，为新时代化学实验教学注入新的活力和动力。

  本书由营口理工学院刘海燕（第1章）、苑蕾（第2章）、张静玉（第3章）、吴晓（第4章4.1~4.5，第6章）、韩璐（第4章4.6~4.13）、汪建江（第5章5.1~5.8）、王晓民（第5章5.9~5.12）共同编写，全书由刘海燕和吴晓策划、组织、统稿及审核。在编写过程中，还参考了有关专家的文献资料和教材，在此一并表示最衷心的感谢！

  由于编者学识水平有限，书中难免存在疏漏之处，敬请专家和读者批评指正。

编　者

2023 年 4 月

目　　录

第1章　化学实验安全

1.1　化学实验的目的

化学实验是化学理论产生的基础，是检验化学理论正确与否的唯一标准，同时也是化学学科促进生产力发展的根本。化学实验包含无机化学实验、有机化学实验、分析化学实验、物理化学实验及仪器分析实验等，是化学工程与工艺、应用化学、能源科学与工程、环境科学与工程等专业大学期间必修的基础化学实验课。它的主要目的是通过实验，巩固并加深对理论课程（无机化学、有机化学、分析化学、物理化学及仪器分析）基本概念和基本理论的理解；掌握化学实验的基本操作和技能，学会正确地使用基本仪器测量实验数据，正确地处理数据和表达实验结果；掌握一些物质的制备、提纯和检验方法；培养严谨的科学态度和良好的工作作风，以及独立思考、分析问题、解决问题的能力；培养独立设计和研究实验的能力，为后续实践课程的学习、科学研究奠定坚实的基础。

1.2　化学实验的学习方法

化学实验的学习方法，大致可从预习、实验、完成实验报告三个方面来掌握。

1.2.1　预习

为了使实验能够获得良好的效果，实验前必须充分进行预习，预习的重点为：
（1）明确实验目的和任务；
（2）理解实验原理；
（3）了解实验仪器；
（4）清楚实验的内容及步骤、操作过程和实验时应当注意的事项；
（5）撰写实验预习报告。
总之，实验预习时要认真阅读实验教材，学习网上实验课程资料，必要时查阅有关资料、参考书、手册，获得该实验所需的有关化学反应方程式、常数等。初步了解仪器的构造、原理和操作规范，通过自己对本实验的理解，简要地写好实验预习报告。

1.2.2　实验

根据实验教材上所规定的方法、步骤、试剂用量和实验操作规程来进行操作，实验中应该做到下列几点。

（1）认真操作，细心观察。对每一步操作的目的及作用，以及可能出现的问题进行认真的探究，并把观察到的现象，如实、详细地记录下来。实验数据和实验现象应及时且真实地记录在实验记录本上。

（2）深入思考。如果发现观察到的实验现象和理论不符合，先要尊重实验事实，然后加以分析，认真检查其原因，并细心地重做实验。必要时可做对照实验、空白实验或自行设计的实验来核对，直到从中得出正确的结论。

（3）实验中遇到疑难问题和异常现象而自己难以解释时，可提请实验指导老师解答。

（4）实验过程中要勤于思考，注意培养自己严谨的科学态度和实事求是的科学作风，绝不能弄虚作假，随意修改数据。若定量实验失败或产生的误差较大，应努力寻找原因，并经实验指导老师同意，重做实验。

（5）在实验过程中应该保持严谨的态度，严格遵守实验室规则。实验后做好结束工作，包括清洗、整理好仪器、药品，清理实验台面，清扫实验室，检查电源、水源和气源开关，关好门窗。

1.2.3　完成实验报告

做完实验后，应解释实验现象并得出结论，或根据实验数据进行计算，完成实验报告并及时交指导老师审阅。实验报告是实验的总结，应该简明扼要、结论明确、字迹端正、整齐洁净。

实验报告一般应包括下列几个部分：

（1）实验名称、实验日期，若有的实验是几人合作完成，则应注明合作者；

（2）实验目的；

（3）实验原理；

（4）实验所用仪器与试剂；

（5）实验步骤和实验现象，尽量用简图、表格、化学式、符号等表示；

（6）实验结果及讨论，根据实验的现象进行分析、解释，得出正确的结论，写出化学反应方程式，或根据记录的数据进行计算，并将计算结果与理论值比较，分析产生误差的原因。

对自己在本次实验中出现的问题进行认真的讨论，从中得出有益的结论，指导自己今后更好地完成实验。

以上各项，可根据具体情况取舍。

1.3　化学实验基本要求及实验室安全知识

1.3.1　化学实验基本要求

（1）实验前必须认真预习，明确实验目的和要求，了解实验原理和内容，熟悉实验操作步骤，写出实验预习报告。

（2）学生应准时进入实验室，不准将饮料及食品等带入实验室，在规定的位置上进行实验，未经允许不得擅自挪动。

（3）实验中应保持安静和良好秩序，认真操作、仔细观察和如实做好实验记录。未经指导老师同意不得任意改变药品用量和实验内容。

（4）爱护公物。公用仪器、药品、器材应在指定地点使用，或用后及时放回原处。严禁将实验仪器、化学药品擅自带出实验室。

（5）避免损坏实验仪器及玻璃器皿。如有损坏、丢失，应及时报告指导老师，按规定填写破损单，酌情处理。

（6）实验完毕后，及时做好实验后处理工作：清洗、整理仪器，检查安全，清理实验台及水槽卫生，按要求及时上交实验记录，交指导老师批阅。

（7）实验过程中的废纸、火柴梗等固体废物，要放入废物桶内，不要丢在水池中或地面上，以免堵塞水池或弄脏地面。

（8）严格遵守操作规程，确保安全，如遇事故，应保持冷静，并及时向指导老师报告，以便及时处理，防止事故扩大。

（9）学生轮流值日。值日生负责整理公用物品、打扫实验室、检查水电是否关闭，最后关好门窗，得到指导老师许可后方可离开实验室。

（10）实验后应认真完成实验报告。

1.3.2　实验室安全知识

1. 事故的预防

（1）在操作易燃、易爆的液体（如乙醚、乙醇、丙酮、苯、汽油等）时应远离火源，禁止将上述溶剂放入敞开容器内。

（2）易燃、易挥发物不得倒入废液缸内，应倒入指定回收瓶中。

（3）化学品不要沾在皮肤上，每次实验完毕后应立即洗手。

（4）严禁在实验室内饮食、吸烟。

（5）不能用湿手去使用电器或手握湿物安装插头。实验完毕后应先切断电源，再拆卸装置。

2. 事故处理

（1）着火：化学实验室的易燃、易爆物品需定期检查，使用时远离火种，也不能与强氧化剂接触。实验室里严禁吸烟，严禁生火取暖；电气用品要经常检修，防止绝缘不良而短路或超负荷而引起线路起火。一旦发生火灾应立即移开可燃物，切断电源，停止通风。对于小面积的火灾，应立即用湿布、沙子等覆盖燃烧物，隔绝空气使停火熄灭。火灾发生后应立即报警，根据燃烧物性质使用相应的灭火器，进行抢救，以减少损失。常用的灭火器有以下几种：

①二氧化碳灭火器，适用于电器起火；

②干粉灭火器，适用于可燃气体、油类、电气设备、文件资料等的初起火灾；

③1211灭火器，适用于油类、有机溶剂、高压电气设备和精密仪器等的起火；

④泡沫式灭火器，适用于油类和一般起火。

（2）灼伤：强酸、强碱、强氧化剂、溴、磷、钠、钾、苯酚、冰醋酸等都会腐蚀皮肤，特别要防止溅入眼内。液氧、液氮等低温物质也会严重灼伤皮肤，使用时要小心。万一灼伤应及时治疗。浓酸、浓碱等灼伤时，应立即用大量自来水冲洗，然后按以下方法处理：酸灼伤时，水冲洗后用3%~5%碳酸氢钠溶液（或肥皂水、稀氨水）处理，涂上凡士林或其他药物；碱灼伤时，水冲洗后用1%醋酸或5%硼酸溶液处理，涂凡士林或其他药物；若酸碱溅入眼内，则应立即用大量水冲洗，再用1%碳酸氢钠溶液或1%硼酸溶液冲洗，最后用水洗。

（3）烫伤：轻者可用稀甘油、万花油、蓝油烃等涂抹患处。重者可用蘸有饱和苦味酸溶液（或饱和高锰酸钾溶液）的棉球或纱布敷患处，必要时到医院处理。切忌用水冲洗。

（4）创伤：玻璃、铁屑等刺伤时，先取出异物，再用3%过氧化氢溶液、红汞或碘酒等涂抹、包扎。如遇出血过多或刺入的异物太深，应到医院处理。

（5）毒物进入口内：将5~10 mL稀硫酸铜溶液加入一杯温水中，内服后，用手指伸入咽喉部，促使呕吐，吐出毒物后立即前往医院检查。

（6）触电：首先切断电源，然后在必要时进行人工呼吸。

1.4　实验基本知识与基本操作

1.4.1　实验室用水

化学实验室中所用的水必须是纯化的水，不同的实验，对水质的要求也不相同。一般的化学实验用一次蒸馏水或去离子水；超纯分析或精密物理化学实验中，需要水质更高的二次蒸馏水、三次蒸馏水或根据实验要求用无二氧化碳蒸馏水等。

1. 规格

国家标准（GB/T 6682—2008）中，明确规定了实验室用水的级别、主要技术指标及检验方法。该标准采用了国际标准（ISO 3696：1987）。

说明：

（1）由于在一级水、二级水的纯度下，难于测定其真实的pH值，因此，对pH值范围不作规定；

（2）由于在一级水的纯度下，难于测定其可氧化物质和蒸发残渣，因此，对其限量不作规定，可用其他条件和制备方法来保证一级水的质量。

2. 制备方法

实验室制备纯水一般可用蒸馏法、离子交换法和电渗析法。蒸馏法的优点是设备成本低、操作简单，缺点是只能除掉水中非挥发性杂质，且能耗高；离子交换法制得的水，称为"去离子水"，去离子效果好，但不能除掉水中非离子型杂质，常含有微量的有机物；电渗析法是在直流电场作用下，利用阴、阳离子交换膜对原水中存在的阴、阳离子选择性渗透的性质而除去离子型杂质，但也不能除掉非离子型杂质。在实验中，要依据需要选择用水，不应盲目地追求水的纯度。

3. 检验方法

制备出的纯水水质，一般以其电导率为主要质量指标进行检验。一般的检验也可进行，如 pH 值、重金属离子、Cl$^-$离子、SO$_4^{2-}$离子等检验。此外，根据实际工作的需要及生化、医药化学等方面的特殊要求，有时还要进行一些特殊项目的检验。

1.4.2　化学试剂

1. 化学试剂的分类

化学试剂的种类很多，其分类和分类标准也不尽一致。我国化学试剂的标准有国家标准（GB）、化工部标准（HG）及企业标准（QB）。试剂按用途不同可分为一般试剂、标准试剂、特殊试剂、高纯试剂等多种；按组成、性质、结构不同又可分为无机试剂、有机试剂，且新的试剂还在不断产生，没有绝对的分类标准。

化学试剂的纯度较高，根据纯度及杂质含量的多少，可将其分为以下几个等级。

（1）优级纯试剂（简称优级纯）：亦称保证试剂，为一级品，纯度高，杂质极少，主要用于精密分析和科学研究，常以 GR 表示。

（2）分析纯试剂（简称分析纯）：亦称分析试剂，为二级品，纯度略低于优级纯，杂质含量略高于优级纯，适用于重要分析和一般性研究工作，常以 AR 表示。

（3）化学纯试剂（简称化学纯）：为三级品，纯度较分析纯差，但高于实验试剂，适用于工厂、学校的一般性的分析工作，常以 CP 表示。

（4）实验试剂：为四级品，纯度比化学纯差，但比工业品纯度高，主要用于一般化学实验，不能用于分析工作，常以 LR 表示。

以上按试剂纯度的分类法已在我国通用。根据相关规定，化学试剂的不同等级分别用各种不同颜色的标签来区分，如表 1-1 所示。

表 1-1　我国化学试剂的等级及标签颜色

级别	一级品	二级品	三级品	四级品
纯度分类	优级纯	分析纯	化学纯	实验试剂
标签颜色	绿色	红色	蓝色	黄色

2. 化学试剂的取用、存放

实验中应根据不同的要求选用不同级别的试剂。在实验室分装化学试剂时，一般把固体试剂装在广口瓶中，把液体试剂或配制的溶液盛放在细口瓶或带有滴管的滴瓶中，把见光易分解的试剂或溶液（如硝酸银等）盛放在棕色瓶内，每一试剂瓶上都贴有标签，上面写有试剂的名称、规格或浓度（溶液）以及日期，在标签外面涂上一层蜡来保护它。

1）固体试剂的取用规则

（1）用干净的药匙取用，用过的药匙必须洗净、擦干后才能再使用。

（2）试剂取用后应立即盖紧瓶盖。

（3）多取出的药品，不要再倒回原瓶。

（4）一般试剂可放在干净的纸或表面皿上称量。具有腐蚀性、强氧化性或易潮解的试剂不能在纸上称量，应放在玻璃容器内称量。

（5）有毒药品要在老师指导下取用。

2）液体试剂的取用规则

（1）从滴瓶中取用时，要用滴瓶中的滴管，滴管不要触及所接收的容器，以免沾污药品。装有药品的滴管不得横置或滴管口向上斜放，以免液体流入滴管的胶皮帽中。

（2）从细口瓶中取用试剂时，用倾注法。将瓶塞取下，反放在桌面上，手握住试剂瓶上贴标签的一面，逐渐倾斜瓶子，让试剂沿着洁净的瓶口流入试管或沿着洁净的玻璃棒注入烧杯中。取出所需量后，将试剂瓶口在容器上靠一下，再逐渐竖起瓶子，以免遗留在瓶口的液体滴流到瓶的外壁。

（3）在试管里进行某些不需要准确体积的实验时，可以估算取用量。例如，用滴管取，1 mL 相当于多少滴，5 mL 液体占一个试管容量的几分之几等。倒入试管里的溶液的量，一般不超过其容积的 1/3。

（4）定量取用时，用量筒或移液管取。

3）特殊化学试剂（汞、钠、钾）的存放

（1）汞：汞易挥发，在人体内会积累起来，引起慢性中毒，因此不要让汞直接暴露在空气中。汞要存放在厚壁器皿中，保存汞的容器内必须加水将汞覆盖，使其不能挥发。玻璃瓶装汞只能至半满。

（2）钠、钾：通常应保存在煤油中，放在阴凉处，使用时先在煤油中切割成小块，再用镊子夹取，并用滤纸把煤油吸干，切勿与皮肤接触，以免烧伤。未用完的金属碎屑不能乱丢，可加少量酒精，令其缓慢反应掉。

1.4.3　实验室常识

（1）挪动干净玻璃仪器时，勿使手指接触仪器内部。

（2）量瓶是量器，不要用量瓶作盛器。带有磨口玻璃塞的量瓶等仪器的塞子，不要盖错。带玻璃塞的仪器和玻璃瓶等，如果暂时不使用，要用纸条把瓶塞和瓶口隔开。

（3）洗净的仪器要放在架上或干净纱布上晾干，不能用抹布擦拭，更不能用抹布擦拭仪器内壁。

（4）除微生物实验操作要求外，不要用棉花代替橡皮塞或木塞堵瓶口或试管口。

（5）不要用纸片覆盖烧杯和锥形瓶等。

（6）不要用滤纸称量药品，更不能用滤纸作记录。

（7）不要用石蜡封闭精细药品的瓶口，以免掺混。

（8）标签纸的大小应与容器相称，或用大小相当的白纸，绝对不能用滤纸。标签上要写明物质的名称、规格和浓度、配制的日期及配制人。标签应贴在试剂瓶或烧杯的 2/3 处，试管等细长形容器则贴在上部。

（9）使用铅笔写标记时，要在玻璃仪器的磨砂玻璃处。若用玻璃蜡笔或水不溶性油漆笔，则写在玻璃容器的光滑面上。

（10）取用试剂和标准溶液后，需立即将瓶塞塞严，放回原处。取出的试剂和标准溶液，如未用尽，切勿倒回瓶内，以免带入杂质。

（11）凡是带有烟雾、有毒气体和有臭味气体的实验，均应在通风橱内进行。橱门应紧闭，非必要时不能打开。

（12）用实验动物进行实验时，不许戏弄动物。进行杀死或解剖等操作时，必须按照规定方法进行。绝对不能用动物、手术器械或药物开玩笑。

（13）使用贵重仪器如分析天平、比色计、分光光度计、酸度计、冰冻离心机、层析设备等时，应十分重视，加倍爱护。使用前，应熟知使用方法。若有问题，随时请指导老师解答。使用时，要严格遵守操作规程。发生故障时，应立即关闭仪器，并告知管理人员，不得擅自拆修。

（14）一般容量仪器的容积都是在 20 ℃下校准的。使用时如温度差异在 5 ℃以内，容积改变不大，可以忽略不计。

1.5　实验误差及数据处理

化学实验中经常使用仪器对一些物理量进行测量，从而对系统中的某些化学性质和物理性质作出定量描述，以发现事物的客观规律。但实践证明，任何测量的结果都只能是相对准确的，或者说存在某种程度上的不可靠性，这种不可靠性被称为实验误差。产生这种误差的原因，是测量仪器、方法、实验条件以及实验者本人不可避免地存在一定局限性。

对于不可避免的实验误差，实验者必须了解其产生的原因、性质及有关规律，从而在实验中设法控制和减小误差，并对测量的结果进行适当处理，以达到可以接受的程度。

1. 误差及其表示方法

1）准确度

准确度是指某一测定值与"真实值"接近的程度，一般以误差 E 表示：

$$E = 测定值 - 真实值$$

当测定值大于真实值时，E 为正值，说明测定结果偏高；反之，E 为负值，说明测定结果偏低。误差越大，准确度就越差。

实际上绝对准确的实验结果是无法得到的。化学研究中所谓真实值是指由有经验的研究人员用可靠的测定方法进行多次平行测定得到的平均值。以此作为真实值，或者以公认的手册上的数据作为真实值。

2）绝对误差

绝对误差表示实验测定值与真实值之差，它具有与测定值相同的量纲。只用绝对误差不能说明测量结果与真实值接近的程度。分析误差时，除要关注绝对误差的大小外，还必须顾及被测量本身的大小，这就是相对误差。

3）相对误差

相对误差是绝对误差与真实值的商，表示误差在真实值中所占的比例，常用百分数表示。由于相对误差是比值，因此是量纲为 1 的量。

显然，当绝对误差相同时，被测量的值越大，相对误差越小，测量的准确度越高。

4）精密度与偏差

精密度是指在同一条件下，对同一样品平行测定而获得一组测定值相互之间一致的程度。常用重复性表示同一实验人员在同一条件下所得测量结果的精密度，用再现性表示不同

实验人员之间或不同实验室在各自的条件下所得测量结果的精密度。

精密度可用各类偏差来量度。偏差越小，说明测量结果的精密度越高。偏差可分为绝对偏差和相对偏差：

$$绝对偏差 = 个别测定值 - 平均值测定$$

$$相对偏差 = 绝对偏差/平均测定值$$

偏差不计正负号。

2. 有效数字及其运算规则

科学实验要得到准确的结果，不仅要求正确地选用实验方法和实验仪器测定各种量的数值，而且要求正确地记录和运算。实验所获得的数值，不仅表示某个量的大小，还应反映测量这个量的准确程度。一般地，任何一种仪器标尺读数的最低一位，应该用内插法估计到两刻度线之间间距的 1/10。因此，实验中各种量应采用几位数字、运算结果应保留几位数字都是很严格的，不能随意增减和书写。实验数值表示的正确与否，直接关系到实验的最终结果以及它们是否合理。

1) 有效数字

在不表示测量准确度的情况下，表示某一测定值所需要的最少位数的数字即为有效数字。换句话说，有效数字就是实验中实际能够测出的数字，其中包括若干个准确的数字和一个（只能是最后一个）不准确的数字。

有效数字的位数取决于测量仪器的精确程度。例如，用最小刻度为 1 mL 的量筒测量溶液的体积为 10.5 mL，其中 10 是准确的，0.5 是估计的，有效数字是 3 位。如果要用精度为 0.1 mL 的滴定管来量度同一液体，读数可能是 10.52 mL，其有效数字为 4 位，小数点后第二位 0.02 才是估计值。

有效数字的位数还反映了测量的误差，若某铜片在分析天平上称量得 0.500 0 g，则表示该铜片的实际质量在（0.500 0±0.000 1）g 范围内，测量的相对误差为 0.02%；若记为 0.500 g，则表示该铜片的实际质量在（0.500±0.001）g 范围内，测量的相对误差为 0.2%。后者准确度比前者低了一个数量级。

有效数字的位数是整数部分和小数部分位数的组合，可以通过下面几个数字来说明：

数字	0.003 2	81.32	4.025	5.000	6.00%	$7.35×10^{25}$	5 000
有效数字位数	2 位	4 位	4 位	4 位	3 位	3 位	不确定

从上面几个数中可以看到，"0"在数字中可以是有效数字，也可以不是。当"0"在数字中间或有小数的数字之后时都是有效的数字，若"0"在数字的前面，则只起定位作用，不是有效数字。但像 5 000 这样的数字，有效数字位数不好确定，应根据实际测定的精确程度来表示，可写成 $5×10^3$、$5.0×10^3$、$5.00×10^3$ 等。

对于 pH、lg K 等对数值的有效数字位数，仅由小数点后的位数确定，整数部分表示这个数的方次，只起定位作用，不是有效数字，如 pH = 3.48，有效数字是 2 位而不是 3 位。

2) 有效数字的运算规则

在计算一些有效数字位数不相同的数时，按有效数字运算规则计算。可节省时间，减少错误，保证数据的准确度。

（1）加减运算。

加减运算结果的有效数字的位数，应由运算数字中小数点后有效数字位数最少者决定。计算时可先不管有效数字直接进行加减运算，运算结果再按数字中小数点后有效数字位数最少的作四舍五入处理，如 0.764 3、25.42、2.356 三数相加，则为

$$0.764\ 3+25.42+2.356=28.540\ 3\Rightarrow28.54$$

也可以先按四舍五入的原则，以小数点后面有效数字位数最少的为标准处理各数据，使小数点后有效数字位数相同，然后计算，如上例为：$0.76+25.42+2.36=28.54$，因为在 25.42 中精确度只到小数点后第二位，即在 25.42 ± 0.01，其余的数再精确到第三位、第四位就无意义了。

（2）乘除运算。

几个数相乘或相除时所得结果的有效数字位数应与各数中有效数字位数最少者相同，跟小数点的位置或小数点后的位数无关。例如，0.98 与 1.644 相乘：

```
            1.  6   4   4
        ×       0.  9   8
        ──────────────────
        1   3   1   5   2
    1   4   7   9   6
    ──────────────────────
    1.  6   1   1   1   2
```

下划 "－" 的数字是不准确的，故得数应为 1.6。计算时可以先四舍五入后计算，但在几个数连乘或除运算中，在取舍时应保留比最少有效数字位数多一位数字的数来运算，如 0.98、1.644、64.4 三数连乘应为

$$0.98\times1.64\times64.4=74.57\Rightarrow75$$

先算后取舍为：$0.98\times1.644\times46.4=74.76\Rightarrow75$，两者结果一致。若只取最少有效数字位数的数相乘，则为

$$0.98\times1.6\times46=72.13\Rightarrow72$$

这样计算结果误差扩大了。当然，如果在连乘、除的数中被取或舍的数离 "5" 较远，或有的数取，有的数舍，也可取最小位数的有效数字简化后再运算，如 $0.121\times23.64\times1.057\ 8=3.025\ 773\ 4\Rightarrow3.03$，若简化后再运算，则为 $0.121\times23.6\times1.06=2.86\times1.06=3.03$。

（3）对数运算。

在进行对数运算时，所取对数位数应与真数的有效数字位数相同。

例如：$\lg 1.35\times105=5.13$。

第 2 章　无机化学实验

2.1　无机化学实验室安全　常用仪器的认领、洗涤和干燥

一、实验目的

（1）熟悉无机化学实验室环境，认清无机化学实验室规则，了解无机化学实验室安全知识。

（2）认识无机化学实验常用的仪器和装置，以及仪器的使用范围和方法。

（3）掌握玻璃仪器的洗涤和干燥方法。

（4）掌握实验报告的书写格式。

课件 2.1　实验室安全　常用仪器的认领、洗涤和干燥

二、实验原理

常用玻璃仪器的主要用途、使用方法和注意事项如表 2-1 所示。

表 2-1　常用玻璃仪器的主要用途、使用方法和注意事项

仪器	主要用途	使用方法和注意事项
锥形瓶	常温或加热条件下反应容器，滴定常用容器	加热时底部擦干

续表

仪器	主要用途	使用方法和注意事项
滴定管	滴定时用，或用以较准确地量取测量溶液的体积	酸的滴定用酸式滴定管，碱的滴定用碱式滴定管，不可对调混用。因为酸液腐蚀橡皮，碱液腐蚀玻璃。 使用前应检查旋塞是否漏液，转动是否灵活。酸管旋塞应擦凡士林，碱管下端橡皮管不能用洗液洗，因为洗液腐蚀橡皮。 酸式滴定管滴定时，用左手开启旋塞，防止拉出或喷漏。碱式滴定管滴定时，用左手捏橡皮管内玻璃珠，溶液即可放出，使用时要注意赶尽气泡，这样读数才准确
点滴板	用于产生颜色或生成有色沉淀的点滴反应	常用白色点滴板，有白色沉淀的用黑色点滴板。 试剂常用量为 1~2 滴
研钵	研碎固体物质；混匀固体物质。按固体的性质和硬度选用不同的研钵	不能加热或作反应容器用。不能将易爆物质混合研磨，防止爆炸。 盛固体物质的量不宜超过研钵容积的 1/3，避免物质甩出。 只能研磨、挤压，勿敲击，大块物质只能压碎，防止击碎研钵或物体飞溅
试管	盛少量试剂。 作少量试剂反应的容器。 制取和收集少量气体。 检验气体产物，也可接到装置中用	反应液体不超过试管容积的 1/2，加热时不要超过 1/3。 加热前试管外面要擦干，加热时要用试管夹。 加热后的试管不能聚冷，否则容易破裂。 离心试管只能用水浴加热。 加热固体时，管口应略向下倾斜。避免管口冷凝水回流

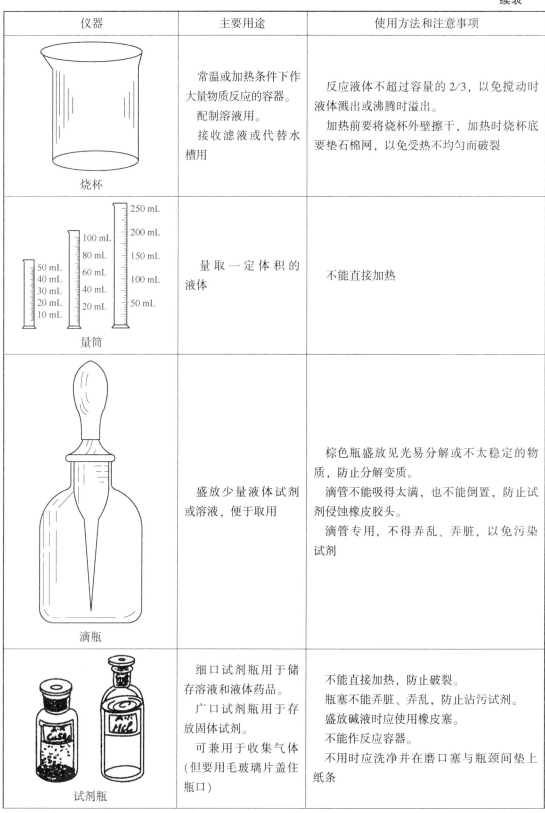

仪器	主要用途	使用方法和注意事项
烧杯	常温或加热条件下作大量物质反应的容器。 配制溶液用。 接收滤液或代替水槽用	反应液体不超过容量的 2/3，以免搅动时液体溅出或沸腾时溢出。 加热前要将烧杯外壁擦干，加热时烧杯底要垫石棉网，以免受热不均匀而破裂
量筒	量取一定体积的液体	不能直接加热
滴瓶	盛放少量液体试剂或溶液，便于取用	棕色瓶盛放见光易分解或不太稳定的物质，防止分解变质。 滴管不能吸得太满，也不能倒置，防止试剂侵蚀橡皮胶头。 滴管专用，不得弄乱、弄脏，以免污染试剂
试剂瓶	细口试剂瓶用于储存溶液和液体药品。 广口试剂瓶用于存放固体试剂。 可兼用于收集气体（但要用毛玻璃片盖住瓶口）	不能直接加热，防止破裂。 瓶塞不能弄脏、弄乱，防止沾污试剂。 盛放碱液时应使用橡皮塞。 不能作反应容器。 不用时应洗净并在磨口塞与瓶颈间垫上纸条

量筒刻度：250 mL、200 mL、150 mL、100 mL、50 mL；100 mL、80 mL、60 mL、40 mL、20 mL；50 mL、40 mL、30 mL、20 mL、10 mL

续表

仪器	主要用途	使用方法和注意事项
容量瓶	配制准确浓度的溶液	不能加热，塞子为配套的，不可互换
漏斗	常压过滤	不能加热
分液漏斗	用于互不相溶的液-液分离。气体发生装置中加液时用	不能加热，防止玻璃破裂。在塞上涂一层凡士林，旋塞处不能漏液，且旋转灵活。分液时，下层液体从漏斗管流出，上层液从上口倒出，防止分离不清。作气体发生器时漏斗颈应插入液面内，防止气体自漏斗管喷出

仪器	主要用途	使用方法和注意事项
 移液管和吸量管	精确量取一定体积的液体	用洗液、洗洁精等清洗，不可用去污粉洗涤
酒精灯	常用热源之一。 进行焰色反应	使用前应检查灯芯和酒精量（不少于容积的 1/5，不超过容积的 2/3）。 用火柴点火，禁止用燃着的酒精灯去点另一盏酒精灯。 不用时应立即用灯帽盖灭，轻提后再盖紧，防止下次打不开及酒精挥发
蒸发皿	用于溶液的蒸发、浓缩。 焙干物质	盛液量不得超过容积的 2/3。 直接加热，耐高温但不宜骤冷。 加热过程中应不断搅拌以促使溶剂蒸发，口大底浅易于蒸发。 临近蒸干时，降低温度或停止加热，利用余热蒸干

续表

仪器	主要用途	使用方法和注意事项
表面皿	盖在烧杯或蒸发皿上。 作点滴反应器皿或气室用。 盛放干净物品	不能直接用火加热，防止破裂。 不能当蒸发皿用
吸滤瓶	与布氏漏斗配合使用，吸滤	不可直接加热，使用时先开真空泵再吸滤；结束时先通大气再关闭真空泵
布氏漏斗	与吸滤瓶配合使用，吸滤	使用时先开真空泵再吸滤；结束时先通大气再关闭真空泵。不可骤冷骤热

其他常用仪器如图 2-1 所示。

漏斗架　　　铁架台、铁夹、铁圈　　　坩埚钳　　　试管夹

图 2-1　其他常用仪器

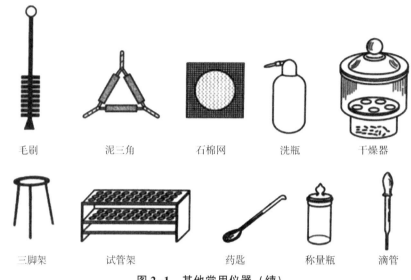

| 毛刷 | 泥三角 | 石棉网 | 洗瓶 | 干燥器 |

| 三脚架 | 试管架 | 药匙 | 称量瓶 | 滴管 |

图 2-1 其他常用仪器（续）

三、实验仪器与试剂

量筒，烧杯，烧瓶，滴定管，移液管，容量瓶等。

自来水，洗涤剂，蒸馏水，毛刷，盐酸-乙醇洗液（将化学纯的盐酸和乙醇按 1：2 的体积比混合）。洗液：将 8 g 重铬酸钾用少量水润湿，慢慢加入 180 mL 粗硫酸，搅拌以加速溶解，冷却后储存于磨口试剂瓶中。

四、实验步骤

1. 认识无机化学常用仪器

（1）进行化学反应的玻璃仪器：试管、烧杯、烧瓶、锥形瓶、滴定管、滴管等。

（2）进行基本操作的仪器：酒精灯、漏斗、蒸发皿、集气瓶、药匙。

（3）称量试剂的仪器：天平、量筒、移液管。

（4）仪器的支架：铁架台、铁圈、三脚架、石棉网、试管架。

（5）其他类：打孔器、坩埚钳、试管夹、洗耳球。

2. 常用的仪器洗涤方法

化学实验中使用的玻璃仪器必须清洁、干燥（根据实验具体情况），否则会影响实验结果的准确性。清洗玻璃仪器的方法很多，主要根据实验要求、污物的性质和沾污的程度来选用不同的方法。附着在仪器上的污物一般分为三类：尘土和其他不溶性物质、可溶性物质、油污和其他有机物质。针对这些情况可分别用下列方法清洗。

视频 2.1　烧杯
洗涤方法

1）自来水刷洗

用水和毛刷洗涤除去器皿上的污渍和其他不溶性和可溶性物质。一般可溶性物质、尘土和其他不溶性物质可采用这种方法清洗，但对于油污和其他有机物质就很难洗去。

2）去污粉、合成洗涤剂洗涤

洗涤时先将器皿用水湿润，再用毛刷蘸少许洗涤剂，将仪器内外洗刷一遍，然后用水边冲边刷洗，直至污物除去为止，最后用自来水清洗干净。如果油污和有机物质用此法仍洗不干净，可用热的碱液清洗。

3）复杂情况的清洗

若用以上常规方法仍清洗不干净，可视污物的性质采用适当的方法清洗。

（1）黏附的固体残留物可用不锈钢药匙刮掉。

（2）酸性残留物可用 5%~10% 碳酸钠溶液中和洗涤。

（3）碱性残留物可用 5%~10% 盐酸溶液洗涤。

（4）氧化物可用还原性溶液洗涤，如二氧化锰褐色斑迹，可用 1%~5% 草酸溶液洗涤。

（5）有机残留物可根据"相似相溶"原理，选择适当的有机溶剂进行清洗。另外，使用过的有机溶剂必须进行回收处理，以免污染环境。

（6）在进行精确的定量实验时，对仪器的洗净程度要求更高，所用仪器形状也比较特殊。例如，口径较小、管细的仪器不易刷洗，这时需要洗液清洗。常用的洗液包括铬酸洗液、盐酸洗液、碱性洗液、草酸洗液、盐酸-乙醇洗液。这里主要介绍实验中最常见的铬酸洗液和盐酸-乙醇洗液。

①铬酸洗液。

铬酸洗液是重铬酸钾在浓硫酸中的饱和溶液（50 g 粗重铬酸钾加到 1 L 浓硫酸中加热溶解）。铬酸洗液具有很强的氧化性、酸性，能将仪器清洗干净。

清洗方法：将被洗涤器皿尽量保持干燥，倒少许洗液于器皿中，转动器皿使其内壁被洗液浸润（必要时可用洗液浸泡），然后将洗液倒回原装瓶内以备再用（若洗液的颜色变绿，则另作处理），再用水冲洗器皿内残留的洗液，直至洗净为止，如用热的洗液洗涤，则去污能力更强。

使用铬酸洗液进行洗涤时应注意：

洗液具有很强的腐蚀性，会灼伤皮肤和损坏衣服，使用时要特别小心，尤其不要溅到眼睛里，使用时最好戴橡胶手套和防护眼镜，万一不慎溅到皮肤上，要立即用大量水冲洗；

洗液为深棕色，某些还原性污物能使洗液中的 Cr(Ⅵ) 还原为绿色的 Cr(Ⅲ)，所以已变成绿色的洗液因失效而不能继续使用，未变色的洗液倒回原瓶可继续使用；

用洗液洗涤仪器应遵守少量多次的原则，这样既节约，又可以提高洗涤效率；

用洗液洗涤后的仪器，应先用自来水冲洗，再用蒸馏水淋洗 2~3 次。

②盐酸-乙醇洗液。

将化学纯的盐酸和乙醇按 1 : 2 的体积比混合，即可得到此洗液。其主要用于洗涤被染色的吸收池、比色管、吸量管等。

不论用上述哪种方法洗涤器皿，最后都必须用自来水冲洗，再用蒸馏水或去离子水荡洗三次。洗净的器皿，放去水后内壁应只留下均匀一薄层水，如壁上挂着水珠，说明没有洗净，必须重洗。

注意事项

（1）已洗净的仪器不能用布或纸抹。

（2）不要未倒废液就注水。

（3）用水原则是少量多次。

（4）肥皂或去污粉不能与酸性洗液混合使用，因为会生成硬脂酸。

（5）用洗液洗涤器皿时，玻璃仪器中的水要尽量倒尽、甩干，洗毕将洗液倒回原瓶，并随手将瓶盖好，以免吸水，降低去污能力。

（6）铬酸洗液腐蚀性很强，不能用毛刷蘸取刷洗。

3. 玻璃仪器的干燥和保管

实验中经常使用的仪器，在每次实验完毕后必须洗净，倒置控干备用。用于不同实验的仪器对干燥有不同的要求。定量分析中用的锥形瓶、烧杯等，一般洗净后即可使用；而用于有机分析的仪器一般要求干燥。常用的干燥方法有以下几种。

1）倒置控干

将洗净的仪器倒置在实验柜内或仪器晾晒架上，让水分自然挥发而干燥。这种方法的缺点是耗时长，如果是不急用仪器的干燥，可采用此法（见图2-2）。

2）烤干

试管、烧杯等耐高温的仪器，可利用直接加热的方法将其烤干。注意：在加热前要将仪器外壁水分用滤纸吸干；在加热过程中不断地转动仪器使其受热均匀；加热试管时，试管口一定要向下倾斜，防止冷凝水倒流使试管炸裂（见图2-3）。

3）烘干

将洗净的仪器沥干内部水分，倒置在烘箱的隔板上，调节烘箱温度到105 ℃，进行烘干（见图2-4）。

　　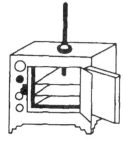

图2-2　倒置控干　　　　图2-3　烤干　　　　图2-4　烘干

4）快速干燥

急于干燥的仪器，或不适合烘干的仪器，如量器、较大的仪器，可将洗净的仪器沥干水后加入少量能与水互溶的易挥发有机溶剂（如无水乙醇、丙酮和乙醚），转动仪器使内壁完全被有机溶剂浸润，倾出洗涤液（回收），擦干仪器外壁，然后用电吹风机将仪器吹干（见图2-5）。不宜受热的仪器可以自然晾干，或用洗耳球吹干。注意：用有机溶剂浸润过的仪器不能放入烘箱烘干。

另外还有一种快速、节能的气流烘干器（见图2-6），它是一种理想的干燥玻璃仪器的设备。

用于定量分析的量器也不宜用加热的方法进行干燥，以免影响它们的精度。只能用倒置控干或者快速干燥法进行干燥。

图 2-5　吹干

图 2-6　气流烘干器

　　洗净、干燥的玻璃仪器要按实验要求妥善保管，如称量瓶要保存在干燥器中；比色皿和比色管要放入专用盒内或倒置在专用架上；滴定管倒置于滴定管架上；带磨口的仪器如容量瓶等要用皮筋把塞子拴在瓶口处，以免互相弄乱。刚烘烤完毕的热仪器不能直接放在冷的特别是潮湿的桌面上，以免因局部骤冷而破裂。

　　4. 具体操作

　　（1）用水清洗两个烧杯、两支试管、两个锥形瓶、两个容量瓶。

　　（2）用洗涤剂清洗两个烧杯、两支试管、两个锥形瓶。

　　（3）用盐酸-乙醇洗液清洗一个移液管。

　　（4）烤干一个试管，气流烘干烧杯和锥形瓶。

　　（5）用有机溶液法干燥一个吸量管。

五、思考题

　　（1）烤干试管时为什么管口略向下倾斜？

　　（2）什么样的仪器不能用加热的方法进行干燥？为什么？

2.2　溶液的配制与酸碱滴定操作练习

一、实验目的

　　（1）学习量筒、移液管、容量瓶、滴定管的使用方法。

　　（2）掌握溶液的质量分数、质量摩尔浓度、物质的量浓度等的一般配制方法和基本操作。

　　（3）掌握粗略配制、准确配制溶液所使用的仪器及操作方法。

　　（4）了解酸碱滴定的原理和基本操作。

课件 2.2　溶液的
配制与酸碱滴
定操作练习

二、实验原理

　　1. 电子天平的使用方法

　　（1）水平调节：水泡应位于水平仪中心。

　　（2）接通电源，预热 30 min。

（3）打开开关 ON，使显示器亮，并显示称量模式 0.000 0 g。

（4）称量：按 TAR 键，显示为零后，将称量物放入盘中央，待读数稳定后，该数字即为称物体的质量。

（5）去皮称量：按 TAR 键清零，将空容器放在盘中央，按 TAR 键显示零，即去皮。将称量物放入空容器中，待读数稳定后，此时天平所示读数即为所称物体的质量。

2. 量筒、移液管、吸量管、容量瓶、滴定管的使用

1）量筒的使用

量筒是用于量取液体体积的玻璃仪器，外壁上有刻度。常用量筒的规格有 5、10、20、25、50、100、200 mL 等。

使用量筒量液时，应把量筒放在水平的桌面上，使眼的视线和液体凹液面（又称弯月面）的最低点在同一水平面上，读取和凹液面相切的刻度即可。不可用手举起量筒看刻度。

量取指定体积的液体时，应先倒入接近所需体积的液体，然后改用胶头滴管滴加。

使用时应注意：

（1）用量筒量取液体体积是一种粗略的计量法，所以在使用中必须选用合适的规格，不要用大量筒量取小体积液体，也不要用小量筒多次量取大体积的液体，否则都会引起较大的误差；

（2）量筒是厚壁容器，绝不能用来加热或量取热的液体，也不能在其中溶解物质、稀释和混合液体，更不能用作反应容器。

2）移液管、吸量管的使用

移液管是用于准确移取一定体积溶液的量出式玻璃量器，它是一根两端细长而中间膨大的玻璃管，在管的上端有一环形标线，膨大部分标有它的容积和标定时的温度。常用的移液管有 5、10、25、50 mL 等规格。吸量管是具有分刻度的玻璃管，一般只用于量取小体积的溶液。常用的吸量管有 1、2、5、10 mL 等规格。

（1）使用前的准备。

移液管和吸量管在使用前均要先用自来水洗涤，再用蒸馏水洗净。较脏时（内壁挂水珠时），可用铬酸洗液洗净。其洗涤方法是：右手持移液管或吸量管，并将其下口插入洗液中，左手拿洗耳球，先把球内空气压出，然后把球的尖端接在移液管或吸量管的上口，慢慢松开左手手指，将洗液慢慢吸入管内直至上升至"0"刻度线以上部分，等待片刻后，将洗液放回原瓶中。

视频 2.2　吸量管的使用

如果需要较长时间浸泡在洗液中，应准备一个高型玻璃筒或大量筒（筒底铺些玻璃毛），将吸量管直立于筒中，筒内装满洗液，筒口用玻璃片盖上，浸泡一时间后，取出移液管或吸量管，沥尽洗液，先用自来水冲洗，再用蒸馏水淋洗干净。干净的移液管和吸量管应放置在干净的移液管架上。

（2）吸取溶液。

第一次用洗净的移液管吸取溶液时，应先用滤纸将尖端内外的水吸净，否则会因水滴引入而改变溶液的浓度。然后用所要移取的溶液将移液管洗涤 2~3 次，以保证移取的溶液浓度不变。润洗操作是：吸取移液管体积 1/5~1/4 的溶液，再将移液管放平并转动移液管，让移液管内壁都接触到溶液，然后将润洗液放到废液桶中。吸取溶液时，用右手大拇指和中

指拿在管子的刻度上方，插入溶液中，但不要触到底部，左手用洗耳球将溶液吸入管中。当液面上升至标线以上时立即用右手食指（用大拇指操作不灵活）按住管口。管尖靠在瓶内壁，稍放松食指并转动移液管，使液面下降，当弯液面与刻度线相切时，立即用食指按紧管口，将移液管移入锥形瓶中。方法是：将锥形瓶倾斜成 45°，管尖靠瓶内壁（管尖放到平底是错误的），移液管垂直，松开食指，液体自然沿瓶壁流下，液体全部流出后停留 15 s，取出移液管。留在管口的液体是否要吹出，看移液管中间的标示，如果有"吹"字，就必须吹出，不允许保留；否则不用吹出，因为校正时未将这部分体积计算在内。使用吸量管时，通常是液面由某一刻度下降到另一刻度，两刻度之差就是放出溶液的体积，注意目光与刻度线平齐。图 2-7 为移液管的使用方法。

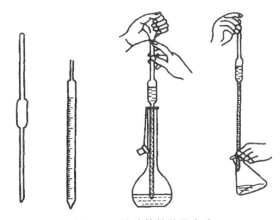

图 2-7　移液管的使用方法

（3）使用时的注意事项。

①使用移液管及吸量管时一定要用洗耳球吸取溶液，不可以用嘴吸取。

②移液时，移液管不要伸入太浅，以免液面下降后造成吸空；也不要伸入太深，以免移液管外壁附有过多的溶液。

③需精密移取 5、10、20、25、50 mL 等整数体积的溶液时，应选用相应大小的移液管，不能用两个或多个移液管分别移取的方法来精密移取整数体积的溶液。同一实验中应尽可能使用同一吸量管的同一区段。

④移液管和吸量管在实验中应与溶液一一对应，不应混用，以避免污染。

⑤使用同一移液管移取不同浓度溶液时要注意荡洗 3 次，应先移取较稀的一份，然后移取较浓的。在吸取第一份溶液时，高于标线的距离最好不超过 1 cm，这样吸取第二份不同浓度的溶液时，可以吸得再高一些，从而荡洗管内壁，以消除第一份的影响。需要强调的是，容量器皿受温度影响较大，切记不能加热，只能自然沥干，更不能在烘箱中烘烤。另外，容量仪器在使用前常需校正，以确保测量体积的准确性。

3）容量瓶的使用

（1）容量瓶是细颈梨形平底玻璃瓶，由无色或棕色玻璃制成，带有磨口玻璃塞或塑料塞，颈上有一标线。主要用途是配制准确浓度的溶液或定量地稀释溶液。常用容量瓶有 50、100、250、500 mL 等规格。

（2）容量瓶使用前要检查瓶口是否漏水；加自来水至标线附近，盖好瓶塞后，用左手食指按住塞子，其余手指拿住瓶颈标线以上部分，右手用指尖托住瓶底，将瓶倒立 2 min，看是否漏水。

（3）用容量瓶配制标准溶液时，将准确称取的固体物质置于小烧杯中，加水或其他溶剂即将固体溶解，然后将溶液定量转入容量瓶中。

（4）定量转移溶液时，右手拿玻璃棒，左手拿烧杯，使烧杯嘴紧靠玻璃棒，而玻璃棒则悬空伸入容量瓶口中，棒的下端靠在瓶颈内壁上，使溶液沿玻璃棒和内壁流入容量瓶中。烧杯中溶液流完后，将烧杯沿玻璃棒轻轻上提，同时将烧杯直立，再将玻璃棒放回烧杯中。用洗瓶以少量蒸馏水吹洗玻璃棒和烧杯内壁 3~4 次，将洗出液定量转入容量瓶中。然后加水至容量瓶的 2/3 容积，拿起容量瓶，按同一方向摇动，使溶液初步混匀，此时切勿倒转容量瓶。最后继续加水至距离标线 1 cm 处，等待 1~2 min 使附在瓶颈内壁的溶液流下后，用滴管滴加蒸馏水至凹液面下缘与标线恰好相切。图 2-8 为容量瓶的使用方法。

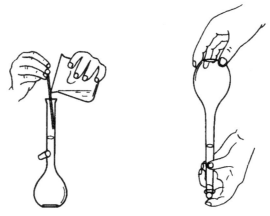

图 2-8　容量瓶的使用方法

（5）盖上干的瓶塞，用左手食指按住塞子，其余手指拿住瓶颈标线以上部分，右手用指尖托住瓶底，将瓶倒转并摇动，再倒转过来，使气泡上升到顶，如此反复多次，使溶液充分混合均匀。

（6）用容量瓶稀释溶液，则用移液管移取一定体积的溶液于容量瓶中，加水至标度线。

使用容量瓶时应注意：

①洗涤；

②检查是否漏水；

③溶液滴到刻度线以下 1 cm 处，改用胶头滴管，逐滴加入；

④热溶液应冷却至室温后，才能稀释至标线，否则可能造成体积误差，需避光的溶液应用棕色容量瓶配制；

⑤容量瓶不宜长期存放溶液，应转移到磨口试剂瓶中保存；

⑥容量瓶及移液管等有刻度的精确玻璃量器，均不宜放在烘箱中烘烤；

⑦容量瓶如长期不用，磨口处应洗净擦干，并用纸片将磨口隔开。

4）滴定管的使用

滴定管是滴定时准确测量标准溶液体积的量器。滴定管的管壁上有刻度线和数值，"0"刻度在上，自上而下数值由小到大，最小刻度为 0.1 mL，可估读到 0.01 mL，因此读数可达小数点后第二位，一般读数误差为±0.01 mL。常量分析最常用的容量为 50 mL 和 25 mL 的滴定管，另外还有容量为 10、5、2、1 mL 的微量滴定管。滴定管除有无色玻璃的之外，还有棕色玻璃的，用以装见光易分解的溶液，如 $KMnO_4$、$AgNO_3$ 等溶液。

滴定管根据其构造不同分为酸式滴定管和碱式滴定管两种。酸式滴定管下端有磨口玻璃旋塞，用以控制溶液的流出。酸式滴定管只能用来盛装酸性溶液或氧化性溶液，否则磨砂旋塞会被腐蚀。碱式滴定管下端连有一小段橡胶管，管内有玻璃珠，用以控制液体的流出，橡胶管下端连一尖嘴玻璃管。碱式滴定管只能用来盛装碱性溶液或非氧化性溶液，凡能与橡胶起作用的溶液均不能使用碱式滴定管，如 $KMnO_4$、I_2、$AgNO_3$ 等溶液。

（1）使用前的准备。

①滴定管的选择。在进行某项滴定分析工作时，首先应考虑选择什么样的滴定管，根据所装溶液的性质及颜色选择酸式滴定管或碱式滴定管；根据所消耗滴定剂的体积选择滴定管的容量。然后应仔细检查滴定管，看滴定管各部位是否完好无损。碱式滴定管需检查乳胶管是否老化破损，玻璃珠大小是否合适，玻璃珠过大不易操作，过小则漏液，应予更换。酸式滴定管应检查旋塞转动是否灵活，旋塞孔是否被堵塞，再检查滴定管是否漏水。

②试漏。试漏的方法是先将活塞关闭，在滴定管内充满水，然后将滴定管垂直夹在滴定管架上，放置 2 min，观察管口及旋塞两端是否有水渗出，将旋塞转动 180°，再放置 2 min，看是否有水渗出。若前后两次均无水渗出，旋塞转动也灵活，则可洗净使用，否则应对旋塞进行涂油处理（见图 2-9）。

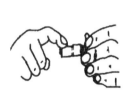

图 2-9　旋塞涂油

旋塞的处理十分关键，其操作要领为：将滴定管中的水倒掉，平放在实验台上，取出旋塞，用滤纸将旋塞及旋塞槽内的水擦干，用手指蘸少许凡士林，先在滴定管旋塞细的一端外壁均匀地涂一薄层，再在旋塞粗的一端涂上薄薄一层，最后在塞孔垂直的玻璃塞上涂薄薄一层并将旋塞两头的凡士林连上，这种涂法可避免凡士林进入旋塞孔。然后，将旋塞直接插入旋塞槽中，按紧，向一个方向转动旋塞，直至旋塞中油膜均匀透明。如发现旋塞转动不灵活或出现纹路，表示凡士林涂得不够，可取下旋塞再按上述方法涂一遍。初学者应注意，切勿一次涂过多的凡士林，滴定管一旦被凡士林堵塞，处理十分麻烦。涂好凡士林后，应在旋塞末端套上一个橡皮圈，或用橡皮筋将旋塞与滴定管拴牢，以防旋塞脱落打碎。再装水试漏，如不漏水，即可洗涤。

③洗涤。滴定管若无油污，一般可直接用自来水冲洗或用肥皂水、洗衣粉水泡洗，但不可用去污粉刷洗。再用蒸馏水润洗 3 次。润洗的方法是：每次装入 5~10 mL 蒸馏水，两手平端滴定管，缓慢旋转滴定管，使蒸馏水润湿整个滴定管内壁，然后将水从下管口放出。如果滴定管内壁挂水，说明有油污，需用滴定管刷蘸取少许洗涤剂刷洗，刷洗时应将滴定管平放于实验台上，轻轻地来回抽拉滴定管刷。若滴定管内沾有凡士林或其他难洗涤的污物，应

使用铬酸洗液浸洗。先将滴定管内的水沥干，倒入 10~15 mL 洗液，两手端住滴定管，边转动边向管口倾斜，直至洗液布满全部管壁为止，浸泡 10~20 min，再打开旋塞将洗液放回原瓶中。然后用大量自来水冲洗滴定管，最后用少量蒸馏水润洗 3 次。碱式滴定管的洗涤方法与酸式滴定管基本相同，但要注意铬酸洗液不能直接接触橡胶管，否则橡胶管会变硬损坏。简单方法是将橡胶管连同尖嘴部分一起拔下，在滴定管下端套上一个滴瓶塑料帽，然后装入洗液洗涤，浸泡一段时间后放回原瓶中，然后先用自来水冲洗，再用蒸馏水润洗 3~4 次备用。

④装标准溶液。用待装的标准溶液（每次 5~6 mL）润洗滴定管 2~3 次，即可装入标准溶液至"0"刻度线以上。检查尖嘴内是否有气泡。如有气泡，将影响溶液体积的准确测量。排除气泡的方法是：用右手拿住滴定管无刻度部分使其倾斜约 30°，左手迅速打开旋

图 2-10　排除气泡

塞，使溶液快速冲出，将气泡带走。碱式滴定管应按图 2-10 所示的方法，将橡胶管向上弯曲，用力捏挤玻璃珠外橡胶管使溶液从尖嘴喷出，以排除气泡。碱式滴定管的气泡一般藏在玻璃珠附近，必须对光检查橡胶管内气泡是否完全赶尽。赶尽后再调节液面至 0.00 mL 处，或在"0"刻度线以下，记下始读数。装标准溶液时应从盛标准溶液的容器内直接将标准溶液倒入滴定管中，以免浓度发生改变。

（2）滴定。

滴定前，先记下滴定管液面的始读数。进行滴定操作时，应将滴定管夹在滴定管架上，使滴定管尖嘴部分插入锥形瓶口（或烧杯）下 2 cm 处。对于酸式滴定管，左手控制旋塞，大拇指在管前，食指和中指在后，三指轻拿旋塞柄，手指略微弯曲，向内扣住旋塞，避免产生使旋塞拉出的力，同时手心要悬空，防止手心将旋塞顶出，造成溶液渗漏。右手腕不停地转动，使锥形瓶内的溶液朝同一个方向旋转运动（不应前后振动以免溶液溅出）。刚开始滴定时，溶液滴加的速度可以稍快些，以每秒 3~4 滴为宜，切记不可成液柱流下，边滴边摇（或用玻璃棒搅拌烧杯中的溶液）。锥形瓶中往往形成一个色斑，当色斑褪色较缓慢时，预示终点已临近。此时，滴定液应一滴一滴或半滴半滴地加入，并用洗瓶加入少量水，冲洗锥形瓶口和内壁，使附着的溶液全部流下，然后摇动锥形瓶，观察终点是否已达到，至终点时停止滴定。如图 2-11 所示，进行碱式滴定管滴定操作时，用左手的拇指和食指捏住玻璃珠靠上部位，向手心方向捏挤橡胶管，使其与玻璃珠之间形成一条缝隙，溶液即可流出。

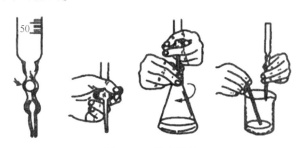

图 2-11　滴定操作

（3）读数。

正确地进行滴定管读数，是减少误差的重要环节。读数应遵守以下规则。

①读数应在停止滴定 1~2 min 后进行。

②将滴定管从滴定管架上取下，用拇指和食指捏住管上端无刻度处，让滴定管自然下垂，保持垂直。使管内液面与视线处于同一水平线，然后读数，如图 2-12（a）所示。

③对于无色或浅色溶液，应读取与凹液面最低点相切的刻度线；对于有色溶液，由于凹液面不十分清晰，应读取与液面两侧最高点相切的刻度线，如图 2-12（b）所示。

④对于初学者，应先熟悉滴定管每个大、小刻度所代表的体积，避免记下错误的数据。读数必须读到小数点后第二位（以 mL 为单位），即准确至 0.01 mL。

⑤若使用带有蓝带的滴定管，无色溶液在其中形成两个凹液面，如图 2-12（c）所示。两个凹液面交于蓝带的某一点，读数时，视线应与交点处在同一条水平线上，读此点对应的数值。

⑥由于滴定管的体积标刻不可避免地会有误差，当进行多次平行测定时，最好每次滴定都使用滴定管的同一个体积范围，以减小偶然误差。通常每次滴定前将液面调节在 "0.00" 刻度线或稍下一点的位置，这样每次都使用滴定管的上段。

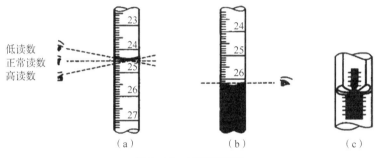

图 2-12　滴定管读数

（4）滴定操作的注意事项。

①滴定最好每次滴定都从 0.00 mL 开始，或接近 0 的任一刻度开始，这样可减少滴定误差。

②滴定过程中左手不要离开活塞而任溶液自流。

③滴定时，要观察滴落点周围颜色的变化，不要去看滴定管上的刻度变化。

④控制适当的滴定速度，一般每分钟 10 mL 左右，接近终点时要一滴一滴加入，即加一滴摇几下，最后还要加一次或几次半滴溶液直至终点。

⑤滴定管内的液面呈弯月形，对无色和浅色溶液读时，视线应与凹液面下缘实线的最低点相切，即读取与凹液面相切的刻度；对深色溶液读数时，视线应与液面两侧的最高点相切，即读取视线与液面两侧的最高点呈水平处的刻度。

⑥读数必须读到小数点后第二位，即要求估计到 0.01 mL。

⑦滴定管长时间不用时，酸式滴定管的活塞应垫上纸，否则，时间一久，塞子不易打开；碱式滴定管的橡胶管应拔下，蘸些滑石粉保存。

3. 酸碱滴定实验原理

对于酸碱中和反应，化学计量关系为

$$\frac{c_{酸}}{a}V_{酸} = \frac{c_{碱}}{b}V_{碱}$$

式中，a 和 b 分别为酸碱反应式中酸和碱化学式的化学计量数。用中和滴定的方法测定酸或碱的浓度，滴定终点的确定可借助于酸碱指示剂。指示剂本身是一种弱酸或弱碱，在不同 pH 范围内可显示出不同的颜色，滴定时应根据不同的滴定体系选用适当的指示剂，以减少滴定误差。实验室常用的酸碱指示剂有酚酞、甲基红、甲基橙等。例如，酚酞的变色范围为 pH = 8.0~10.0，在 8.0 以下为无色，10.0 以上为红色，8.0~10.0 之间显浅红色。又如，甲基橙的变色范围为 pH = 3.1~4.4，3.1 以下显红色，4.4 以上显黄色，3.1~4.4 之间显橙色或橙红色。

本实验以酚酞作指示剂，以草酸作基准物配成标准溶液来标定氢氧化钠溶液，再由氢氧化钠溶液测定盐酸溶液的浓度。根据当量定律，酸碱刚好完全中和（滴定达到终点）时，有以下反应：

$$H_2C_2O_4 + 2NaOH \stackrel{\qquad}{=\!=\!=\!=} Na_2C_2O_4 + 2H_2O$$
$$NaOH + HCl \stackrel{\qquad}{=\!=\!=\!=} NaCl + H_2O$$

即

$$c_{酸}V_{酸} = c_{碱}V_{碱}$$

三、实验仪器与试剂

电子天平，量筒，烧杯，玻璃棒，容量瓶，多用滴管，洗耳球，移液管，酸（碱）式滴定管。

NaOH 固体，草酸，浓盐酸，0.200 0 mol/L 的 HAc 溶液，未知浓度的 HCl 溶液、酚酞指示剂，甲基橙指示剂。

四、实验步骤

1. 溶液配制

（1）粗配制 0.6 mol/L 的 HCl 溶液 100 mL。

用 10 mL 量筒量取 5.0 mL 浓盐酸（$c = 12$ mol/L）于 100 mL 烧杯中，加蒸馏水稀释至 100 mL。

（2）粗配制 0.2 mol/L 的 NaOH 溶液 500 mL。

用台秤或电子天平称量约 4.0 g NaOH 固体（NaOH 有腐蚀性，易吸潮，应放在小烧杯中称量），加入适量蒸馏水，搅拌溶解后转入 500 mL 烧杯中，加蒸馏水稀释至 500 mL，备用。

（3）精确配制 0.200 0 mol/L 的草酸标准溶液 100.00 mL。

用分析天平称取 2.521 4 g 草酸（$H_2C_2O_4 \cdot 2H_2O$），倒入小烧杯中，加少量蒸馏水溶解（若一次加水不能溶解，则先将上部溶液转入 100 mL 容量瓶中，再加少量水溶解，直至草酸全部溶解。注意：溶解草酸用水总量应控制在 60 mL 以内）。溶液转入 100 mL 容量瓶中，烧杯和玻璃棒用少量蒸馏水洗涤，洗涤液转入容量瓶中，共需洗涤 3~4 次。加蒸馏水至容量瓶的刻度线，摇匀，备用。

（4）由已知准确浓度为 0.200 0 mol/L 的 HAc 溶液配制 50 mL 的 0.020 00 mol/L 的 HAc 溶液。

用经润洗过的移液管（吸量管）移取 5.00 mL 的 0.200 0 mol/L 的 HAc 溶液于 50 mL 容量瓶中，加蒸馏水稀释至刻度线，摇匀。

注意事项

（1）称取固体 NaOH 时，为防止其吸水及与 CO_2 发生反应，称量速度应快一些。

（2）移液管、容量瓶属精确玻璃量器，不能烘干。

（3）使用移液管必须用待测液润洗。

（4）区别粗略配制、准确配制所用仪器。

2. 滴定操作练习

1）NaOH 溶液的标定

（1）将洗净的碱式滴定管用已配好的 0.2 mol/L 的 NaOH 溶液润洗 3 次，每次加入 5~10 mL，然后将滴定管平放，转动，最后溶液从尖嘴放出。将 NaOH 溶液装入管中，赶走橡皮管和尖嘴部分的气泡。调液面位置正好在"0.00"刻度线处。

（2）将洗好的 10 mL 移液管用上述精确配制的草酸溶液（根据所称质量精确计算出配制的草酸溶液的浓度）润洗 3 次后，准确移取 10.00 mL 标准草酸溶液于锥形瓶中，加 1~2 滴酚酞指示剂，摇匀。

（3）用左手挤压碱式滴定管下端橡皮管中的玻璃球，使管中的 NaOH 溶液滴入右手拿的锥形瓶中。开始时溶液流出可以快些，但必须是成滴而不成流。碱液滴入酸中局部出现粉红色，随着摇动锥形瓶，红色很快消失。当接近终点即等当点时，红色褪得很慢，这时每加一滴碱液都要摇匀，最后应控制液滴悬而不落，以锥形瓶的内壁把液滴沾下来（相当于半滴），用洗瓶冲下摇匀。放置 0.5 min 红色不褪，则为终点。记下滴定终点的液面位置。再取两份 10.00 mL 草酸溶液，重复上述滴定操作，要求 3 次滴定碱液消耗量相互不超过 0.05 mL。

2）未知 HCl 溶液的标定

（1）洗净锥形瓶，用 25 mL 移液管准确移取 25.00 mL 已标定的 NaOH 溶液，并加 1~2 滴甲基橙溶液。

（2）先用少量蒸馏水洗酸式滴定管，再用盐酸润洗，将未知 HCl 溶液装入管中，调液面位置正好在"0.00"刻度线处。

（3）滴定开始，左手控制开关，右手握锥形瓶慢慢振动，双眼注视锥形瓶内颜色的变化，直至溶液呈橙红色，且 0.5 min 不褪色，记下滴定终读数。

（4）重复上述步骤滴定两次。

五、实验数据

将相关数据填入表 2-2 和表 2-3 中，并进行计算。

表 2-2 NaOH 溶液的标定

实验序号	第一次滴定	第二次滴定	第三次滴定
精配草酸溶液的浓度/(mol·L^{-1})			
草酸用量/mL	10.00	10.00	10.00

实验序号	第一次滴定			第二次滴定			第三次滴定		
被测 NaOH 溶液用量/mL	始读数	终读数	用量	始读数	终读数	用量	始读数	终读数	用量
	0.00			0.00			0.00		
测得 NaOH 溶液浓度/(mol·L^{-1})									
NaOH 溶液平均浓度/(mol·L^{-1})									

表 2-3 HCl 溶液的标定

实验序号	第一次滴定			第二次滴定			第三次滴定		
已标定浓度的 NaOH 溶液用量/mL	25.00			25.00			25.00		
被测 HCl 溶液用量/mL	始读数	终读数	用量	始读数	终读数	用量	始读数	终读数	用量
	0.00			0.00			0.00		
测得 HCl 溶液浓度/(mol·L^{-1})									
HCl 溶液平均浓度/(mol·L^{-1})									

注意事项

（1）读数时手拿滴定管，视线与液体凹液面相切。

（2）锥形瓶、容量瓶不需用待测液或标准溶液润洗。

（3）临近终点时用少量蒸馏水冲洗锥形瓶。

（4）指示剂不能加多，已达滴定终点的溶液放久后仍会褪色，是由于空气中 CO_2 的影响。

六、思考题

（1）用容量瓶配制溶液时，要不要把容量瓶干燥？要不要用被稀释的溶液洗 3 遍？为什么？

（2）讨论 NaOH 溶液标定时，以下操作对滴定结果的影响：

①振荡锥形瓶时，不小心使草酸溶液溅出；

②滴定完后，碱式滴定管玻璃尖嘴外留有液滴；

③滴定完后，碱式滴定管玻璃尖嘴内留有气泡；

④移液管只经蒸馏水洗，未用标准草酸液润洗就取酸液；

⑤滴定过快，未摇匀，发现后已变色。

2.3　粗盐的提纯

一、实验目的

（1）学会用化学方法提纯粗食盐，同时为进一步精制成试剂级纯度的 NaCl 提供原料。

课件 2.3
粗盐的提纯

（2）练习台秤的使用以及加热、溶解、常压过滤、减压过滤、蒸发浓缩、结晶、干燥等基本操作。

（3）学习食盐中 Ca^{2+}、Mg^{2+}、SO_4^{2-} 的定性检验方法。

二、实验原理

粗食盐中通常含有 K^+、Ca^{2+}、Mg^{2+}、SO_4^{2-} 和 CO_3^{2-} 等可溶性杂质离子，还含有不溶性的杂质（如泥沙等）。为了制得科学研究用以及医用的 NaCl，必须除去这些杂质。不溶性杂质可用溶解过滤方法除去。可溶性的杂质要加入适当的化学试剂后除去。除去粗食盐中可溶性杂质的方法如下。

（1）在粗盐溶液中加入稍过量的 $BaCl_2$ 溶液，可将 SO_4^{2-} 转化为 $BaSO_4$ 沉淀，过滤可除去 SO_4^{2-}：

$$Ba^{2+}+SO_4^{2-}\!=\!=\!=\!BaSO_4\downarrow$$

（2）在滤液中加入 NaOH 和 Na_2CO_3 溶液，除去 Mg^{2+}、Ca^{2+} 和沉淀时加入的过量 Ba^{2+}：

$$Mg^{2+}+2OH^-\!=\!=\!=\!Mg(OH)_2\downarrow$$
$$Ca^{2+}+CO_3^{2-}\!=\!=\!=\!CaCO_3\downarrow$$
$$Ba^{2+}+CO_3^{2-}\!=\!=\!=\!BaCO_3\downarrow$$

过滤除去沉淀。

（3）用稀盐酸调节食盐溶液的 pH 值至 2~3，可除去过量的 NaOH 和 Na_2CO_3。

（4）粗盐中的 K^+ 和上述的沉淀剂都不起作用，仍留在溶液中。但由于 KCl 的溶解度大于 NaCl 的溶解度，且含量很少，因此在蒸发和浓缩过程中，NaCl 先结晶出来，而 KCl 则留在溶液中，从而达到提纯的目的。NaCl 和 KCl 在不同温度下的溶解度如表 2-4 所示。

表 2-4　NaCl 和 KCl 在不同温度下的溶解度（单位为 g/100 g H_2O）

盐	温度 $T/℃$							
	10	20	30	40	50	60	80	100
NaCl	35.7	35.8	36.0	36.2	36.7	37.1	38.0	39.2
KCl	25.8	34.2	37.2	40.1	42.9	45.8	51.3	56.3

三、实验仪器与试剂

循环水式真空泵，台秤，研钵，烧杯（100 mL 2 个），量筒（10 mL 1 个，25 mL 1 个），普通漏斗，布氏漏斗，吸滤瓶，蒸发皿，石棉网，酒精灯，铁架台，药匙，玻璃棒，试管。

粗食盐，HCl（2 mol/L），NaOH（2 mol/L），BaCl₂（1 mol/L），Na₂CO₃（1 mol/L），（NH₄）₂C₂O₄（0.5 mol/L），镁试剂，滤纸，pH试纸。

四、实验步骤

1. 粗食盐的提纯

1）粗食盐的称量和溶解

在台秤上称取研细的粗食盐4.0 g，放在100 mL烧杯中，加入15 mL水，加热搅拌使大部分固体溶解，剩下少量不溶的泥沙等杂质。

2）SO_4^{2-}的除去

将滤液加热至沸腾状态，在搅拌下逐滴加入1 mol/L BaCl₂溶液至沉淀完全（约2 mL）。继续加热5 min，使BaSO₄的颗粒长大而易于沉淀和过滤。为了检验沉淀是否完全，可将烧杯从石棉网上取下，待沉淀下降后，取少量上层清液于试管中，滴加几滴2 mol/L HCl溶液，再加几滴1 mol/L BaCl₂溶液检验。用普通漏斗过滤，保留滤液，弃去沉淀。

3）Ca^{2+}、Mg^{2+}、Ba^{2+}等离子的除去

在滤液中加入适量（约1 mL）的2 mol/L NaOH溶液和3 mL饱和Na₂CO₃溶液，加热至沸腾。仿照2）中方法检验Ca^{2+}、Mg^{2+}、Ba^{2+}等离子已沉淀完全后，继续用小火加热煮沸5 min，用普通漏斗过滤，保留滤液，弃去沉淀。

4）调节溶液的pH值

在滤液中逐滴加入2 mol/L HCl溶液，充分搅拌，直至溶液呈微酸性（pH值为4~5）为止。

5）蒸发浓缩

将滤液倒入蒸发皿中，用小火加热（切勿大火加热以免飞溅），并不断搅拌，浓缩至稀粥状的稠液为止，切不可将溶液蒸干。

6）结晶、减压过滤、干燥

冷却后，用布氏漏斗减压过滤，尽量将结晶抽干。将结晶放回蒸发皿中，放在石棉网上，小火加热干燥，直至不冒水蒸气为止。将精食盐冷至室温，称重。最后把精盐放入指定容器中。计算产率。

视频2.3
减压过滤

2. 产品纯度的检验

取粗盐和精盐各1.0 g，分别溶于5 mL蒸馏水中，将粗盐溶液过滤。两种澄清溶液分别盛于3支小试管中，组成3组，对照检验它们的纯度。

1）SO_4^{2-}的检验

在第一组溶液中分别加入2滴1 mol/L BaCl₂溶液，如有白色沉淀，证明SO_4^{2-}存在，记录结果，进行比较。

2）Ca^{2+}的检验

在第二组溶液中分别加入2滴0.5 mol/L（NH₄）₂C₂O₄溶液，如有白色CaC₂O₄沉淀生成，证明Ca^{2+}存在，记录结果，进行比较。

3）Mg^{2+}的检验

在第三组溶液中分别加入2~3滴2 mol/L NaOH溶液，使溶液呈碱性，再加入1滴镁试剂，若有蓝色沉淀生成，证明Mg^{2+}存在，记录结果，进行比较，填入表2-5中。

注意：镁试剂是一种有机染料，在碱性溶液中呈红色或紫色，但被 $Mg(OH)_2$ 沉淀吸附后，则呈天蓝色。

表 2-5　产品纯度检验结果

检验离子	粗盐		精盐	
	试剂	现象	试剂	现象
SO_4^{2-}	$BaCl_2$		$BaCl_2$	
Ca^{2+}	$(NH_4)_2C_2O_4$		$(NH_4)_2C_2O_4$	
Mg^{2+}	镁试剂		镁试剂	

注意事项

（1）粗食盐颗粒要研细。

（2）食盐溶液浓缩时切不可蒸干。

（3）普通过滤与减压过滤的使用与区别。

五、实验数据

粗食盐质量：_____。

精食盐质量：_____。

产率：_____。

六、思考题

（1）怎样除去实验过程中所加的过量沉淀剂 $BaCl_2$、$NaOH$ 和 Na_2CO_3？

（2）提纯后的食盐溶液浓缩时为什么不能蒸干？

（3）如何检验 SO_4^{2-} 是否沉淀完全？

2.4　摩尔气体常数的测定

一、实验目的

（1）了解一种测定摩尔气体常数的方法。

（2）熟悉分压定律与气体状态方程式的计算。

（3）练习测量气体体积的操作。

课件 2.4　摩尔气体
常数的测定

二、实验原理

由理想气体状态方程 $pV = nRT$，得

$$R = \frac{pV}{nT}$$

本实验通过金属 Zn 和稀盐酸反应置换出氢的体积来测定摩尔气体常数 R 的数值。反应为

$$Zn + 2HCl \longrightarrow ZnCl_2 + H_2 \uparrow$$

准确称取质量为 m 的锌片，使之与过量的稀盐酸作用，在一定温度和压力下测出氢气的体积。氢气的分压为实验时大气压减去该温度下水的饱和蒸气压：

$$p(H_2) = p - p(H_2O)$$

氢气的物质的量 n 可由锌片的质量求得。

根据以上各项数据可求得摩尔气体常数 R 的数值：$R = \dfrac{pV}{nT}$。

表 2-6 为不同温度下水的饱和蒸气压。

表 2-6　不同温度下水的饱和蒸气压

温度/℃	压力/Pa	温度/℃	压力/Pa	温度/℃	压力/Pa	温度/℃	压力/Pa
10	1 228	16	1 817	22	2 643	28	3 779
11	1 312	17	1 937	23	2 809	29	4 005
12	1 402	18	2 063	24	2 984	30	4 242
13	1 497	19	2 197	25	3 167	31	4 492
14	1 598	20	2 338	26	3 361	32	4 754
15	1 705	21	2 486	27	3 565	33	5 030

气压表的使用步骤如下。

（1）旋转水银杯底部的调节螺旋，使象牙针尖与在水银槽面中的倒影尖部恰好接触。

（2）转动游标的调节螺旋，使游标基面向上或向下滑动至略高于水银柱端面，然后缓慢地把游标调下，使游标基面和水银柱凹液面刚好相切。

（3）读出靠近游标零线以下的整数刻度值。如为 1 018，再从游标上找出与标尺上某一刻度相吻合的刻度数值，如为 5（为小数值），则此时气压表的读数值为 1 018.5 hPa（本气压表以 hPa 为单位，100 Pa = 1 hPa，测量范围 810~1 080 hPa，游标最小分度值为 0.1 hPa，因此小数值为游标刻度值 $n \times 0.1$ hPa）。

（4）读数和记录完毕，转动水银杯底部的调节螺旋，使水银杯水银面离开象牙尖 2~3 mm。

（5）由附属温度计读出气压表温度。在无机化学实验中应用大气压数据时，从上述气压表读出的数值，一般不必进行任何校正。

单位换算：1 mmHg = 133.322 Pa，1 atm = 760 mmHg = 101 325 Pa。

三、实验仪器与试剂

电子天平，气体测定装置，镊子。

锌片，盐酸（6 mol/L）。

四、实验步骤

（1）向老师领取在分析天平上准确称重的锌片，并记录其质量（在 0.080 00~0.100 0 g 范围内）。

（2）取下反应管塞，移动水平管，使量气管中的水面略低于刻度，然后把水平管固定。

（3）在反应管中用滴管加入 3 mL 6 mol/L 的 HCl 溶液，注意不要使 HCl 溶液沾湿反应管的上半部管壁。将已称重的锌片挂在塑料钩下端的弯钩上，并用铁夹夹住胶帽内塑料钩的另一端使其固定，将杆放进反应管中并使其不与 HCl 溶液接触，最后塞紧带玻璃管的胶塞。

（4）检查仪器是否漏气，方法如下：将水平管向下（或向上）移动一段距离，使水平管中的水面略低（或略高）于量气管中的水面。固定水平管后，量气管中的测定摩尔气体常数的装置的水面若不断下降（或上升），则表示漏气，应检查各连接处，是否接好（主要是胶塞是否塞紧），继续按上法检查，直至不漏气为止。

（5）如果装置不漏气，调整水平管的位置，使量气管内水面与水平管内水面在同一水平面上（为什么?），然后准确读出量气管内凹液面最低点的精确读数 V_1。

（6）松开夹胶帽的夹子，使锌片落入 HCl 溶液中，锌片和 HCl 反应放出氢气。此时，量气管内水面开始下降。为了不使量气管内气压增大而造成漏气，在量气管水面下降的同时，应慢慢下移水平管，使水平管内的水面和量气管内的水面基本保持水平，反应停止后，待试管冷却至室温（约 10 min），移动水平管，使水平管内的水面和量气管内的水面相平，然后读出反应后量气管内水面凹面最低点的精确读数 V_2。记录实验时的室温 t 和大气压 p，从表 2-6 中查出该室温时水的饱和蒸气压。

五、实验数据

将测得的数据填入表 2-7 中。

表 2-7　实验数据记录

项目	1	2	3
锌片的质量 m/g			
反应前量气管中水面读数 V_1/mL			
反应后量气管中水面读数 V_2/mL			
室温/℃			
大气压/Pa			
混合气体体积/L			
室温时水的饱和蒸气压/Pa			
氢气分压/Pa			
氢气的物质的量/mol			
摩尔气体常数 R			
相对误差			

注：量气管读数精确至 0.01 mL。

六、思考题

试分析下列情况对实验结果的影响：

（1）量气管（包括量气管与水平管相连接的橡皮管）内气泡未赶尽；

（2）锌片表面的氧化膜未擦净；

（3）固定锌片时，不小心使其与 HCl 溶液有了接触；

（4）反应过程中，实验装置漏气；

（5）记录液面读数时，量气管内水面与水平管内水面不处在同一水平面上；

（6）反应过程中，因量气管压入水平管中的水过多，造成水由水平管中溢出；

（7）反应完毕后，未等试管冷却到室温即进行体积读数。

2.5 硫酸亚铁铵的制备及纯度检验

一、实验目的

（1）了解复盐的一般特性。

（2）学习复盐（NH_4）$_2SO_4$·$FeSO_4$·$6H_2O$ 的制备方法。

（3）熟练掌握水浴加热、过滤、蒸发、结晶等基本无机制备操作。

（4）学习产品纯度的检验方法。

（5）了解用目视比色法检验产品的质量等级。

课件 2.5 硫酸亚
铁铵的制备

二、实验原理

硫酸亚铁铵（NH_4）$_2SO_4$·$FeSO_4$·$6H_2O$ 商品名为莫尔盐，为浅蓝绿色单斜晶体。一般亚铁盐在空气中易被氧化，而硫酸亚铁铵在空气中比一般亚铁盐要稳定，不易被氧化，并且价格低，制造工艺简单，容易得到较纯净的晶体，因此应用广泛。在定量分析中常用来配制亚铁离子的标准溶液。

和其他复盐一样，硫酸亚铁铵在水中的溶解度比组成它的每一组分 $FeSO_4$ 或（NH_4）$_2SO_4$ 的溶解度都要小。利用这一特点，可通过蒸发浓缩 $FeSO_4$ 与（NH_4）$_2SO_4$ 溶于水所制得的浓混合溶液制取硫酸亚铁铵晶体。三种盐的溶解度如表 2-8 所示。

表 2-8 三种盐的溶解度（单位为 g/100 g H_2O)

温度/℃	$FeSO_4$	（NH_4）$_2SO_4$	（NH_4）$_2SO_4$·$FeSO_4$·$6H_2O$
10	20.0	73	17.2
20	26.5	75.4	21.6
30	32.9	78	28.1

本实验先将铁屑溶于稀硫酸生成 $FeSO_4$ 溶液：

$$Fe+H_2SO_4 === FeSO_4+H_2 \uparrow$$

再往 $FeSO_4$ 溶液中加入（NH_4）$_2SO_4$ 并使其全部溶解，加热浓缩制得混合溶液，再冷却即可得到溶解度较小的硫酸亚铁铵晶体：

$$FeSO_4+(NH_4)_2SO_4+6H_2O ==== (NH_4)_2SO_4 \cdot FeSO_4 \cdot 6H_2O$$

用目视比色法可估计产品中所含杂质 Fe^{3+} 的量。Fe^{3+} 与 SCN^- 能生成红色物质 $[Fe(SCN)]^{2+}$，红色深浅与 Fe^{3+} 量相关。将所制备的硫酸亚铁铵晶体与 KSCN 溶液在比色管中配制成待测溶液，将它所呈现的红色与含一定量 Fe^{3+} 所配制成的标准 $[Fe(SCN)]^{2+}$ 溶液的红色进行比较，确定待测溶液中杂质 Fe^{3+} 的含量范围，确定产品等级。

三、实验仪器与试剂

台式天平，锥形瓶，水浴锅，布氏漏斗，吸滤瓶，1 000 mL 容量瓶，蒸发皿。

铁屑，15 mL 10%的 Na_2CO_3 溶液，3 mol/L 的 H_2SO_4 溶液，$(NH_4)_2SO_4$ 固体，95%乙醇，浓硫酸，3 mol/L 的 HCl 溶液，25%的 KSCN 溶液，pH 试纸。

四、实验步骤

1. 铁屑的净化

用台式天平称取 2.0 g 铁屑，放入锥形瓶中，加入 15 mL 10%的 Na_2CO_3 溶液，小火加热煮沸约 10 min 以除去铁屑上的油污，倾去 Na_2CO_3 溶液，用自来水冲洗后，再用去离子水把铁屑冲洗干净。

2. $FeSO_4$ 的制备

往盛有铁屑的锥形瓶中加入 15 mL 3 mol/L 的 H_2SO_4 溶液，水浴加热至不再有气泡放出，趁热减压过滤，用少量热水洗涤锥形瓶及漏斗上的残渣，抽干。将滤液转移至洁净的蒸发皿中，将留在锥形瓶内和滤纸上的残渣收集在一起用滤纸片吸干后称重，由已作用的铁屑质量算出溶液中生成的 $FeSO_4$ 的量。

3. $(NH_4)_2SO_4 \cdot FeSO_4 \cdot 6H_2O$ 的制备

根据溶液中 $FeSO_4$ 的量，按反应方程式计算并称取所需 $(NH_4)_2SO_4$ 固体的质量，加入上述制得的 $FeSO_4$ 溶液中。水浴加热，搅拌使 $(NH_4)_2SO_4$ 全部溶解，并用 3 mol/L 的 H_2SO_4 溶液调节 pH 值为 1~2（用 pH 试纸测定），继续在水浴上蒸发、浓缩至表面出现结晶薄膜为止（蒸发过程不宜搅动溶液）。静置，使之缓慢冷却，$(NH_4)_2SO_4 \cdot FeSO_4 \cdot 6H_2O$ 晶体析出，减压过滤除去母液，并用少量 95%乙醇洗涤晶体，抽干。将晶体取出，摊在两张吸水纸之间，轻压吸干。

视频 2.4
pH 试纸的使用

观察晶体的颜色和形状。称重，计算产率：

$$w[(NH_4)_2SO_4 \cdot FeSO_4 \cdot 6H_2O] = \frac{m_2}{m_1} \times 100\%$$

式中，m_1 为制备硫酸亚铁铵的理论质量，g；m_2 为制备硫酸亚铁铵的实际质量，g。

*4. 产品检验 [Fe(Ⅲ) 的限量分析]

（1）Fe(Ⅲ) 标准溶液的配制。称取 0.863 4 g $NH_4Fe(SO_4)_2 \cdot 12H_2O$，溶于少量水中，加 2.5 mL 浓硫酸，移入 1 000 mL 容量瓶中，用水稀释至刻度。此溶液为 0.100 0 g/L Fe^{3+}。

（2）标准色阶的配制。取 0.50 mL Fe(Ⅲ) 标准溶液于 25 mL 比色管中，加 2 mL 3 mol/L

HCl 溶液和 1 mL 25% 的 KSCN 溶液，用蒸馏水稀释至刻度，摇匀，配制成 Fe（Ⅲ）标准液（含 Fe^{3+} 为 0.05 mg/g）。

同样，分别取 0.05 mL Fe（Ⅲ）和 2.00 mL Fe（Ⅲ）标准溶液，配制成 Fe 标准液（含 Fe^{3+} 分别为 0.10 mg/g、0.20 mg/g）。

（3）产品级别的确定。称取 1.0 g 产品于 25 mL 比色管中，用 15 mL 去离子水溶解，再加入 2 mL 3 mol/L HCl 溶液和 1 mL 25% 的 KSCN 溶液，加水稀释至 25 mL，摇匀。与标准色阶进行目视比色，确定产品级别。

此产品分析方法是将成品配制成溶液与各标准溶液进行比色，以确定杂质含量范围。若成品溶液的颜色不深于标准溶液，则认为杂质含量低于某一规定限度，因此这种分析方法称为限量分析。

注意事项

（1）不必将所有铁屑溶解完，实验时溶解大部分铁屑即可。

（2）酸溶时要注意分次补充少量水，以防止 $FeSO_4$ 析出。

（3）应计算（NH_4）$_2SO_4$ 的用量。

（4）硫酸亚铁铵的制备：加入硫酸铵后，应搅拌使其溶解后再往下进行，加热在水浴上，防止失去结晶水。

（5）最后一次抽滤时，应将滤饼压实，不能用蒸馏水或母液洗晶体。

五、实验数据

将实验数据填入表 2-9 中。

表 2-9　制备硫酸亚铁铵的实验数据

$m(Fe)/g$	$m(FeSO_4)/g$	$m[(NH_4)_2SO_4]/g$	$m[(NH_4)_2SO_4 \cdot FeSO_4 \cdot 6H_2O]/g$	产率/%

六、思考题

（1）制备硫酸亚铁铵时为什么要保持溶液呈强酸性？

（2）洗涤晶体时为什么用 95% 乙醇而不用水？

2.6　碱式碳酸铜的制备（设计实验）

一、实验目的

（1）掌握碱式碳酸铜的制备原理和方法。

（2）通过碱式碳酸铜制备条件的探求和生成物颜色、状态的分析，研究反应物的配料比并确定制备反应的温度条件。

（3）初步学会设计实验方法，以培养独立分析、解决问题的能力。

课件 2.6　碱式碳酸铜的制备

二、实验原理

碱式碳酸铜 $Cu_2(OH)_2CO_3$ 为天然孔雀石的主要成分，呈暗绿色或淡蓝绿色，加热到 200 ℃即分解，在水中的溶解度很小，新制备的试样在沸水中很易分解，形成褐色的氧化铜。碱式碳酸铜主要用于铜盐的制造，以及油漆、颜料和烟火的配制等，通常由可溶性铜盐与可溶性碳酸盐制得：

$$2CuSO_4 + 2Na_2CO_3 + H_2O \Longrightarrow Cu_2(OH)_2CO_3(s) + CO_2(g) + 2Na_2SO_4$$
$$2CuSO_4 + Na_2CO_3 + 2H_2O \Longrightarrow Cu_2(OH)_2CO_3(s) + 2NaHSO_4$$

三、实验仪器与试剂

由学生自行列出所需仪器、试剂清单，经指导老师检查认可，方可进行实验。

四、实验步骤

1. 反应物溶液的配制

准确配制 0.5 mol/L 的 $CuSO_4$ 溶液和 0.5 mol/L 的 Na_2CO_3 溶液各 100.00 mL。

2. 制备反应条件的探求

1）$CuSO_4$ 和 Na_2CO_3 溶液的合适配比

取 8 支试管分成两列，其中 4 支试管内各加入 2.00 mL 0.5 mol/L 的 $CuSO_4$ 溶液，另外 4 支分别加入 1.60、2.00、2.40、2.80 mL 0.5 mol/L 的 Na_2CO_3 溶液，分别成对置于 75 ℃的恒温水浴中，几分钟后，依次将 $CuSO_4$ 溶液分别倒入 Na_2CO_3 溶液中，振荡试管，放回水浴中，观察各试管中沉淀的速度、沉淀的数量及颜色，从中得出两种反应物溶液以何种比例相混合为最佳。

2）反应温度

将 3 支试管各盛 2.00 mL $CuSO_4$ 溶液，另取 3 支试管加入适量 0.5 mol/L 的 Na_2CO_3 溶液，从两列试管中各取一支试管，将它们分别置于室温、50 ℃、100 ℃的恒温水浴中，数分钟后将 $CuSO_4$ 溶液倒入 Na_2CO_3 溶液中，振荡并观察现象（注意与 75 ℃产物比较）。由实验结果确定制备反应的合适温度。

3. 碱式碳酸铜的制备

取 10.00 mL 0.5 mol/L 的 $CuSO_4$ 溶液，根据上面实验确定的反应物合适比例及适宜温度制取碱式碳酸铜。等待沉淀完全后，用蒸馏水洗涤数次至不含 SO_4^{2-} 为止（用 $BaCl_2$ 溶液检验）→抽滤、吸干→在烘箱中烘干，待冷却至室温→称重并计算产率。

五、实验数据

将实验数据填入表 2-10、表 2-11 中。

表 2-10　两种反应物的配比的探求

$CuSO_4$/mL	2.00	2.00	2.00	2.00
Na_2CO_3/mL	1.60	2.00	2.40	2.80
沉淀生成速度				
沉淀数量				
沉淀颜色				

结论：两种反应物的合适配比为＿＿＿＿＿＿＿。

表 2-11　反应温度的探求

反应温度	室温	50 ℃	75 ℃	100 ℃
$CuSO_4$/mL				
Na_2CO_3/mL				
沉淀的数量和颜色				

结论：制备的反应合适温度是＿＿＿＿＿＿＿。
产品外观：＿＿＿＿＿；产品质量：＿＿＿＿＿；产率：＿＿＿＿＿。

六、思考题

（1）查阅相关碱式碳酸铜的资料，什么样的铜盐适合制备碱式碳酸铜？

（2）为什么是将 $CuSO_4$ 溶液倒入 Na_2CO_3 溶液中而不是将 Na_2CO_3 溶液倒入 $CuSO_4$ 溶液中？如果按后者操作结果如何？在实验中带着问题去操作。

（3）反应温度对制备碱式碳酸铜有一定的影响，在 100 ℃ 时得到的碱式碳酸铜会观察到有少量褐色沉淀，分析是何物质。

（4）除反应物的配比和反应温度对本实验结果有影响外，反应物的种类、反应进行的时间等因素是否也会对反应物的质量有影响？

2.7　醋酸解离常数的测定（pH 值法和缓冲溶液法）

一、实验目的

（1）测定醋酸的解离常数，加深对解离度和解离常数的理解。

（2）学习正确使用 pH 计。

（3）掌握解离度和解离常数的计算方法。

课件 2.7　醋酸解
离常数的测定

二、实验原理

视频 2.5　pH 计的使用

1. pH 计的使用

pH 计的组成：酸度计，变压器，复合电极，电极夹。

1）两点标液的标定

（1）打开电源开关，按"pH/mV"键，使仪器进入 pH 测量状态，将 pH 复合电极与酸度计连接。

（2）选择包括预期试样范围的 pH = 4.00 和 6.86；或 pH = 6.86 和 9.18。

（3）按上下键改变温度，使显示温度与溶液的温度一致。

（4）按"标定"键开始标定过程，使用上下键选择标定范围，按"确定"键接收标定范围（pH = 4~7 或 pH = 7~9），6.86pH 信号灯亮时，用去离子水冲洗电极并将电极放入 pH = 6.86 的缓冲溶液中，等待几分钟，待 mV 数稳定后，按"确定"键接收缓冲溶液数值。

（5）4.00pH 或 9.18pH 信号灯亮时，将电极从 pH = 6.86 的缓冲溶液中取出，用去离子水冲洗电极，再将电极放入 pH = 4.00 或 pH = 9.18 的缓冲液中，等待几分钟后，待 mV 数稳定后，按"确定"键接收缓冲溶液数值。仪器进入 pH 测量状态，标定完成。

2）仪器的测量

经过标定的仪器，即可用来测量被测溶液，具体步骤为：用蒸馏水清洗电极头部，用滤纸轻轻吸干上面的水分；把电极浸入被测溶液中，轻轻晃动溶液使其与电极头部充分接触，稳定后读出该溶液的 pH 值。

2. pH 值法实验原理

醋酸（CH_3COOH）简写成 HAc。在溶液中存在如下解离平衡：

$$HAc \rightleftharpoons H^+ + Ac^-$$

$$K_a^{\ominus} = \frac{[H^+][Ac^-]}{[HAc]}$$

式中，$[H^+]$、$[Ac^-]$ 和 $[HAc]$ 分别是 H^+、Ac^- 和 HAc 的平衡浓度；$K_a^{\ominus}$ 为解离常数。

HAc 溶液的总浓度可以用标准 NaOH 溶液滴定测得。其电离出来的 H^+ 浓度，可以在一定温度下，用 pH 计测定 HAc 溶液的 pH 值，再根据 pH = $-\lg[H^+]$ 关系式计算出来。另外，根据各物质之间的浓度关系，求出 $[Ac^-]$、$[HAc]$ 后，代入上述公式便可计算出该温度下的 $K_a^{\ominus}$ 值，并可计算出解离度 α。

3. 缓冲溶液法实验原理

在 HAc 和 NaAc 组成的缓冲溶液中，由于同离子效应，当达到解离平衡时，$c(HAc) \approx c_0(HAc)$，$c(Ac^-) \approx c_0(NaAc)$。酸性缓冲溶液 pH 的计算公式为

$$pH = pK_a(HAc) - \lg \frac{c(HAc)}{c(Ac^-)}$$

$$= pK_a(HAc) - \lg \frac{c_0(HAc)}{c_0(NaAc)}$$

对于由相同浓度 HAc 和 NaAc 组成的缓冲溶液，则有

$$pH = pK_a(HAc)$$

本实验中，量取两份相同体积、相同浓度的 HAc 溶液，在一份中滴加 NaOH 溶液至恰好中和（以酚酞为指示剂），然后加入另一份 HAc 溶液，即得到等浓度的 HAc-NaAc 缓冲溶液，测其 pH 即可得到 $pK_a(HAc)$ 及 $K_a(HAc)$。

三、实验仪器与试剂

pH 计，容量瓶（50 mL），烧杯（50 mL），移液管（25 mL），吸量管（5 mL），碱式滴定管（50 mL），锥形瓶（250 mL），量筒（10 mL），洗耳球。

HAc（0.1 mol/L，实验室标定浓度）标准溶液，酚酞指示剂。

四、实验步骤

1. pH 值法

（1）分别给 4 个小烧杯标号，向 4 号烧杯中倒入已知浓度的 HAc 溶液约 50 mL。

（2）用移液管或吸量管自 4 号烧杯中分别吸取 2.50、5.00、25.00 mL 上述的 HAc 溶液于 1、2、3 号 50 mL 容量瓶中，用蒸馏水稀释至刻度，摇匀，并分别计算出各溶液的准确浓度。

（3）用 4 个干燥的 50 mL 烧杯，分别取约 30 mL（1）中 3 种浓度的 HAc 溶液及未经稀释的 HAc 溶液，由稀到浓分别用 pH 计测定它们的 pH 值。

2. 缓冲溶液法

（1）粗配 0.1 mol/L 的 NaOH 溶液 500 mL（1 组配制，大家共用即可）。

（2）制备等浓度的 HAc 和 NaAc 混合溶液。

分别用上述 pH 值法测定时用的 1、2、3、4 号烧杯中的不同浓度的 HAc 溶液，制备 4 种等浓度的 HAc 和 NaAc 混合溶液。

①从 1 号烧杯中取 10 mL 已知浓度的 HAc 溶液于 1 号锥形瓶中，加入 1 滴酚酞溶液后，用碱式滴定管滴入 0.10 mol/L 的 NaOH 溶液至滴定终点，酚酞变色，半分钟内不褪色为止。再从 1 号烧杯中取出 10 mL HAc 溶液加入 1 号锥形瓶中，混合均匀后，再转移到 1′号干燥的烧杯中，测定 1′号烧杯中混合溶液的 pH。这一数值就是 HAc 的 $pK_a^{\ominus}$。

②用 2、3、4 号烧杯中的已知浓度的 HAc 溶液，重复步骤①，分别测定它们的 pH。

③上述所测的 4 个 $pK_a^{\ominus}(HAc)$，由于实验误差可能不完全相同，但可求 $pK_a^{\ominus}(HAc)$ 的平均值。

注意事项

（1）调试好仪器后，不能再乱调，否则重新校正。

（2）每测定一次必须用蒸馏水冲洗电极。

（3）测定不同浓度溶液应按从稀到浓的次序测定。

（4）装待测液的烧杯需烘干或润洗。

五、实验数据

将测得的数据填入表 2-12 和表 2-13 中。

表 2–12　pH 值法

溶液编号	$c/(\mathrm{mol \cdot L^{-1}})$	pH	$[\mathrm{H^+}]/(\mathrm{mol \cdot L^{-1}})$	α	解离常数 K（测定值）

表 2–13　缓冲溶液法

溶液编号	pH	$[\mathrm{H^+}]/(\mathrm{mol \cdot L^{-1}})$	pK_a	pK_a 平均值
1′				
2′				
3′				
4′				

六、思考题

（1）实验所用烧杯、移液管各用哪种 HAc 溶液润洗？容量瓶是否要用 HAc 溶液润洗？为什么？

（2）测定 pH 时，为什么要按从稀到浓的次序进行？

2.8　碘化铅溶度积常数的测定

一、实验目的

（1）了解用分光光度计测定溶度积常数的原理和方法。

（2）学习 721 型分光光度计的使用方法。

二、实验原理

1. 分光光度计的使用

（1）开机：测试样品前 20 min 报告实验管理人员，由管理人员开机，开机后需预热 20 min。

（2）按"方式"键（MODE）将测试方式设置为吸光度方式。

（3）设置波长：按"波长设置"键设置分析波长，每次设置波长后，必须调整 100%T（即吸光度 $A=0$），再拉出一小格，校正 0%T（即 $A=3.000$）。

课件 2.8　碘化铅溶度积常数的测定

视频 2.6　721 型分光光度计的使用

（4）比色皿校正：向参比比色皿和样品比色皿中分别倒入蒸馏水（或去离子水），打开样品室盖，将比色皿分别插入第一格参比槽和第二格样品槽中，盖上样品室盖，调整 100%T（即 $A = 0$），再拉出一小格，校正 0%T（即 $A = 3.000$）。分别测定两个比色皿的吸光度，当两个比色皿 $\Delta A = 0$ 时，开始测定样品。

（5）样品的测定：将参比溶液和被测样品分别倒入比色皿中，插入第一格参比槽和第二格样品槽中，盖上样品室盖，调整 100%T（即 $A = 0$），拉出一小格，校正 0%T（即 $A = 3.000$）。再拉出一小格，仪器显示试样的吸光度值，记录数据，进入下一个样品的测定。注意：参比比色皿和样品比色皿固定位置，分别标注，不要混用。

（6）清洗：用蒸馏水（或去离子水）清洗比色皿，控干，放回比色皿盒中。

（7）关机：测试完毕后，报告实验管理人员，由实验管理人员关闭仪器。

注意事项

（1）被测试样的测定波长在 400 nm 以下时使用石英比色皿，被测试样的测定波长在 400 nm 以上时使用玻璃比色皿。

（2）更换比色皿时，将波长调到所需波长后，应将仪器预热 30 min，再进行校正及测定。

2. 测定碘化铅溶度积常数的原理

碘化铅（PbI_2）是难溶电解质，在其饱和溶液中存在下列沉淀-溶解平衡：

$$PbI_2(s) \rightleftharpoons Pb^{2+}(aq) + 2I^-(aq)$$

初始浓度（mol/L） c a

反应浓度（mol/L） $\dfrac{a-b}{2}$ $a-b$

平衡浓度（mol/L） $c-\dfrac{a-b}{2}$ b

则 PbI_2 的溶度积常数表达式为 $K_{sp}^{\ominus} = [Pb^{2+}] \cdot [I^-]^2 = \left(c - \dfrac{a-b}{2}\right)b^2$。

在一定温度下，如果测定出 PbI_2 饱和溶液中的 $c(I^-)$ 和 $c(Pb^{2+})$，就可以求得 $K_{sp}^{\ominus}(PbI_2)$。将已知浓度的 $Pb(NO_3)_2$ 溶液和 KI 溶液按不同体积混合，生成的 PbI_2 沉淀与溶液达到平衡，通过测定溶液中的 $c(I^-)$，再根据系统的初始组成及沉淀反应中 Pb^{2+} 和 I^- 的化学计量关系，可以计算出溶液的 $c(Pb^{2+})$。由此可得 PbI_2 的溶度积常数。

本实验采用分光光度法测定溶液中的 $c(I^-)$。尽管 I^- 是无色的，但可在酸性条件下用 KNO_2 将 I^- 氧化为 I_2（保持 I_2 浓度在其饱和浓度以下），I_2 在水溶液中呈棕黄色。用分光光度计在 525 nm 波长下测定由各饱和溶液配置的 I_2 溶液的吸光度 A，然后由标准吸收曲线查出 $c(I^-)$，则可计算出饱和溶液中的 $c(I^-)$。

三、实验仪器与试剂

721 型分光光度计，比色皿（1 cm 4 个），烧杯（50 mL 6 个），试管（6 支），吸量管，漏斗，滤纸，镜头纸，橡皮塞。

HCl（6.0 mol/L），Pb（NO$_3$）$_2$（0.015 mol/L），KI（0.035 mol/L，0.003 5 mol/L），KNO$_2$（0.020 mol/L）。

四、实验步骤

1. 绘制 A–c(I$^-$) 标准曲线

在 5 支干燥的小试管中分别加入 1.00、1.50、2.00、2.50、3.00 mL 0.003 5 mol/L 的 KI 溶液，并加入蒸馏水使总体积为 4.00 mL，再分别加入 2.00 mL 0.020 mol/L 的 KNO$_2$ 溶液及 1 滴 6.0 mol/L 的 HCl 溶液。摇匀后，分别倒入比色皿中，测量吸光度，并将数据填入表 2-14 中。以吸光度 A 为纵坐标，以相应 I$^-$ 的浓度为横坐标，绘制出 A–c(I$^-$) 标准曲线图。

表 2-14　溶液的吸光度

试管	1	2	3	4	5
I$^-$ 的浓度/(mol·L^{-1})					
吸光度 A					

2. 制备 PbI$_2$ 饱和溶液

（1）取 3 支干净、干燥的大试管，按表 2-15 用吸量管加入 0.015 mol/L 的 Pb（NO$_3$）$_2$ 溶液、0.035 mol/L 的 KI 溶液、蒸馏水，使每个试管中溶液的总体积为 10.00 mL。

表 2-15　试剂用量

试管编号	V[Pb（NO$_3$）$_2$]/mL	V(KI)/mL	V(H$_2$O)/mL
1	5.00	3.00	2.00
2	5.00	4.00	1.00
3	5.00	5.00	0.00

（2）用橡皮塞塞紧试管，充分振荡试管，大约 20 min 后，将试管静置 3~5 min。

（3）在装有干燥滤纸的干燥漏斗上，将制得的含有 PbI$_2$ 固体的饱和溶液过滤，同时用干燥的试管接取滤液。弃去沉淀，保留滤液。

（4）在 3 支干燥的小试管中用吸量管分别注入 1 号、2 号、3 号 PbI$_2$ 固体的饱和溶液 2.00 mL，再分别注入 2.00 mL 0.02 mol/L 的 KNO$_2$ 溶液、2.00 mL 蒸馏水和 6.0 mol/L 的 HCl 溶液 1 滴。摇匀后，分别倒入 1 cm 比色皿中，以蒸馏水作为参比溶液，在 525 nm 波长下测定溶液的吸光度。

五、实验数据

将测得的数据填入表 2-16 中并进行计算。

表 2-16　数据记录与处理

项目	试管编号		
	1	2	3
I^- 的初始浓度 $a/(\mathrm{mol \cdot L^{-1}})$			
由饱和溶液配制的 I_2 的吸光度 A			
由标准曲线查得稀释后 I^- 的浓度/$(\mathrm{mol \cdot L^{-1}})$			
I^- 的平衡浓度 $b/(\mathrm{mol \cdot L^{-1}})$			
Pb^{2+} 的初始浓度 $c/(\mathrm{mol \cdot L^{-1}})$			
Pb^{2+} 的平衡浓度 $c-\dfrac{a-b}{2}/(\mathrm{mol \cdot L^{-1}})$			
$K_{sp}^{\ominus}=\left(c-\dfrac{a-b}{2}\right)b^2$			
$K_{sp}^{\ominus}(PbI_2)$ 的平均值			

注意：在进行计算时由于滤液的体积被稀释为原来的 3 倍，故 I^- 的平衡浓度为从标准曲线上查得的浓度的 3 倍。且由于饱和溶液中 K^+、NO_3^- 浓度不同，影响 PbI_2 的溶解度，因此实验中为保证溶液中离子强度一致，各种溶液都应以 0.20 mol/L 的 KNO_3 溶液为介质配制，但测得的 $K_{sp}^{\ominus}(PbI_2)$ 比在水中的大。本实验未考虑离子强度的影响。

注意事项

（1）实验用于制备 PbI_2 沉淀的试管和过滤用的漏斗及吸滤瓶应是干燥的，过滤时使用的滤纸不要湿润。

（2）配制好的待测液应尽快测其吸光度，不能放置太长时间。

六、思考题

（1）配制 PbI_2 饱和溶液时为什么要充分振荡？

（2）操作比色皿时的注意事项是什么？

2.9　三草酸合铁酸钾的合成及性质

一、实验目的

（1）掌握合成配合物 $K_3[Fe(C_2O_4)_3]\cdot 3H_2O$ 的基本原理和操作技术。

（2）加深对 Fe（Ⅱ）和 Fe（Ⅲ）化合物性质的了解。

（3）熟练掌握过滤、蒸发、结晶和洗涤等基本操作。

（4）加深了解分光光度法的原理和应用。

课件 2.9　三草酸合铁酸钾的合成及性质

二、实验原理

1. 制备

三草酸合铁酸钾 $K_3[Fe(C_2O_4)_3]\cdot 3H_2O$ 是一种翠绿色单斜晶体，溶于水 [溶解度：4.7 g/100 g（0 ℃），117.7 g/100 g（100 ℃）]，难溶于乙醇。110 ℃时失去结晶水，230 ℃时分解。该配合物对光敏感，遇光照射发生分解：

$$K_3[Fe(C_2O_4)_3] \xrightarrow{\text{光}} K_2C_2O_4 + FeC_2O_4(\text{黄色}) + CO_2\uparrow$$

三草酸合铁酸钾是制备负载型活性铁催化剂的主要原料，也是一些有机反应的良好催化剂，在工业上具有一定的应用价值。其合成工艺路线有多种。例如，可用氯化铁或硫酸铁与草酸钾直接合成三草酸合铁酸钾，也可以铁为原料制得硫酸亚铁铵，加草酸制得草酸亚铁后，在过量草酸根存在下用过氧化氢制得三草酸合铁酸钾。

本实验以硫酸亚铁铵为原料，采用后一种方法制得本产品。其反应方程式如下：

$$(NH_4)_2Fe(SO_4)_2\cdot 6H_2O + H_2C_2O_4 = FeC_2O_4\cdot 2H_2O(s,\text{黄色}) + (NH_4)_2SO_4 + H_2SO_4 + 4H_2O$$

$$6FeC_2O_4\cdot 2H_2O + 3H_2O_2 + 6K_2C_2O_4 = 4K_3[Fe(C_2O_4)_3]\cdot 3H_2O + 2Fe(OH)_3(s)$$

加入适量草酸可使 $Fe(OH)_3$ 转化为三草酸合铁酸钾：

$$2Fe(OH)_3 + 3H_2C_2O_4 + 3K_2C_2O_4 = 2K_3[Fe(C_2O_4)_3]\cdot 3H_2O$$

加入乙醇，放置即可析出产物的结晶。

2. 产物的定性分析

产物组成的定性分析，采用化学分析和红外吸收光谱法。

K^+ 与 $Na_3[Co(NO_2)_6]$ 在中性或稀醋酸介质中，生成亮黄色的 $K_2Na[Co(NO_2)_6]$ 沉淀：

$$2K^+ + Na^+ + [Co(NO_2)_6]^{3-} = K_2Na(Co(NO_2)_6)(s)$$

Fe^{3+} 与 KSCN 反应生成血红色 $Fe(NCS)_n^{3-n}$，$C_2O_4^{2-}$ 与 Ca^{2+} 生成白色沉淀 CaC_2O_4，可以判断 Fe^{3+}、$C_2O_4^{2-}$ 处于配合物的内层还是外层。

草酸根和结晶水可通过红外光谱分析确定其存在。草酸根形成配位化合物时，红外吸收的振动频率和谱带归属如表 2-17 所示。

表 2-17 红外吸收的振动频率和谱带归属

振动频率 υ/cm^{-1}	谱带归属
1 712，1 677，1 649	羰基 C=O 的伸缩振动吸收带
1 390，1 270，1 255，885	C—O 的伸缩及—O—C=O 的弯曲振动
797，785	O—C=O 的弯曲及 M—O 的伸缩振动
528	C—C 的伸缩振动吸收带
498	环变形 O—C=O 的弯曲振动
366	M—O 的伸缩振动吸收带

结晶水的吸收带在 3 550~3 200 cm^{-1} 之间，一般在 3 450 cm^{-1} 附近。通过红外谱图的对照，不难得出定性的分析结果。

3. 产物的定量分析

用 $KMnO_4$ 法测定产品中的 Fe^{3+} 含量和 $C_2O_4^{2-}$ 含量，并确定 Fe^{3+} 和 $C_2O_4^{2-}$ 的配位比。

在酸性介质中，用 $KMnO_4$ 标准溶液滴定试液中的 $C_2O_4^{2-}$，根据 $KMnO_4$ 标准溶液的消耗量可直接计算出 $C_2O_4^{2-}$ 的质量分数，其反应方程式为

$$5C_2O_4^{2-}+2MnO_4^-+16H^+ \!=\!=\!= 10CO_2+2Mn^{2+}+8H_2O$$

在上述测定草酸根后剩余的溶液中，用锌粉将 Fe^{3+} 还原为 Fe^{2+}，再用 $KMnO_4$ 标准溶液滴定 Fe^{2+}，其反应方程式为

$$Zn+2Fe^{3+}\!=\!=\!=2Fe^{2+}+Zn^{2+}$$

$$5Fe^{2+}+MnO_4^-+8H^+\!=\!=\!=5Fe^{3+}+Mn^{2+}+4H_2O$$

根据 $KMnO_4$ 标准溶液的消耗量，可计算出 Fe^{3+} 的质量分数。

根据 $n(Fe^{3+}) : n(C_2O_4^{2-}) = \dfrac{\omega(Fe^{3+})}{55.8} : \dfrac{\omega(C_2O_4^{2-})}{88.0}$，可确定 Fe^{3+} 与 $C_2O_4^{2-}$ 的配位比。

三、实验仪器与试剂

分析天平，烧杯（50 mL），吸量管（1 mL，5 mL），酒精灯，离心机，搅拌棒，电热恒温水浴锅，布氏漏斗，吸滤瓶，真空泵，表面皿，称量瓶，干燥器，烘箱，锥形瓶（250 mL），酸式滴定管（50 mL），磁天平，红外光谱仪，玛瑙研钵。

H_2SO_4(3 mol/L)，$H_2C_2O_4$(1 mol/L)，H_2O_2(3%)，$(NH_4)_2Fe(SO_4)_2 \cdot 6H_2O(s)$，$K_2C_2O_4$（饱和），$K_3[Fe(CN)_6]$，$KSCN$（0.1 mol/L），$CaCl_2$（0.5 mol/L），$FeCl_3$（0.1 mol/L），$Na_3[Co(NO_2)_6]$，$KMnO_4$ 标准溶液（0.01 mol/L，自行标定），乙醇（95%），丙酮。

四、实验步骤

1. $K_3[Fe(C_2O_4)_3] \cdot 3H_2O$ 的制备

1）制取 $FeC_2O_4 \cdot 2H_2O$

称取 0.4 g $(NH_4)_2Fe(SO_4)_2 \cdot 6H_2O$ 放入 10 mL 离心试管中，加入 0.3 mL 3 mol/L 的 H_2SO_4 溶液和 1.50 mL 去离子水，搅拌使其溶解。再加入 2.5 mL 1.0 mol/L 的 $H_2C_2O_4$ 溶液，搅拌并摩擦试管壁使产生黄色 $FeC_2O_4 \cdot 2H_2O$ 沉淀（约需 15 min）。离心分离，小心除去上清液。用 2 mL 蒸馏水洗涤沉淀，保留沉淀。

2）制备 $K_3[Fe(C_2O_4)_3] \cdot 3H_2O$

在上述洗涤过的沉淀中，加入 1 mL 饱和 $K_2C_2O_4$ 溶液，水浴加热至 40 ℃，边搅拌边滴加 2 mL 3% 的 H_2O_2 溶液，控制在 5 min 左右加完。此时沉淀转为黄褐色。滴加完后，使水浴温度升至 90 ℃，以除去过量的 H_2O_2。往离心试管中缓慢加入 0.8 mL 1.0 mol/L 的 $H_2C_2O_4$ 溶液，搅拌使沉淀溶解至呈现翠绿色为止。再往该溶液中加入 3.0 mL 95% 的乙醇溶液，立即移出水浴在暗处静置冷却，结晶。待绿色的 $K_3[Fe(C_2O_4)_3] \cdot 3H_2O$ 晶体析出后，吸去上清液，用乙醇洗涤沉淀，减压过滤，抽干后用少量乙醇洗涤产品，继续抽干，称量，计算产率，并将晶体放在干燥器内避光保存。

2. $K_3[Fe(C_2O_4)_3] \cdot 3H_2O$ 的鉴定

使用分光光度法测定产物的吸收光谱。将所得到的特征吸收峰的波长与文献值比较

（查找理论吸收光谱）。

3. $K_3[Fe(C_2O_4)_3] \cdot 3H_2O$ 的性质

（1）将少许产品放在表面皿上，在日光下观察晶体颜色的变化，与放在暗处的晶体比较。

（2）制感光纸。按 0.3 g $K_3[Fe(C_2O_4)_3] \cdot 3H_2O$、0.4 g $K_3[Fe(CN)_6]$加 5 mL 水的比例配成溶液，涂在纸上即成感光纸（黄色）。附上图案，在日光直照下（数秒钟）或红外灯光下，曝光部分呈深蓝色，被遮盖没有曝光部分即显影出图案来。

4. 产物的定性分析

1）K^+ 的鉴定

在试管中加入少量产物，用去离子水溶解，再加入少量 $Na_3[Co(NO_2)_6]$ 固体，放置片刻，观察现象。

2）Fe^{3+} 的鉴定

在试管中加入少量产物，用去离子水溶解。另取一支试管加入少量的 $FeCl_3$ 溶液。各加入 2 滴 0.1 mol/L 的 KSCN 溶液，观察现象。在装有产物溶液的试管中加入 3 滴 2 mol/L 的 H_2SO_4，再观察溶液颜色有何变化，解释实验现象。

3）$C_2O_4^{2-}$ 的鉴定

在试管中加入少量产物，用去离子水溶解。另取一试管加入少量 $K_2C_2O_4$溶液。各加入 2 滴 0.5 mol/L 的 $CaCl_2$ 溶液，观察实验现象有何不同。

4）用红外光谱鉴定 $C_2O_4^{2-}$ 与结晶水

取少量 KBr 晶体及小于 KBr 用量百分之一的样品，在玛瑙研钵中研细，压片，在红外光谱仪上测定红外吸收光谱，将谱图的各主要谱带与标准红外光谱图对照，确定是否含有 $C_2O_4^{2-}$ 与结晶水。

5. 产物组成的定量分析

1）结晶水质量分数的测定

洗净两个称量瓶，在 110 ℃ 电烘箱中干燥 1 h，置于干燥器中冷却，至室温时在分析天平上称量。然后放到 110 ℃ 电烘箱中干燥 0.5 h，即重复上述干燥→冷却→称量操作，直至质量恒定（两次称量相差不超过 0.3 mg）为止。

在分析天平上准确称取两份产物（0.5~0.6 g），分别放入上述已质量恒定的两个称量瓶中。在 110 ℃ 电热烘箱中干燥 1 h，然后置于干燥器中冷却，至室温后，称量。重复上述干燥（改为 0.5 h）→冷却→称量操作，直至质量恒定。根据称量结果计算产品中结晶水的质量分数。

2）$C_2O_4^{2-}$ 质量分数的测量

在分析天平上准确称取两份产物（0.15~0.20 g），分别放入两个锥形瓶中，均加入 15 mL 2 mol/L 的 H_2SO_4 和 15 mL 去离子水，微热溶解，加热至 75~85 ℃（即液面冒水蒸气），趁热用 0.020 00 mol/L 的 $KMnO_4$ 标准溶液滴定至粉红色为终点（保留溶液待下一步分析使用）。根据消耗 $KMnO_4$ 溶液的体积，计算产物中 $C_2O_4^{2-}$ 的质量分数。

3）Fe^{3+} 质量分数的测量

在上述保留的溶液中加入一小匙锌粉，加热近沸，直到黄色消失，将 Fe^{3+} 还原为 Fe^{2+} 即可。趁热过滤除去多余的锌粉，将滤液收集到另一锥形瓶中，再用 5 mL 去离子水洗涤漏斗，并将洗涤液也一并收集在上述锥形瓶中。继续用 0.020 00 mol/L 的 $KMnO_4$ 标准溶液进行滴定，至溶液呈粉红色。根据消耗 $KMnO_4$ 溶液的体积，计算 Fe^{3+} 的质量分数。

根据 1）、2）和 3）的实验结果，计算 K^+ 的质量分数，进而推断出配合物的化学式。

五、实验数据

$K_3[Fe(C_2O_4)_3] \cdot 3H_2O$ 的产量：_____。

$K_3[Fe(C_2O_4)_3] \cdot 3H_2O$ 的理论产量：_____。

$K_3[Fe(C_2O_4)_3] \cdot 3H_2O$ 的产率：_____。

六、思考题

（1）氧化 $Fe(C_2O_4)_3 \cdot 2H_2O$ 时氧化温度控制在 40 ℃，不能太高，为什么？

（2）在制备过程中，向最后的溶液中加入乙醇的作用是什么？用乙醇洗涤的作用是什么？

2.10 五水硫酸铜结晶水的测定

一、实验目的

（1）了解结晶水合物中结晶水含量的测定原理和方法。

（2）熟悉分析天平的使用。

（3）学习研钵、干燥器的使用以及使用沙浴加热、恒重等基本操作。

课件 2.10 五水硫酸铜结晶水测定

视频 2.7 干燥器使用方法

二、实验原理

水合硫酸铜脱水的反应为

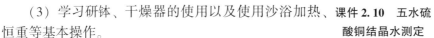

$$CuSO_4 \cdot xH_2O \xrightarrow{258\ ℃} CuSO_4 + xH_2O$$

三、实验仪器与试剂

坩埚，沙浴锅，分析天平。

$CuSO_4 \cdot 5H_2O$。

四、实验步骤

1. 恒重坩埚

将一洗净的坩埚及坩埚盖置于泥三角上，小火烘干后，用氧化焰灼烧至红热，将坩埚冷却至略高于室温，再用干净的坩埚钳将其移入干燥器中，冷却至室温（热的坩埚放入干燥器后，一定要在短时间内将干燥器盖子打开 1~2 次，以免内部压力降低，难以打开）取出，用分析天平称量，重复加热至脱水温度以上，冷却，称重，直至恒重。

2. 五水硫酸铜脱水

（1）在已恒重的坩埚中加入 1.0~1.2 g 研细的 $CuSO_4 \cdot 5H_2O$，在分析天平（或电子天平）上准确称量坩埚及五水硫酸铜的总质量，减去已恒重的坩埚质量，即为五水硫酸铜的质量。

（2）将已称重的内装 $CuSO_4 \cdot 5H_2O$ 的坩埚置于沙浴盘中。靠近坩埚的沙浴中插入一支温度计（300 ℃），其末端应与坩埚底部大致处于同一水平。加热沙浴至约 210 ℃ 后慢慢升温至 280 ℃ 左右，用坩埚钳将坩埚移入干燥器内，冷却至室温。在分析天平上称量坩埚和无水硫酸铜的总质量。计算无水硫酸铜的质量，重复沙浴加热→冷却→称量，直至恒重（两次称量之差<1 mg），实验后将无水硫酸铜置于回收瓶中。

五、实验数据

将测得的数据填入表 2-18 中。

表 2-18　实验数据记录表

空坩埚质量/g			空坩埚+$CuSO_4 \cdot$ $5H_2O$ 质量/g	加热后坩埚+无水 $CuSO_4$ 质量/g		
第一次称量	第二次称量	平均值		第一次称量	第二次称量	平均值

$CuSO_4 \cdot 5H_2O$ 的质量 $m_1 = $ _____ g。

$CuSO_4 \cdot 5H_2O$ 的物质的量 $n_1 = m_1 / (249.7 \text{ g/mol}) = $ _____ mol。

无水 $CuSO_4$ 的质量 $m_2 = $ _____ g。

无水 $CuSO_4$ 的物质的量 $n_2 = m_2 / (159.6 \text{ g/mol}) = $ _____ mol。

结晶水的质量 $m_3 = $ _____ g。

结晶水的物质的量 $n_3 = m_3 / (18 \text{ g/mol}) = $ _____ mol。

1 mol $CuSO_4$ 的结合水的物质的量 $n_4 = $ _____ mol。

水合硫酸铜的化学式：_____。

六、思考题

（1）在五水硫酸铜结晶水的测定中，为什么用沙浴加热并控制温度在 280 ℃ 左右?

（2）加热后的坩埚能否未冷却至室温就去称量? 加热后的热坩埚为什么要放在干燥器内冷却?

2.11　硼 碳 硅 氮 磷

一、实验目的

（1）掌握硼酸和硼砂的重要性质，学习硼砂珠实验的方法。

（2）了解可溶性硅酸盐的水解性和难溶硅酸盐的生成与颜色。

（3）掌握硝酸、亚硝酸及其盐的重要性质。

（4）了解磷酸盐的主要性质。

课件 2.11
硼 碳 硅 氮 磷

（5）掌握 CO_3^{2-}、NH_4^+、NO_2^-、NO_3^-、PO_4^{3-} 的鉴定方法。

二、实验原理

硼酸（H_3BO_3）是一元弱酸，它在水溶液中的解离不同于一般的一元弱酸。硼酸是路易斯（Lewis）酸，能与多羟基醇发生加合反应，使溶液的酸性增强。

硼砂的水溶液因水解而呈碱性。硼砂溶液与酸反应可析出硼酸。硼砂受强热脱水熔化为玻璃体，与不同的金属的氧化物或盐类熔融生成具有不同特征颜色的偏硼酸复盐，即硼砂珠实验。

将碳酸盐溶液与盐酸反应生成的 CO_2 通入 $Ba(OH)_2$ 溶液中，能使 $Ba(OH)_2$ 溶液变浑浊，这一方法用于鉴定 CO_3^{2-}。

硅酸钠水解作用明显。大多数硅酸盐难溶于水，过渡金属的硅酸盐呈现不同的颜色。

鉴定 NH_4^+ 的常用的方法有两种，一是 NH_4^+ 与 OH^- 反应，生成的 $NH_3(g)$ 使红色石蕊试纸变蓝；二是 NH_4^+ 与奈斯勒（Nessler）试剂（$K_2[HgI_4]$）的碱性溶液）反应，生成红棕色沉淀。

亚硝酸极不稳定。亚硝酸盐溶液与强酸反应生成的亚硝酸分解为 N_2O_3 和 H_2O。N_2O_3 又能分解为 NO 和 NO_2。

亚硝酸盐中氮的氧化值为+3，它在酸性溶液中作氧化剂，一般被还原为 NO；与强氧化剂作用时则生成硝酸盐。

硝酸具有强氧化性。它与许多非金属反应，主要还原产物是 NO。浓硝酸与金属反应主要生成 NO_2，稀硝酸与金属反应通常生成 NO，活泼金属能将稀硝酸还原为 NH_4^+。

NO_2^- 与 $FeSO_4$ 溶液在 HAc 介质中反应生成棕色的 $[Fe(NO)(H_2O)_5]^{2+}$（简写为 $[Fe(NO)]^{2+}$）：

$$Fe^{2+} + NO_2^- + 2HAc \longrightarrow Fe^{3+} + NO + H_2O + 2Ac^-$$
$$Fe^{2+} + NO \longrightarrow [Fe(NO)]^{2+}$$

NO_3^- 与 $FeSO_4$ 溶液在浓硫酸介质中反应生成棕色 $[Fe(NO)]^{2+}$：

$$3Fe^{2+} + NO_3^- + 4H^+ \longrightarrow 3Fe^{3+} + NO + 2H_2O$$
$$Fe^{2+} + NO \longrightarrow [Fe(NO)]^{2+}$$

在试液与浓硫酸液层界面处生成的 $[Fe(NO)]^{2+}$ 呈棕色环状。此方法用于鉴定 NO_3^-，称为"棕色环"法。NO_2^- 的存在会干扰 NO_3^- 的鉴定，加入尿素并微热，可以除去 NO_2^-：

$$NO_2^- + CO(NH_2)_2 + 2H^+ \longrightarrow 2N_2 + CO_2 + 3H_2O$$

碱金属（锂除外）和铵的磷酸盐、磷酸一氢盐易溶于水，其他磷酸盐难溶于水。大多数磷酸二氢盐易溶于水。焦磷酸盐和三聚磷酸盐都具有配位作用。

PO_4^{3-} 与 $(NH_4)_2MoO_4$ 溶液在硝酸介质中反应，生成黄色的磷钼酸铵沉淀。此反应可用于鉴定 PO_4^{3-}。

三、实验仪器与试剂

点滴板，水浴锅，pH 试纸，红色石蕊试纸，镍铬丝（一端做成环状）。

HCl（2 mol/L，6 mol/L，浓），H_2SO_4（1 mol/L，6 mol/L，浓），HNO_3（2 mol/L，浓），HAc（2 mol/L），NaOH（2 mol/L，6 mol/L），$Ba(OH)_2$（饱和），Na_2CO_3（0.1 mol/L），$NaHCO_3$（0.1 mol/L），Na_2SiO_3（0.5 mol/L），NH_4Cl（0.1 mol/L），$BaCl_2$（0.5 mol/L），$NaNO_2$

$(0.1\ mol/L)$，$KI(0.02\ mol/L)$，$KMnO_4(0.01\ mol/L)$，$KNO_3(0.1\ mol/L)$，$Na_3PO_4(0.1\ mol/L)$，$Na_2HPO_4(0.1\ mol/L)$，$NaH_2PO_4(0.1\ mol/L)$，$CaCl_2(0.1\ mol/L，1\ mol/L)$，$CuSO_4(0.1\ mol/L)$，$Na_4P_2O_7(0.5\ mol/L)$，$Na_5P_3O_{10}(0.1\ mol/L)$，$Na_2B_4O_7 \cdot 10H_2O(s)$，$H_3BO_3(s)$，$Co(NO_3)_2 \cdot 6H_2O(s)$，$CaCl_2(s)$，$CuSO_4 \cdot 5H_2O(s)$，$ZnSO_4 \cdot 7H_2O(s)$，$Fe(SO_4)_3(s)$，$NiSO_4 \cdot 7H_2O(s)$，锌粉，铜屑。$FeSO_4 \cdot 7H_2O(s)$，$CO(NH_2)_2(s)$，$NH_4NO_3(s)$，$Na_3PO_4 \cdot 12H_2O(s)$，$NaHCO_3(s)$，$Na_2CO_3(s)$，甘油，甲基橙指示剂，奈斯勒试剂，淀粉试液，钼酸铵试剂。

四、实验步骤

1. 测试硼酸和硼砂的性质

（1）在试管中加入约 0.5 g 的硼酸晶体和 3 mL 的去离子水，观察溶解情况。微热后使其全部溶解，冷至室温，用 pH 试纸测定溶液的 pH。然后在溶液中加入 1 滴甲基橙指示剂，并将溶液分成两份，在一份中加入 10 滴甘油，混合均匀，比较两份溶液的颜色。写出有关反应的离子方程式。

视频 2.8
试管加热

（2）在试管中加入约 1 g 硼砂和 2 mL 去离子水，微热使其溶解，用 pH 试纸测定溶液的 pH。然后加入 1 mL 6 mol/L 的 H_2SO_4 溶液，将试管放在冷水中冷却，并用玻璃棒不断搅拌，片刻后观察硼酸晶体的析出。写出有关反应的离子方程式。

（3）硼砂珠实验。用环形镍铬丝蘸取浓盐酸（盛在试管中），在氧化焰中灼烧然后迅速蘸取少量硼砂，在氧化焰中灼烧至玻璃状。用烧红的硼砂珠蘸取少量 $Co(NO_3)_2 \cdot 6H_2O$，在氧化焰中烧至熔融，冷却后对着亮光观察硼砂珠的颜色。写出有关反应方程式。

2. CO_3^{2-} 的鉴定

在试管中加入 1 mL 0.1 mol/L 的 Na_2CO_3 溶液，再加入半滴管 2 mol/L 的 HCl 溶液，立即用带导管的塞子盖紧试管口，将产生的气体通入饱和 $Ba(OH)_2$ 溶液中，观察现象。写出有关反应方程式。

3. 测试硅酸盐的性质

在试管中加入 1 mL 0.5 mol/L 的 Na_2SiO_3 溶液，用 pH 试纸测定其 pH。然后逐滴加入 6 mol/L 的 HCl 溶液，使溶液的 pH 在 6~9 之间，观察硅酸凝胶的生成（若无凝胶生成可微热）。

4. NH_4^+ 的鉴定

（1）在试管中加入少量 0.1 mol/L 的 NH_4Cl 溶液和 2 mol/L 的 NaOH 溶液，微热并用湿润的红色石蕊试纸在试管口检验逸出的气体。写出有关反应方程式。

（2）在滤纸条上加 1 滴奈斯勒试剂，代替红色的石蕊试纸重复步骤（1），观察现象。写出有关反应方程式。

5. 测试硝酸的氧化性

（1）在试管内放入一小块铜屑，加入几滴浓硝酸，观察现象。然后迅速加水稀释，倒掉溶液，回收铜屑。写出有关反应方程式。

（2）在试管中放入少量锌粉，加入 1 mL 2 mol/L 的 HNO_3 溶液，观察现象（如不反应可微热）。取清液检验是否有 NH_4^+ 生成。写出有关反应方程式。

6. 测试亚硝酸及其盐的性质

（1）在试管中加入 10 滴 1 mol/L 的 $NaNO_2$ 溶液，然后滴加 6 mol/L 的 H_2SO_4 溶液，观察溶液和液面上的气体的颜色（若室温较高，应将试管放在冷水中冷却）。写出有关反应方程式。

（2）用 0.1 mol/L 的 $NaNO_2$ 溶液和 0.02 mol/L 的 KI 溶液及 1 mol/L 的 H_2SO_4 溶液，测试 $NaNO_2$ 的氧化性。然后加入淀粉试液，又有何变化？写出有关反应的离子方程式。

（3）用 0.1 mol/L 的 $NaNO_2$ 溶液和 0.01 mol/L 的 $KMnO_4$ 溶液及 1 mol/L 的 H_2SO_4 溶液，测试 $NaNO_2$ 的还原性。写出有关反应的离子方程式。

7. NO_3^- 和 NO_2^- 的鉴定

（1）取 1 mL 0.1 mol/L 的 KNO_3 溶液，加入少量 $FeSO_4 \cdot 7H_2O$ 晶体，振荡试管使其溶解。然后斜持试管，沿试管壁小心滴加 1 mL 浓硫酸，静置片刻，观察两种液体界面处的棕色环。写出有关反应方程式。

（2）取 1 滴 0.1 mol/L 的 $NaNO_2$ 溶液稀释至 1 mL，加少量 $FeSO_4 \cdot 7H_2O$ 晶体，振荡试管使其溶解，加入 2 mol/L HAc 溶液，观察现象。写出有关反应方程式。

（3）取 0.1 mol/L 的 KNO_3 溶液和 0.1 mol/L 的 $NaNO_2$ 溶液各 2 滴稀释至 1 mL，再加少量尿素及 2 滴 1 mol/L 的 H_2SO_4 溶液以消除 NO_2^- 对鉴定 NO_3^- 的干扰，然后进行棕色环实验。

8. 测试磷酸盐的性质

（1）用 pH 试纸分别测定 0.1 mol/L 的 Na_3PO_4 溶液、0.1 mol/L 的 Na_2HPO_4 溶液和 0.1 mol/L 的 NaH_2PO_4 溶液的 pH 值。写出有关反应方程式并加以说明。

（2）在 3 支试管中各加入几滴 0.1 mol/L 溶液 $CaCl_2$ 溶液，然后分别滴加 0.1 mol/L 的 Na_3PO_4 溶液、0.1 mol/L 的 Na_2HPO_4 溶液、0.1 mol/L 的 NaH_2PO_4 溶液，观察现象。写出有关反应的离子方程式。

（3）在试管中滴加几滴 0.1 mol/L 的 $CuSO_4$ 溶液，然后逐滴加入 0.5 mol/L 的 $Na_4P_2O_7$ 溶液至过量，观察现象。写出有关反应的离子方程式。

（4）取 1 滴 0.1 mol/L 的 $CaCl_2$ 溶液，滴加 0.1 mol/L 的 Na_2CO_3 溶液，再滴加 0.1 mol/L 的 $Na_5P_3O_{10}$ 溶液，观察现象。写出有关反应的离子方程式。

9. PO_4^{3-} 的鉴定

取几滴 0.1 mol/L 的 Na_3PO_4 溶液，加 0.5 mL 浓硝酸，再加 1 mL 钼酸铵试剂，在水浴上微热到 40~45 ℃，观察现象。写出有关反应方程式。

五、思考题

（1）为什么硼砂的水溶液具有缓冲作用？怎样计算 pH？

（2）为什么在 Na_2SiO_3 溶液中加入 HAc 溶液、NH_4Cl 溶液或通入 CO_2，都能生成硅酸凝胶？

（3）如何用简单的方法区别硼砂、Na_2CO_3、Na_2SiO_3 这三种盐？

2.12　铬　锰　铁　钴　镍

一、实验目的

（1）掌握铬、锰、铁、钴、镍氢氧化物的酸碱性和氧化还原性。

（2）掌握铬、锰重要氧化态之间的转化反应及其条件。

（3）掌握铁、钴、镍配合物的生成和性质。

（4）掌握锰、铁、钴、镍硫化物的生成和溶解性。

（5）学习 Cr^{3+}、Mn^{2+}、Fe^{3+}、Co^{2+}、Ni^{2+} 的鉴定方法。

课件 2.12

铬　锰　铁　钴　镍

二、实验原理

铬、锰、铁、钴、镍是元素周期表第四周期第ⅥB～Ⅷ族元素，它们都能形成多种氧化值的化合物。铬的重要氧化值为+3 和+6；锰的重要氧化值为+2、+4、+6、+7；铁的重要氧化值为+2 和+3。

1. Cr 重要化合物的性质

$Cr(OH)_3$（蓝绿色）是典型的两性氢氧化物，与酸或碱都可以发生反应：

$$Cr(OH)_3 + 3HCl = CrCl_3 + 3H_2O$$

$$Cr(OH)_3 + NaOH = NaCrO_2 + 2H_2O$$

$NaCrO_2$ 具有还原性，易被 H_2O_2 氧化生成黄色 Na_2CrO_4：

$$2NaCrO_2 + 3H_2O_2 + 2NaOH = 2Na_2CrO_4 + 4H_2O$$

铬酸盐与重铬酸盐可以互相转化，溶液中存在以下平衡关系：

$$CrO_4^{2-} + 2H_2O_2 + 2H^+ \rightleftharpoons CrO(O_2)_2 + 3H_2O$$

蓝色 $CrO(O_2)_2$ 在有机试剂乙醚中较稳定。利用上述一系列反应，可以鉴定 Cr^{3+}、CrO_4^{2-} 和 $Cr_2O_7^{2-}$。

CrO_4^{2-} 与 $Cr_2O_7^{2-}$ 在溶液中存在以下平衡关系：

$$2CrO_4^{2-} + 2H^+ \rightleftharpoons Cr_2O_7^{2-} + H_2O$$

$BaCrO_4$、Ag_2CrO_4、$PbCrO_4$ 的 K_{sp} 值分别为 1.17×10^{-10}、1.12×10^{-12}、1.8×10^{-14}，均为难溶盐。因 CrO_4^{2-} 与 $Cr_2O_7^{2-}$ 在溶液中存在平衡关系，又 Ba^{2+}、Ag^+、Pb^{2+} 的重铬酸盐的溶解度比铬酸盐溶解度大，故向 $Cr_2O_7^{2-}$ 溶液中加入 Ba^{2+}、Ag^+、Pb^{2+} 等离子时，根据平衡移动规则，可得到铬酸盐沉淀：

$$2Ba^{2+} + Cr_2O_7^{2-} + H_2O = 2BaCrO_4 \downarrow（柠檬黄色）+ 2H^+$$

$$4Ag^+ + Cr_2O_7^{2-} + H_2O = 2Ag_2CrO_4 \downarrow（砖红色）+ 2H^+$$

$$2Pb^{2+} + Cr_2O_7^{2-} + H_2O = 2PbCrO_4 \downarrow（铬黄色）+ 2H^+$$

这些难溶盐可以溶于强酸（为什么？）。

在酸性条件下，$Cr_2O_7^{2-}$ 具有强氧化性，可氧化乙醇，反应方程式如下：

$$2Cr_2O_7^{2-}（橙色）+3C_2H_5OH+16H^+===4Cr^{3+}（绿色）+3CH_3COOH+11H_2O$$

根据颜色变化，可定性检查人呼出的气体和血液中是否含有酒精，可判断是否酒后驾车或酒精中毒。

2. Mn 重要化合物的性质

$Mn(OH)_2$（白色）是中强碱，具有还原性，易被空气中 O_2 所氧化：

$$4Mn(OH)_2+O_2===4MnO(OH)（褐色）+2H_2O$$

$MnO(OH)$ 不稳定，易分解产生 MnO_2 和 H_2O。

在酸性溶液中，Mn^{2+} 很稳定，与强氧化剂（如 $NaBiO_3$、PbO_2、$S_2O_8^{2-}$ 等）作用时，可生成紫红色 MnO_4^-：

$$2Mn^{2+}+5NaBiO_3+14H^+===2MnO_4^-+5Bi^{3+}+5Na^++7H_2O$$

此反应常用来鉴定 Mn^{2+}。

MnO_4^{2-}（绿色）能稳定存在于强碱溶液中，而在中性或微碱性溶液中易发生歧化反应：

$$3MnO_4^{2-}+2H_2O===2MnO_4^-+MnO_2\downarrow+4OH^-$$

K_2MnO_4 可被强氧化剂（如 Cl_2）氧化为 $KMnO_4$。强碱性溶液中，MnO_4^- 与 MnO_2 反应也能生成 MnO_4^{2-}。在酸性甚至近中性溶液中，MnO_4^{2-} 被歧化为 MnO_4^- 和 MnO_2。在酸性溶液中，MnO_2 也是强氧化剂。

MnO_4^- 具强氧化性，它的还原产物与溶液的酸碱性有关。在酸性、中性或碱性介质中，分别被还原为 Mn^{2+}、MnO_2 和 MnO_4^{2-}。

3. Fe、Co、Ni（铁系元素）重要化合物的性质

$Fe(OH)_2$（白色）和 $Co(OH)_2$（粉色）除具有碱性外，还具有还原性，易被空气中 O_2 所氧化：

$$4Fe(OH)_2+O_2+2H_2O===4Fe(OH)_3$$
$$4Co(OH)_2+O_2+2H_2O===4Co(OH)_3$$

$Co(OH)_3$（褐色）和 $Ni(OH)_3$（黑色）具有强氧化性，可将盐酸中的 Cl^- 氧化成 Cl_2：

$$2M(OH)_3+6HCl（浓）===2MCl_2+Cl_2+6H_2O \qquad （M 为 Ni 或 Co）$$

铁系元素是很好的配合物的形成体，能形成多种配合物，常见的有氨的配合物。Fe^{2+}、Co^{2+}、Ni^{2+} 能与 NH_3 形成配离子，它们的稳定性依次递增。

在无水状态下，$FeCl_2$ 与液氨形成 $[Fe(NH_3)_6]Cl_2$，此配合物不稳定，遇水即分解：

$$[Fe(NH_3)_6]Cl_2+6H_2O===Fe(OH)_3\downarrow+4NH_3\cdot H_2O+2NH_4Cl$$

Co^{2+} 与过量氨水作用，生成 $[Co(NH_3)_6]^{2+}$ 配离子：

$$Co^{2+}+6NH_3\cdot H_2O===[Co(NH_3)_6]^{2+}+H_2O$$

$[Co(NH_3)_6]^{2+}$ 配离子不稳定，放置在空气中立即被氧化成 $[Co(NH_3)_6]^{3+}$：

$$4[Co(NH_3)_6]^{2+}+O_2+2H_2O===4[Co(NH_3)_6]^{3+}+4OH^-$$

Ni^{2+} 与过量氨水反应，生成浅蓝色 $[Ni(NH_3)_6]^{2+}$ 配离子：

$$Ni^{2+}+6NH_3\cdot H_2O===[Ni(NH_3)_6]^{2+}+6H_2O$$

FeS、CoS 和 NiS 均为黑色难溶物，但皆溶于稀盐酸。铁系元素还有一些配合物，不仅很稳定，而且具有特殊颜色，根据这些特性，可用来鉴定铁系元素离子。例如，Fe^{3+} 与黄血

盐 $K_4[Fe(CN)_6]$ 溶液反应，生成深蓝色配合物沉淀：

$$Fe^{3+}+K^++[Fe(CN)_6]^{4-}=\!=\!=K[Fe(CN)_6Fe]\downarrow$$

Fe^{2+} 与赤血盐 $K_3[Fe(CN)_6]$ 溶液反应，生成深蓝色配合物沉淀：

$$Fe^{2+}+K^++[Fe(CN)_6]^{3-}=\!=\!=K[Fe(CN)_6Fe]\downarrow$$

Co^{2+} 与 SCN^- 作用，生成艳蓝色配离子：

$$Co^{2+}+4SCN^-=\!=\!=[Co(SCN)_4]^{2-}$$

当溶液中混有少量 Fe^{3+} 时，Fe^{3+} 与 SCN^- 作用生成血红色配离子：

$$Fe^{3+}+nSCN^-=\!=\!=[Fe(SCN)_n]^{(3-n)}\ (n=1\sim6)$$

少量 Fe^{3+} 的存在会干扰 Co^{2+} 的检出，可采用加掩蔽剂 NH_4F（或 NaF）的方法解决。F^- 可与 Fe^{3+} 结合形成更稳定且无色的配离子 $[FeF_6]^{3-}$，将 Fe^{3+} 掩蔽起来，从而消除 Fe^{3+} 的干扰：

$$[Fe(SCN)_n]^{3-n}+6F^-=\!=\!=[FeF_6]^{3-}+nSCN^-$$

Ni^{2+} 在氨水或 $NaAc$ 溶液中，与丁二酮肟反应生成鲜红色螯合物沉淀。利用铁系元素所形成化合物的特征颜色来鉴定 Fe^{3+}、Fe^{2+}、Co^{2+} 和 Ni^{2+} 等离子。

三、实验仪器与试剂

离心机。

HCl（2 mol/L，6 mol/L，浓），H_2SO_4（2 mol/L，6 mol/L，浓），HNO_3（6 mol/L，浓），HAc（2 mol/L），H_2S（饱和），$NaOH$（2 mol/L，6 mol/L，40%），$NH_3\cdot H_2O$（2 mol/L，6 mol/L），$Pb(NO_3)_2$（0.1 mol/L），$AgNO_3$（0.1 mol/L），$MnSO_4$（0.1 mol/L，0.5 mol/L），$Cr_2(SO_4)_3$（0.1 mol/L），Na_2SO_3（0.1 mol/L），Na_2S（0.1 mol/L），$CrCl_3$（0.1 mol/L），K_2CrO_4（0.1 mol/L），$K_2Cr_2O_7$（0.1 mol/L），$KMnO_4$（0.01 mol/L），$BaCl_2$（0.1 mol/L），$FeCl_3$（0.1 mol/L），$CoCl_2$（0.1 mol/L，0.5 mol/L），$FeSO_4$（0.1 mol/L），$SnCl_2$（0.1 mol/L），$NiSO_4$（0.1 mol/L，0.5 mol/L），KI（0.02 mol/L），NaF（1 mol/L），$KSCN$（0.1 mol/L），$K_4[Fe(CN)_6]$（0.1 mol/L），$K_3[Fe(CN)_6]$（0.1 mol/L），NH_4Cl（1 mol/L），$K_2S_2O_8(s)$，$MnO_2(s)$，$NaBiO_3(s)$，$PbO_2(s)$，$KMnO_4(s)$，$FeSO_4\cdot7H_2O(s)$，$KSCN(s)$，戊醇，溴水，碘水，丁二酮肟，丙酮，淀粉溶液。

四、实验步骤

1. 制备铬、锰、铁、钴、镍的氢氧化物并测试其性质

（1）制备少量 $Cr(OH)_3$，检验其酸碱性，观察现象，写出有关反应方程式。

（2）在 3 支试管中各加入几滴 0.1 mol/L 的 $MnSO_4$ 溶液和 2 mol/L 的 $NaOH$ 溶液（均预先加热除氧），观察现象。迅速检验两支试管中 $Mn(OH)_2$ 的酸碱性，振荡第三支试管，观察现象。写出有关反应方程式。

视频 2.12

铬 锰 铁 钴 镍

（3）取 2 mL 去离子水，加入几滴 2 mol/L 的 H_2SO_4 溶液，煮沸除去氧，冷却后加入少量 $FeSO_4\cdot7H_2O(s)$ 使其溶解。在另一支试管中加入 1 mL 2 mol/L 的 $NaOH$ 溶液，煮沸除去氧。冷却后用长滴管吸取 $NaOH$ 溶液，迅速插入溶液底部挤出，观察现象。振荡后分为 3 份，取两份检验酸碱性，另一份在空气中放置，观察现象。写出有关反应方程式。

（4）在 3 支试管中各加入几滴 0.5 mol/L 的 $CoCl_2$ 溶液，再逐滴加入 2 mol/L 的 NaOH 溶液，观察现象。离心分离，弃取清液，然后检验两支试管中沉淀的酸碱性，将第三支试管中的沉淀在空气中放置，观察现象。写出有关反应方程式。

（5）用 0.5 mol/L 的 $NiSO_4$ 溶液代替 $CoCl_2$ 溶液，重复步骤（4）。

（6）制取少量 $Fe(OH)_3$，观察其颜色和状态，检验其酸碱性。

（7）取几滴 0.5 mol/L 的 $CoCl_2$ 溶液，加几滴溴水，然后加入 2 mol/L 的 NaOH 溶液，振荡试管，观察现象。离心分离，弃取清液，在沉淀中滴加浓盐酸，并用淀粉-KI 试纸检查逸出的气体。写出有关反应方程式。

（8）用 0.5 mol/L 的 $NiSO_4$ 溶液代替 $CoCl_2$ 溶液，重复步骤（7）。

通过步骤（6）~（8），比较 Fe(Ⅲ)、Co(Ⅲ)、Ni(Ⅲ) 氧化性的强弱。

2. 测试 Cr(Ⅲ) 的还原性并鉴定 Cr^{3+}

取几滴 0.1 mol/L 的 $CrCl_3$ 溶液，逐滴加入 6 mol/L 的 NaOH 溶液至过量，再滴加 3% 的 H_2O_2 溶液，微热，观察现象。待试管冷却后，补加几滴 H_2O_2 和 0.5 mL 戊醇（或乙醚），慢慢滴入 6 mol/L 的 HNO_3 溶液，振荡试管，观察现象。写出有关反应方程式。

3. CrO_4^{2-} 和 $Cr_2O_7^{2-}$ 的相互转化

（1）取几滴 0.1 mol/L 的 $K_2Cr_2O_7$ 溶液，逐滴加入 2 mol/L 的 H_2SO_4 溶液，观察现象，再逐滴加入 2 mol/L 的 NaOH 溶液，观察有何变化。写出有关反应方程式。

（2）在两支试管中分别加入几滴 0.1 mol/L 的 K_2CrO_4 溶液和 0.1 mol/L 的 $K_2Cr_2O_7$ 溶液，然后分别滴加 0.1 mol/L 的 $BaCl_2$ 溶液，观察现象。最后再分别滴加 2 mol/L 的 HCl 溶液，观察现象。写出有关反应方程式。

4. 测试 $Cr_2O_7^{2-}$、MnO_4^-、Fe^{3+} 的氧化性与 Fe^{2+} 的还原性

（1）取 2 滴 0.1 mol/L 的 $K_2Cr_2O_7$ 溶液，滴加饱和 H_2S 溶液，观察现象。写出有关反应方程式。

（2）取 2 滴 0.01 mol/L 的 $KMnO_4$ 溶液，用 2 mol/L 的 H_2SO_4 溶液酸化，再滴加 0.1 mol/L 的 $FeSO_4$ 溶液，观察现象。写出有关反应方程式。

（3）取几滴 0.1 mol/L 的 $FeCl_3$ 溶液，滴加 0.1 mol/L 的 $SnCl_2$ 溶液，观察现象。写出有关反应方程式。

（4）将 0.01 mol/L 的 $KMnO_4$ 溶液与 0.5 mol/L 的 $MnSO_4$ 溶液混合，观察现象。写出有关反应方程式。

（5）取 2 mL 0.01 mol/L 的 $KMnO_4$ 溶液，加入 1 mL 40% 的 NaOH 溶液，再加少量 $MnO_2(s)$，加热，沉降片刻，观察上层清液的颜色。取清液于另一试管中，用 2 mol/L 的 H_2SO_4 溶液酸化，观察现象。写出有关反应方程式。

5. 测试铬硫化物的性质

取几滴 0.1 mol/L 的 $Cr_2(SO_4)_3$ 溶液，滴加 0.1 mol/L 的 Na_2S 溶液，观察现象，检验逸出的气体（可微热）。写出有关反应方程式。

6. 制备铁、钴、镍的配合物并测试其性质

（1）取 2 滴 0.1 mol/L 的 $K_4[Fe(CN)_6]$ 溶液，然后滴加 0.1 mol/L 的 $FeCl_3$ 溶液；取 2 滴 0.1 mol/L 的 $K_3[Fe(CN)_6]$ 溶液，滴加 0.1 mol/L 的 $FeSO_4$ 溶液。观察现象，写出有关反应方

程式。

（2）取几滴 0.1 mol/L 的 $CoCl_2$ 溶液，加几滴 1 mol/L 的 NH_4Cl 溶液，然后滴加 6 mol/L 的 $NH_3 \cdot H_2O$ 溶液，观察现象。振荡后在空气中放置，观察溶液颜色的变化，写出有关反应方程式。

（3）取几滴 0.1 mol/L 的 $CoCl_2$ 溶液，加入少量 KSCN 晶体，再加入几滴丙酮，振荡后观察现象。写出有关反应方程式。

（4）取几滴 0.1 mol/L 的 $NiSO_4$ 溶液，滴加 2 mol/L 的 $NH_3 \cdot H_2O$ 溶液，观察现象。再加 2 滴丁二酮肟溶液，观察有何变化。写出有关反应方程式。

7. 混合离子的分离与鉴定

试设计方法对下列两组混合离子进行分离和鉴定，写出现象和有关反应方程式：

（1）含 Cr^{3+} 和 Mn^{2+} 的混合溶液；

（2）可能含 Pb^{2+}、Fe^{3+} 和 Co^{2+} 的混合溶液。

五、思考题

（1）在 $K_2Cr_2O_7$ 溶液中分别加入 $Pb(NO_3)_2$ 和 $AgNO_3$ 溶液，会发生什么反应？

（2）酸性溶液、中性溶液、强碱性溶液中，$KMnO_4$ 与 Na_2SO_3 反应的主要产物分别是什么？

2.13　含锌药物的制备与分析

一、实验目的

（1）掌握制备 $ZnSO_4 \cdot 7H_2O$ 和 ZnO 的原理和方法。

（2）学会根据不同的制备要求选择工艺路线。

（3）熟练掌握过滤、蒸发、结晶、灼烧及滴定分析等基本操作。

课件 2.13　含锌药物的制备与分析

二、实验原理

$ZnSO_4 \cdot 7H_2O$ 是无色透明、结晶状粉末，易溶于水（1 g/0.6 mL）或甘油（1 g/2.5 mL），不溶于酒精。医学上 $ZnSO_4 \cdot 7H_2O$ 可作催吐剂、杀菌剂和收敛剂。在工业上，$ZnSO_4$ 是制备其他含锌化合物的原料，也可用作电镀液、木材防腐剂和造纸漂白剂等。

$ZnSO_4 \cdot 7H_2O$ 的制备方法很多，在制药业上考虑药用的特点，可由粗 ZnO 与 H_2SO_4 作用制得 $ZnSO_4$ 溶液：

$$ZnO + H_2SO_4 =\!=\!= ZnSO_4 + H_2O$$

粗 ZnO 中含有 FeO、MnO、CdO 和 NiO 等杂质，当用稀硫酸处理时，杂质也将生成相应的可溶性的硫酸盐，因此必须进行除杂处理。

Fe^{2+} 和 Mn^{2+} 在弱酸性溶液中可被 $KMnO_4$ 氧化，其产物逐渐水解生成 $Fe(OH)_3$ 和 MnO_2 沉淀，反应式如下：

$$MnO_4^- + 3Fe^{2+} + 7H_2O =\!=\!= 3Fe(OH)_3 \downarrow + MnO_2 \downarrow + 5H^+$$

$$2MnO_4^- + 3Mn^{2+} + 2H_2O =\!=\!= 5MnO_2 \downarrow + 4H^+$$

Cd^{2+} 和 Ni^{2+} 可与锌粉发生置换反应而从溶液中除去：

$$CdSO_4+Zn =\!\!=\!\!= ZnSO_4+Cd$$

$$NiSO_4+Zn =\!\!=\!\!= ZnSO_4+Ni$$

除杂后的精制 $ZnSO_4$ 溶液经蒸发浓缩、结晶，即可得到 $ZnSO_4 \cdot 7H_2O$ 晶体。

ZnO 是白色或浅黄色、无晶型、柔软的细微粉末，在潮湿的空气中能缓缓吸收水分及 CO_2 变为碱式碳酸锌，不溶于水或乙醇，但易溶于稀酸及 $NaOH$ 溶液。ZnO 可用作油漆颜料和橡胶填充料，在医药上用于制粉剂、洗剂、糊剂、软膏和橡皮膏等，广泛用于湿疹、癣等皮肤病的治疗，起止血、消毒作用，也用作营养补充剂（锌强化剂）、食品及饲料添加剂。

药用 ZnO 的制备是在 $ZnSO_4$ 溶液中加入 Na_2CO_3 溶液，生成碱式碳酸锌沉淀，经 $250 \sim 300$ ℃灼烧即得细粉末状 ZnO，其反应式如下：

$$3ZnSO_4+3Na_2CO_3+4H_2O =\!\!=\!\!= ZnCO_3 \cdot 2Zn(OH)_2 \cdot 2H_2O \downarrow +3Na_2SO_4+2CO_2 \uparrow$$

$$ZnCO_3 \cdot 2Zn(OH)_2 \cdot 2H_2O \xrightarrow{250 \sim 300 \text{℃}} 3ZnO +CO_2 \uparrow +4H_2O$$

三、实验仪器与试剂

电子天平、酒精灯、吸滤瓶、布氏漏斗、循环水式真空泵、烧杯、蒸发皿、pH 试纸、滤纸、铁架台、玻璃棒、石棉网、量筒、酸式滴定管、移液管、锥形瓶、容量瓶（250 mL）。

粗 ZnO、纯锌粉、$H_2SO_4(2 \text{ mol/L}, 3 \text{ mol/L})$、$KMnO_4(0.5 \text{ mol/L})$、$Na_2CO_3(0.5 \text{ mol/L})$、$KSCN(0.1 \text{ mol/L})$、$NaBiO_3(s)$、$Na_2S(0.1 \text{ mol/L})$、$NH_3 \cdot H_2O(6 \text{ mol/L})$、$BaCl_2(0.1 \text{ mol/L})$、丁二酮肟（10 g/L）、0.01 mol/L EDTA 标准溶液、铬黑 T 指示剂（1%）、$NH_3 \cdot H_2O-NH_4Cl$ 缓冲溶液、$HCl(6 \text{ mol/L})$。

四、实验步骤

1. $ZnSO_4 \cdot 7H_2O$ 的制备

1）粗制 $ZnSO_4$ 溶液

称取市售粗 ZnO 5.0 g 于 100 mL 烧杯中，加入 30 mL 2 mol/L 的 H_2SO_4 溶液，在不断搅拌下加热至 $85 \sim 90$ ℃，并维持该温度使之完全溶解，再用 ZnO 调节溶液的 pH ≈4，趁热减压过滤，滤液置于 100 mL 烧杯中。

2）氧化法除 Fe^{3+}、Mn^{2+}

将上述滤液加热至 $80 \sim 90$ ℃，慢慢加 0.5 mol/L 的 $KMnO_4$ 至溶液呈微红色为止，然后继续加热至溶液呈无色。控制溶液的 pH ≈4，趁热减压过滤，将滤液置于 100 mL 烧杯中。检验滤液中 Fe^{3+}、Mn^{2+} 是否除尽（如何检验？）。

3）置换法除 Cd^{2+} 和 Ni^{2+}

将除去 Fe^{3+}、Mn^{2+} 的滤液加热至 80 ℃左右，在不断搅拌下分批加入 0.2 g 纯锌粉，反应 5 min 后冷却抽滤。检验滤液中 Cd^{2+} 和 Ni^{2+} 是否除尽（如何检验？）。如未除尽，可在滤液中补加少量纯锌粉，加热至 80 ℃左右，直至 Cd^{2+} 和 Ni^{2+} 除尽为止。冷却后减压过滤，滤液置于 100 mL 烧杯中。

4）$ZnSO_4 \cdot 7H_2O$ 结晶

量取约一半 $ZnSO_4$ 精制溶液于洁净的蒸发皿中，用 3 mol/L 的 H_2SO_4 调节溶液的 pH ≈1。

然后水浴加热至液面出现晶膜，停止加热，冷却结晶，减压过滤。晶体用滤纸吸干后称重，计算产率。

2. ZnO 的制备

量取剩余的 $ZnSO_4$ 精制溶液于 100 mL 烧杯中，慢慢滴加 0.5 mol/L 的 Na_2CO_3 溶液，边加边搅拌，并使 pH≈6.8 为止，然后加热至沸腾 10 min，使沉淀呈颗粒状析出。用倾析法除去上层清液，反复用热去离子水洗涤至无 SO_4^{2-} 后，滤干沉淀，并于 50 ℃烘干。

将上述碱式碳酸锌沉淀放在洁净蒸发皿中，在酒精灯上加热（或于 200～300 ℃煅烧）并不断搅拌，至取出少许反应物投入稀酸中无气泡发生时，停止加热。放置冷却得白色细粉状 ZnO，称重，计算产率。

3. ZnO 含量测定

准确称取 ZnO 试样（产品）0.15～0.2 g 于 250 mL 烧杯中，加 6 mol/L 的 HCl 溶液 3 mL，微热溶解后，加少量去离子水，定量转移至 250 mL 容量瓶中，定容后摇匀。用移液管吸取锌试样溶液 25 mL 于 250 mL 锥形瓶中，滴加氨水至开始出现白色沉淀，再加 10 mL pH=10 的 $NH_3 \cdot H_2O-NH_4Cl$ 缓冲溶液，加水 20 mL，加入 2 滴铬黑 T 指示剂，用 0.01 mol/L 的 EDTA 标准溶液滴定至溶液由酒红色恰好变为蓝色，即达终点。重复平行测定 3 次，根据消耗的 EDTA 标准溶液的体积，计算 ZnO 的含量。

五、实验数据

$ZnSO_4 \cdot 7H_2O$ 的产量：_____。

$ZnSO_4 \cdot 7H_2O$ 的理论产量：_____。

$ZnSO_4 \cdot 7H_2O$ 的产率：_____。

六、思考题

（1）在粗制 $ZnSO_4$ 溶液时，为什么要加 ZnO 来调节溶液的 pH≈4？

（2）在 $ZnSO_4$ 溶液中加入 Na_2CO_3 使沉淀呈颗粒状析出，为什么反复洗涤改沉淀至无 SO_4^{2-}？

2.14　粗硫酸铜的提纯（微型实验）

一、实验目的

（1）了解溶解度随温度变化较大的物质提纯的方法——重结晶法。

（2）掌握用微型实验装置进行粗硫酸铜提纯及产品纯度检验的原理和方法。

课件 2.14　粗硫酸铜的提纯

（3）继续熟练加热、溶解、过滤、蒸发、结晶等基本操作。

二、实验原理

可溶性晶体物质中的杂质可用重结晶法除去。根据物质溶解度的不同，一般可采用溶解、过滤的方法，除去易溶于水的物质中所含难溶于水的杂质，然后用重结晶法使其与少量易溶于水的杂质分离。重结晶的原理是由于晶体物质的溶解度一般随温度的降低而减小，当热的饱和溶液冷却时，待提纯的物质首先以结晶析出，而少量杂质由于尚未达到饱和，仍留在溶液中。

粗硫酸铜中的不溶性杂质可用过滤法除去，而可溶性杂质通常以 Fe^{2+} 和 Fe^{3+} 为多。Fe^{3+} 能发生水解反应形成 $Fe(OH)_3$ 沉淀，从而过滤除去；而 Fe^{2+} 需用 H_2O_2 溶液将其氧化成 Fe^{3+}，而后 Fe^{3+} 发生水解反应形成 $Fe(OH)_3$ 沉淀，从而过滤除去。

因为该水解反应为可逆反应，为了使反应正方向进行，可以向该反应体系中加入 OH^- 来中和形成的 H^+，使生成物的浓度减少。但加入 OH^- 不应过量，以调节溶液的 $pH \approx 4$ 为宜（通过计算可知，当 $pH \geq 4.17$ 时，Cu^{2+} 也发生水解反应），其反应为

$$2FeSO_4 + H_2SO_4 + H_2O_2 \Longrightarrow Fe_2(SO_4)_3 + 2H_2O$$

$$Fe^{3+} + 3H_2O \Longrightarrow Fe(OH)_3 \downarrow + 3H^+$$

除去 Fe^{3+} 后的滤液用 KSCN 溶液检验其有无 Fe^{3+} 存在，若无 Fe^{3+} 存在，则经过蒸发、浓缩，即可制得 $CuSO_4 \cdot 5H_2O$ 晶体。其他微量杂质在硫酸铜晶体析出时留在母液中，经过滤即可与硫酸铜分离。

三、实验仪器与试剂

电子天平，微型漏斗，微型吸滤瓶，蒸发皿，循环水真空泵，比色管，滤纸，pH 试纸，烧杯，量筒，玻璃棒，蒸发皿，酒精灯，石棉网，研钵。

粗 $CuSO_4$，NaOH（2 mol/L），$NH_3 \cdot H_2O$（6 mol/L），H_2SO_4（1 mol/L，2 mol/L），HCl（2 mol/L），H_2O_2（3%），KSCN（1 mol/L）。

四、实验步骤

1. 粗硫酸铜的提纯

1）称量和溶解

用电子天平称取研细的粗硫酸铜 2.0 g，放入干净的 50 mL 烧杯中，加入 8 mL 去离子水，加热、搅拌使其完全溶解（溶解时加入 1~2 滴 1 mol/L 的 H_2SO_4 溶液可以加快溶解速率）。

2）氧化及水解

将烧杯从火焰上拿下来，冷却后加 10 滴 2 mol/L 的 H_2SO_4 溶液酸化，边搅拌边往溶液中滴加 1 mL 3% 的 H_2O_2 溶液。继续加热，煮沸，逐滴加入 2 mol/L 的 NaOH 溶液并不断搅拌，直至 $pH \approx 4$（边加边用 pH 试纸测定）。再加热片刻，静置，使红棕色 $Fe(OH)_3$ 沉降。注意：有 $Cu(OH)_2$ 的浅蓝色出现时，表明 pH 值过高。

3）过滤

用倾析法在微型漏斗和吸滤瓶上过滤硫酸铜溶液，滤液承接在清洁的蒸发皿中。

4）蒸发、结晶、抽滤

在滤液中滴加 2 mol/L 的 H_2SO_4 溶液，调节 $pH = 1 \sim 2$。小火加热蒸发，浓缩至液面出现

一层晶膜时即停止加热（切勿蒸干），让其慢慢冷却至室温，使 $CuSO_4 \cdot 5H_2O$ 晶体析出，取出晶体，用滤纸将硫酸铜晶体表面的水分吸干，称量并计算产率。

产率的计算公式为

$$\omega(CuSO_4 \cdot 5H_2O) = \frac{m_2}{m_1} \times 100\%$$

式中，m_1 为粗硫酸铜的质量，g；m_2 为精制硫酸铜的质量，g。

2. 产品纯度检验

用电子天平称取 0.2 g 提纯后的硫酸铜晶体，倒入小烧杯中加 3 mL 去离子水加热溶解，加入 2 滴 2 mol/L 的 H_2SO_4 溶液酸化，再加入 10 滴 3% 的 H_2O_2 溶液氧化，加热至沸腾，使其中 Fe^{2+} 全部转化为 Fe^{3+}。冷却后，边搅拌边向溶液中滴加 6 mol/L 的氨水至生成的蓝色沉淀全部溶解，此时溶液呈深蓝色。用倾析法在微型漏斗和吸滤瓶上过滤，在取出的滤纸上滴加 6 mol/L 的氨水至蓝色褪去，若有黄色的 $Fe(OH)_3$ 沉淀，则留在滤纸上。用滴管滴加 1.5 mL 2 mol/L 的 HCl 溶液至滤纸上，溶解 $Fe(OH)_3$ 沉淀，溶解液可收集在比色管中。然后在溶解液中滴加 2 滴 1 mol/L 的 KSCN 溶液，将所得溶液与实验室准备好的硫酸铜样品溶液进行比较，根据红色的深浅评定提纯后硫酸铜溶液的纯度。

3. $CuSO_4 \cdot 5H_2O$ 大单晶的制备

将提纯后的 $CuSO_4 \cdot 5H_2O$ 晶体按室温的溶解度配成饱和溶液，用滤纸封住烧杯口，随着水分的蒸发，一周后烧杯内出现硫酸铜大单晶。

注意事项

（1）在粗硫酸铜的提纯的步骤 4）中，要求蒸发皿"切勿蒸干"，这是因为此时蒸发皿中还有其他的可溶性杂质，如果蒸干了，这些杂质就与硫酸铜分离不出去了。

（2）蒸发与浓缩滤液时，要求先调节滤液的 pH 控制在 1~2 之间，是为了防止硫酸铜水解。硫酸铜是强酸弱碱盐，加热的时候会出现水解的现象，有氢氧化铜胶体形成，其反应方程式为 $CuSO_4 + 2H_2O \rightleftharpoons Cu(OH)_2 + H_2SO_4$，此反应为可逆反应，加热硫酸会使反应方向向左进行，从而抑制硫酸铜水解。

五、实验数据

$CuSO_4 \cdot 5H_2O$ 的产量：_____。
$CuSO_4 \cdot 5H_2O$ 的理论产量：_____。
$CuSO_4 \cdot 5H_2O$ 的产率：_____。

六、思考题

（1）溶解固体时加热和搅拌起什么作用？
（2）精制后的硫酸铜溶液为什么要加几滴稀硫酸调节 pH 值至 1~2，然后加热蒸发？
（3）使用微型实验装置有何优点？

第3章　有机化学实验

3.1　蒸馏与分馏

一、实验目的

（1）了解蒸馏、分馏的原理及意义。
（2）掌握蒸馏、分馏的操作方法。

二、实验原理

课件 3.1
蒸馏与分馏

将液态物质加热至沸腾，使之汽化，然后将蒸气冷凝为液体的过程叫蒸馏。它是分离、提纯液体有机化合物最常用的方法之一。

将液体加热，当饱和蒸气压与外界压力相等时，液体沸腾，此时的温度即为该液体的沸点。在通常情况下，纯的液态物质在大气压力下具有确定的沸点，因此可用蒸馏方法来测定物质的沸点和定性检验物质的纯度。但有些有机化合物常常和其他组分形成具有一定沸点的二元或三元恒沸混合物，也具有固定的沸点，因此，不能认为具有固定沸点的液态物质一定是纯的物质。

蒸馏液态混合物，由于低沸点物质比高沸点物质更易汽化，故沸腾时所生成的蒸气中含有较多的低沸点物质。当蒸气冷凝为液体（即馏出液）时，其组成与蒸气的组成相同，故先蒸出的主要是低沸点组分。随着低沸点组分的蒸出，混合液中高沸点组分的比例增高，致使混合液的沸点随之升高，当温度升至相对稳定时，再收集馏出液，则主要是高沸点组分。蒸馏操作就是利用不同物质的沸点差异，对液态混合物进行分离、纯化。而只有各组分的沸点相差 30 ℃以上的液态混合物才可获得较好的分离效果。对于各组分沸点差异不大的液态混合物，需要用分馏操作进行分离和纯化。

蒸馏不能用来分离恒沸混合物。

利用普通蒸馏法分离液态有机化合物时，要求其组分的沸点至少相差 30 ℃，且只有当组分间的沸点相差 110 ℃以上时，才能用蒸馏法充分分离。所谓分馏就是蒸馏液体混合物，使气体在分馏柱内反复进行汽化、冷凝、回流等过程，使沸点相近的混合物进行分离的方法，即沸腾着的混合物蒸气进行一系列的热交换将沸点不同的物质分离出来。实际上分馏就相当于多次蒸馏。当分馏效果好时，分馏出来的液体（馏出液）是纯净的低沸点化合物，留在烧瓶的液体（残液）是高沸点化合物。当今最精密的分馏设备已能分离沸点相差 1~2 ℃的液体混合物。

实验室常用的分馏柱为韦氏分馏柱（又称刺形分馏柱），使用该分馏柱的优点是：仪器装配简单，操作方便，残留在分馏柱中的液体少。

三、实验仪器与试剂

1. 仪器与试剂

电热套，圆底烧瓶或梨形烧瓶，蒸馏头，直形冷凝管（或空气冷凝管），温度计，分馏柱，接引管，接收器等。

丙酮，乙醇。

2. 物理性质

丙酮：无色液体，具有令人愉快的气味（辛辣甜味），易挥发，能与水、乙醇、N，N-二甲基甲酰胺、氯仿、乙醚及大多数油类混溶，易燃，有刺激性，分子式为 C_3H_6O，相对分子质量为 58.08，熔点为-94.7 ℃，沸点为 56.05 ℃。

乙醇：易燃，易挥发，无色透明液体，它的水溶液具有特殊的、令人愉快的香味，并略带刺激性，分子式为 C_2H_5OH，相对分子质量为 46.07，沸点为 78.4 ℃。医疗上常用体积分数为 70%～75% 的乙醇作消毒剂。

四、实验步骤

1. 安装蒸馏装置

蒸馏装置一般由圆底烧瓶或梨形烧瓶（或蒸馏烧瓶）、蒸馏头、温度计、直形冷凝管（或空气冷凝管）、接引管、接收器组成，如图3-1、图3-2 所示。

视频 3.1　蒸馏与分馏

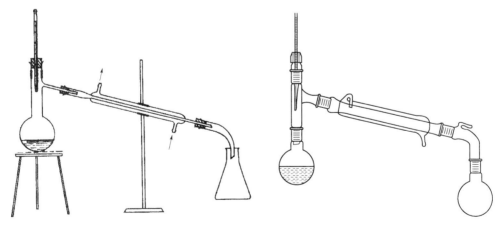

图 3-1　普通蒸馏装置（非磨口仪器）　　　图 3-2　普通蒸馏装置（磨口仪器）

在安装蒸馏装置时要选择合适的仪器，若使用普通仪器，则各连接处要选配合适的胶塞。安装顺序一般从热源开始，即首先在铁架台上放置热源（电热套），选定蒸馏烧瓶的位置，用铁夹夹住。在另一铁架台上用冷凝管夹夹住冷凝管的中上部，调整铁架台和铁夹的位

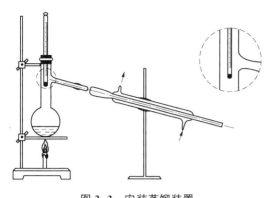

图 3-3　安装蒸馏装置

置，使冷凝管的中心线与蒸馏烧瓶支管的中心线成一直线，将它与蒸馏烧瓶支管相连，支管管口应伸出胶塞 2~2.5 cm，再装上接引管和接收器。最后将配有胶塞的温度计插入蒸馏烧瓶的上口，调整温度计的位置，使其水银球上端的位置恰好与蒸馏烧瓶支管的下缘处于同一水平线上，如图 3-3 所示，这样才能准确地测出蒸气的温度，冷凝水应从直形冷凝管下口进入，上口流出。若蒸馏沸点高于 140 ℃ 的物质，则应换用空气冷凝管。

蒸馏装置安装完毕后，应检查仪器有无破损，从正面或从侧面观察整套装置的轴线是否处于同一平面，是否装配严密，是否与大气相通（防止造成系统密闭而发生爆炸）。经检查确认装置正确、安全后方能开始实验操作。

若使用磨口仪器，则要注意保护磨口。

2. 蒸馏操作

用量筒量取 30 mL 乙醇-水混合物（或丙酮-水混合物），通过玻璃漏斗或沿着面对蒸馏烧瓶支管的瓶颈壁，小心地倒入蒸馏烧瓶中，待蒸馏液体的量不能少于烧瓶容量的 1/3，也不能超过 2/3。投入几粒沸石，插入温度计，先在直形冷凝管中通入冷却水，然后加热，开始可以让温度上升稍快些，当液体接近沸腾时，调节温度，使温度慢慢上升，并注意观察液体汽化情况。当液体开始沸腾时，注意控制温度，使温度计水银球部总保持有液珠，此时的温度为气、液达到平衡的温度，温度计的读数即为馏出液的沸点。控制馏出液的速度以每秒 1~2 滴为宜。

记录第一滴馏出液滴入接收器时的温度，当温度稳定后，更换接收器，分别收集 56~62 ℃、62~72 ℃、72~82 ℃、82~92 ℃馏分。记录各馏分及烧瓶中残液的体积。当烧瓶中残留少量液体时，应移开热源，停止蒸馏。拆除仪器按与安装时相反的顺序逐一拆除，并将仪器洗净、倒置、晾干。

3. 安装分馏装置

分馏装置的装配原则和蒸馏装置基本相同。简单的分馏装置如图 3-4 所示。

4. 分馏操作

将待分馏物质倒入圆底烧瓶（同蒸馏实验），其量以不超过烧瓶容量的 1/2 为宜，投入几粒沸石，安装分馏装置。经检查合格、通入冷却水后，开始加热。控制加热速度，使温度缓慢均匀地上升。当蒸气上升到分馏柱顶部，开始有液体馏出时，控制馏出液的速度为每 2~3 s 一滴。

记录第一滴馏出液滴入接收器时的温度，当温度稳定后，更换接收器，分别收集 56~62 ℃、62~72 ℃、72~82 ℃、82~92 ℃馏分。记录各馏分及烧瓶中残液的体积。当烧瓶中残留少量液体时，应移开热源，停止蒸馏。仪器拆除与蒸馏装置的拆除相同。

根据蒸馏和分馏实验结果说明两者的分离效果。

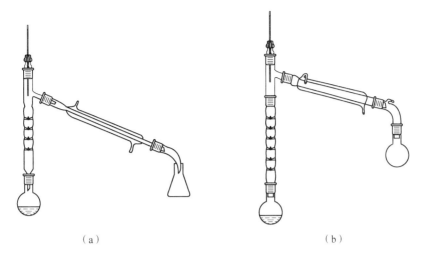

（ a ）　　　　　　　　　　　　　　　　（ b ）

图 3-4　简单的分馏装置

（ a ）非磨口仪器；（ b ）磨口仪器

注意事项

（1）若用直形冷凝管，则由于蒸气温度较高，冷凝管外套接口处因局部骤然遇冷（冷水）容易破裂。

（2）若液体量过多，则沸腾时液体可能冲出，混入馏出液中；若液体量太少，则烧瓶容量相对太大，当蒸馏结束，冷却后就会有较多未蒸出的残液。

（3）沸石（半厘米大小的未上釉的碎瓷片）的微孔中吸附着一些空气，加热时可成为液体的汽化中心，以避免液体暴沸。一旦停止沸腾或中途停止蒸馏，则原有的沸石失效，必须在液体稍冷后再补加新沸石。如果已加热至近沸腾时发现未加沸石，也必须冷却片刻，再行补加。否则，会引起剧烈暴沸致使部分液体冲出瓶外，甚至可能造成着火事故。

（4）蒸馏时，加热温度不能过高，否则会使蒸气过热，水银球上液珠即会消失，此时温度计读数偏高（比液体沸点高）。加热温度也不能过低，否则会使水银球部不能充分被蒸气包围而使温度计读数偏低或不规则。

（5）若馏出液速度过快，则分离效果差，产物纯度下降；但也不宜太慢，否则会使上升的蒸气时断时续，造成馏出温度波动。

五、实验数据

将测得的实验数据填入表 3-1 中。

表 3-1　实验数据记录表

实验操作	第一滴馏出液时的温度/℃	不同温度区间的馏出液体积/mL				
		56~62 ℃	62~72 ℃	72~82 ℃	82~92 ℃	>92 ℃
蒸馏						
分馏						

六、思考题

（1）什么叫沸点？液体的沸点和大气压有什么关系？

（2）蒸馏时加入沸石的作用是什么？如果蒸馏前忘记加沸石，能否立即将沸石加入将近沸腾的液体中？当重新蒸馏时，用过的沸石能否继续使用？

（3）为什么蒸馏时最好控制馏出速度为每秒 1~2 滴为宜？

（4）蒸馏和分馏在原理和装置上有哪些异同？

（5）在蒸馏和分馏时，使温度计水银球的位置低于蒸馏瓶支管水平线以下可以吗？为什么？

【小栏目】

我国的炼丹术起源甚早，至少战国时已有炼丹术。西汉以后，统治者为炼长生不老药，炼丹术盛行。炼丹升炼水银是重要目的，而升炼水银必须掌握蒸馏技术，这是当时掌握蒸馏技术的有力证据。中国蒸馏酒（白酒）是中华民族的伟大创造，其独特的工艺、窖池等独有的设备与世界其他蒸馏酒均有所不同。蒸馏酒亦是世界科技发展的标志之一，我国在汉代已有相当完善的青铜蒸馏器，也掌握了蒸馏技术。

3.2　水蒸气蒸馏——桂皮粉中肉桂醛的提取及鉴定

一、实验目的

（1）了解水蒸气蒸馏的原理及从天然产物中提取有效成分的方法。

（2）掌握水蒸气蒸馏装置的操作方法。

二、实验原理

课件 3.2　水蒸气蒸馏——桂皮粉中肉桂醛的提取及鉴定

水蒸气蒸馏是将水蒸气通入不溶或难溶于水但具有一定挥发性的有机物中，使有机物在低于 100 ℃ 的温度下随水蒸气蒸馏出来，这种操作过程称为水蒸气蒸馏。它是分离、提纯有机化合物的重要方法之一。

当水与不溶于水的有机物混合时，其液面上的蒸气压等于各组分单独存在时的蒸气压之和，即 $p_{混合物} = p_水 + p_{有机物}$。当两者的饱和蒸气压之和等于外界大气压时，混合物开始沸腾，这时的温度为互不相溶的液体的沸点，此沸点要比混合物中任一组分的沸点都低，因此，常压下应用水蒸气蒸馏，能在低于 100 ℃ 的情况下将高沸点组分与水一起蒸出来。蒸馏时，混合物沸点保持不变，直到有机物全部随水蒸出，温度才会上升至水的沸点。例如，常压下苯胺的沸点为 184.4 ℃，当用水蒸气蒸馏时，苯胺水溶液的沸点为 98.4 ℃，此时，苯胺的饱和蒸气压为 5.60 kPa（42 mmHg），水为 95.73 kPa（718 mmHg），两者之和为 101.33 kPa（760 mmHg），等于大气压。水蒸气与苯胺蒸气同时被蒸出，在蒸出气体的冷凝液中，有机物与水的质量比等于各自的饱和蒸气压与摩尔质量乘积之比：

$$\frac{m_{有机物}}{m_水} = \frac{p_{有机物} \cdot M_{有机物}}{p_水 \cdot M_水}$$

式中，$m_{有机物}$、$m_水$ 分别为有机物和水的质量；$p_{有机物}$ 和 $p_水$ 分别为沸腾温度下有机物和水的饱和蒸气压；$M_{有机物}$ 和 $M_水$ 分别为有机物和水的摩尔质量。以苯胺水蒸气蒸馏为例，苯胺与水的质量比为

$$\frac{m_{苯胺}}{m_水} = \frac{5.60 \text{ kPa} \cdot 93 \text{ g/mol}}{95.73 \text{ kPa} \cdot 18 \text{ g/mol}} \approx \frac{1}{3.3}$$

即每蒸出 3.3 g 水可带出 1 g 苯胺。上述关系式只适用于不溶于水的化合物，因此，这种计算只能得到理论上的近似值。由于苯胺微溶于水，故它在馏出液中实际的含量比理论值低。

许多植物具有独特的令人愉快的气味，是由其所含的香精油所致。香精油是植物组织经水蒸气蒸馏得到的挥发性成分的总称。本实验桂皮粉中香精油的主要成分是肉桂醛。

水蒸气蒸馏主要适用于下列情况：

（1）反应混合物中含有大量固体、树脂状、焦油物质状或不挥发性杂质；

（2）常压蒸馏时易分解的有机物。

三、实验仪器与试剂

1. 仪器与试剂

电热套，电炉，水蒸气发生器，长颈圆底烧瓶或三口烧瓶等。

桂皮粉。

2. 物理性质

肉桂醛是一种醛类有机化合物，为黄色黏稠状液体，大量存在于肉桂等植物体内。其相对分子质量为 132.16，熔点为 -7.5 ℃，沸点为 253 ℃，相对密度为 1.046，加热至 370 ℃ 时分解，难溶于水、甘油和石油醚，易溶于醇和醚，能随水蒸气挥发。

四、实验步骤

1. 安装水蒸气蒸馏装置

水蒸气蒸馏装置主要由水蒸气发生器、长颈圆底烧瓶（或三口烧瓶）、冷凝管、接引管、接收器组成，包括非磨口仪器和磨口仪器，如图 3-5、图 3-6 所示。

水蒸气发生器 A 通常为金属容器（也可用圆底烧瓶代替），盛水量以占其容量的 2/3 为宜。长玻璃管 B 为安全管，其下端接近容器底部，可以估计水蒸气压力，在正常操作时，保持水蒸气有一定压力，以便进

视频 3.2　水蒸气蒸馏

行水蒸气蒸馏。当水蒸气压力超过安全管内水柱的压力时，水可冲出安全管，泄压，从而保证整个装置的安全。水蒸气发生器的侧面装有玻璃水位管，以观察容器内水平面高度。长颈圆底烧瓶 D 是盛被蒸馏物质的容器，被蒸馏液体不能超过其体积的 1/3。用铁架台和铁夹将长颈圆底烧瓶固定，为防止蒸馏过程中瓶内液体因跳溅而冲入冷凝管，故将长颈圆底烧瓶的位置向水蒸气发生器方向倾斜 45° 角。烧瓶口装有双孔胶塞，一孔插入水蒸气导管 C，其外径不

小于 7 mm，以保证水蒸气畅通，末端正对着烧瓶底部，距底部 8~10 mm，以利于水蒸气和被蒸馏物质充分接触，并起搅动作用。另一孔插入馏出液导管 E，其外径略粗一些，约为 10 mm，以利于水蒸气和有机物蒸气通畅地进入冷凝管，避免蒸气导出受阻而增加烧瓶 D 中的压力。导管 E 常弯成 30° 角，连接烧瓶的一端应尽可能短一些，插入双孔塞后露出约 5 mm，通入冷凝管的一段则允许稍长一些，可起部分冷凝作用。为使馏出液充分冷却，宜采用长的直形冷凝管，冷却水的流速可以大一些。

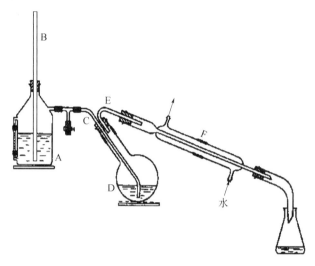

A—水蒸气发生器；B—安全管；C—水蒸气导管；D—长颈圆底烧瓶；E—馏出液导管；F—冷凝管。

图 3-5　水蒸气蒸馏装置（非磨口仪器）

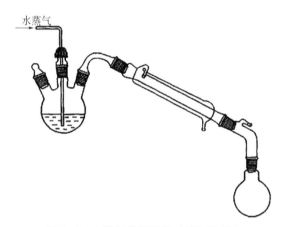

图 3-6　水蒸气蒸馏装置（磨口仪器）

　　水蒸气发生器的支管与水蒸气导管 C 之间要连一根 T 形管，在其支管上连接一段短橡皮管，用螺旋夹夹紧。T 形管可用来除去水蒸气中冷凝下来的水，当系统受阻、压力升高或发生其他意外时，也可打开螺旋夹，使系统与大气相通。

　　2. 水蒸气蒸馏操作

　　向水蒸气发生器中加入一定量水，向长颈圆底烧瓶中加入 10 g 桂皮粉、60 mL 水，其量约为烧瓶容量的 1/3。操作前，应检查水蒸气蒸馏装置，必须严密不漏气。开始蒸馏时，应先打开 T 形管上的螺旋夹，用电热套加热水蒸气发生器，当有蒸气从 T 形管冲出时，旋紧螺旋夹，使水蒸气通入烧瓶。水蒸气同时起加热、搅拌和带出有机物蒸气的作用。当冷凝管中出现浑浊液滴时，调节火焰，使馏出液的速度为每秒 2~3 滴。为使水蒸气不在烧瓶中过多冷凝，特别是在室温较低时，可用小火加热烧瓶。蒸馏时应随时注意安全管中水柱的高度，防止系统堵塞。一旦发生水柱不正常上升或烧瓶中的液体有倒吸现象，应立刻打开螺旋夹，移去火焰，找出发生故障的原因，排除故障后，才能继续蒸馏。桂皮粉颗粒物较小，极易发生堵塞，水蒸气沸腾后，要特别注意堵塞问题。在水蒸气蒸馏过程中，当馏出液澄清透明，不再有油滴时，即可停止蒸馏。要先松开 T 形管的螺旋夹或打开玻璃塞，再移去火焰，以防烧瓶中的液体倒吸。

3. 检验

取 1 mL 馏出液倒入试管中，加入少量 0.5% 高锰酸钾溶液振荡，观察现象。

注意事项

（1）在 100 ℃ 左右与水不起反应，并且在此温度下其饱和蒸气压不小于 1.32 kPa（10 mmHg）的有机物可用水蒸气蒸馏提纯。

（2）水的蒸发潜热较大。

（3）在馏出液澄清后再多蒸出 10~20 mL 的透明液体，才能停止蒸馏。

五、实验数据

（1）出现第一滴馏出液时的温度：_____。

（2）馏出液的状态：_____。

（3）馏出液的体积：_____。

（4）分液漏斗中加入乙醇振荡后现象：_____。

（5）试管中加入少量产品，加入 2~3 滴 $KMnO_4$ 溶液，现象及原因：_____
_____。

六、思考题

（1）水蒸气蒸馏时，如何判断有机物已完全蒸出？

（2）水蒸气蒸馏时，随着蒸气的导入，蒸馏瓶中液体越积越多，以致液体冲入冷凝器中，怎样避免这一现象？

【小栏目】

目前水蒸气蒸馏技术已广泛应用于天然香料的提取和分离，食品工业的除臭，医药中间体和原料药的制备、分离和纯化，工业分析中样品的富集和分离，以及农药和化妆品等领域。在第三方检测行业中，水蒸气蒸馏法是提取纺织品中致癌物五氯苯酚等有机物的常用方法。

3.3　无水乙醇的制备

一、实验目的

（1）学会氧化钙法制备无水乙醇的原理和方法。

（2）掌握回流和蒸馏的基本操作。

课件 3.3　无水
乙醇的制备

二、实验原理

将液体加热汽化，同时将蒸气冷凝液化并使之流回原来的器皿中重新受热汽化，这样循环往复的汽化-液化过程称为回流。回流是有机化学实验中最基本的操作之一，许多有机反应需要在一定温度下加热较长时间，为了防止反应物或溶剂蒸气的逸出，常采用回流操作。回流液本身可以是反应物，也可以是溶剂。当回流液为溶剂时，其作用在于将非均相反应变为均相反应，或为反应提供必要而恒定的温度，即回流液的沸点温度。此外，回流也应用于某些分离纯化实验中，如重结晶的溶样过程、连续萃取、分馏及某些干燥过程等。

普通的工业酒精是含 95.6% 乙醇和 4.4% 水的恒沸混合物，其沸点为 78.16 ℃，用蒸馏或分馏的方法不能将水进一步除去。要制得无水乙醇，在实验室中可加入生石灰（氧化钙）后回流，使水分与生石灰结合后再进行蒸馏，得到无水乙醇，反应方程式为

$$CaO + H_2O \Longrightarrow Ca(OH)_2$$

为了使反应充分进行，让其加热回流一段时间。制得的无水乙醇纯度可达 99.5%，用蒸馏法收集。

三、实验仪器与试剂

1. 仪器与试剂

电热套，圆底烧瓶，蒸馏头，直形冷凝管，球形冷凝管，分馏柱，温度计，接引管，接收器等。

工业酒精，生石灰，氢氧化钠，氯化钙。

2. 物理性质

乙醇：无色、透明、有香味、易挥发的液体，熔点为 −117.3 ℃，沸点为 78.16 ℃。

生石灰：白色或带灰色块状或颗粒，熔点为 2 572 ℃，沸点为 2 850 ℃，溶于水成氢氧化钙并产生大量热，溶于酸类、甘油和蔗糖溶液，几乎不溶于乙醇，相对密度为 3.32~3.35。

氢氧化钠：熔点为 318.4 ℃，沸点为 1 390 ℃，纯的无水氢氧化钠为白色半透明的结晶状固体，极易溶于水，溶解度随温度的升高而增大，溶解时能放出大量的热。

氯化钙：白色晶体或块状物，熔点为 782 ℃，沸点为 1 600 ℃，密度为 2.15 g/cm³ （25 ℃）。

四、实验步骤

1. 安装回流装置

回流装置应自下而上依次安装，各磨口对接时应同轴连接、严密、不漏气、不受侧向作用力，但一般不涂凡士林，以免其在受热时熔化流入反应瓶。如果确需涂凡士林或真空脂，应尽量涂少、涂匀并旋转至透明均一。安装完毕后可用三角漏斗从球形冷凝管的上口加入回流液。固

视频 3.3　回流

体反应物应事前加入瓶中，如装置较复杂，也可在安装完毕后卸下侧口上的仪器，投料后投入几粒沸石，重新将仪器装好。开启冷却水（冷却水应自下而上流动），即可开始加热。液体沸腾后调节加热速度，控制气雾上升高度使在球形冷凝管有效冷凝长度的 1/3 处稳定下，如图 3-7 所示。

2. 回流

在 50 mL 的圆底烧瓶中，首先加入 5 g 粉末状的生石灰和几片氢氧化钠，加入沸石，再加入 20 mL 工业酒精，烧瓶大小的选择，是根据实验中所用试剂量来决定的，一般使溶液的量占烧瓶体积的 1/3 ~ 2/3 为宜。搭建装置时由下至上，球形冷凝管连接乳胶管后，再在烧瓶上安装球形冷凝管，保证整个装置正面垂直于桌面，接通冷凝水，水流方向为下进上出，水流速度不可太快，最后打开电源。回流时间大约为 1 h，回流从第一滴液体滴下开始计时，回流时蒸气上升的高度控制在冷凝管长度的 1/3 以下。

图 3-7　回流装置

3. 蒸馏

回流完毕后，稍冷圆底烧瓶，改为蒸馏装置，安装方法如图 3-3 所示。

4. 检验

用无水硫酸铜检验所得液体。

5. 回收

把检验好的乙醇倒入回收瓶，称量计算。

注意事项

（1）在实验过程中，所有回流、蒸馏的装置都应洗净后烘干使用。

（2）要在烧瓶中加入沸石，防止在回流和蒸馏过程中发生暴沸。

（3）当烧瓶中的物料为糊状时，表示蒸馏已经接近尾声，此时应立即停止加热以免过热导致烧瓶破裂。

五、实验数据

（1）出现第一滴馏出液时的温度：_____。

（2）蒸馏稳定时的温度：_____。

（3）蒸馏所得乙醇产品体积：_____。

（4）无水乙醇产率及其计算过程：_____。

（5）检验方法及现象：_____。

六、思考题

（1）回流的作用有哪些？

（2）检验无水乙醇的方法是什么？

3.4　熔点的测定

一、实验目的

（1）了解熔点测定的意义。

（2）掌握熔点测定的操作方法。

课件 3.4
熔点的测定

二、实验原理

熔点是固体有机物十分重要的物理常数之一。熔点的测定常常可以用来鉴别和定性地检验物质的纯度。

固体物质在常压下受热到一定温度时，就从固态转变为液态，此时的温度，就是该物质的熔点。对于纯物质，在一定压力下，受热后固液两态之间的转变是十分敏锐的，从开始熔化（始熔）到完全熔化（全熔）的温度范围即熔点范围，一般为 $0.5 \sim 1$ ℃；如果该物质含有杂质，那么其熔点下降，且熔点范围增大。

三、实验仪器与试剂

1. 仪器与试剂

酒精灯，熔点测定管等。

苯甲酸，乙酰苯胺，液体石蜡。

2. 物理性质

苯甲酸：具有苯或甲醛气味的鳞片状或针状结晶，微溶于水，易溶于乙醇、乙醚等有机溶剂，分子式为 $C_7H_6O_2$，相对分子质量为 122.12，熔点为 122.13 ℃，沸点为 249 ℃，相对密度为 1.265 9（15 ℃/4 ℃），在 100 ℃时迅速升华，它的蒸气有很强的刺激性，吸入后易引起咳嗽。

乙酰苯胺：白色有光泽片状结晶或白色结晶粉末，熔点为 114.3 ℃，沸点为 304 ℃，微溶于冷水，溶于热水、甲醇、乙醇、乙醚、氯仿、丙酮、甘油和苯等。

液体石蜡：无色透明油状液体，在日光下观察不显荧光，室温下无嗅无味，加热后略有石油臭，不溶于水、甘油、冷乙醇，溶于苯、乙醚、氯仿、二硫化碳、热乙醇，与除蓖麻油外大多数脂肪油能任意混合，樟脑、薄荷脑及大多数天然或人造麝香均能被溶解。

四、实验步骤

1. 样品的填装

取少量样品，放在干净的表面皿上，用干净的玻璃钉研成粉末，聚成小堆，将一端封闭的毛细管开口一端插入样品堆中，使样品挤入管内。再取一根 50 cm 长的玻璃管，直立在桌面上，将装有样品的毛细管封口一端向下自玻璃管上端自由落下，反复操作几次，直至毛细管中的样品高 2～3 mm 为止。装入的样品要求细而实，目的是使传热迅速而均匀（每种样品装好 2 支毛细管，供测定使用）。

2. 测定熔点的装置

毛细管法测定熔点的装置多采用双浴式熔点测定器或齐列熔点测定管，如图 3-8 所示。实验室主要采用齐列熔点测定管（也叫 b 形管）进行熔点测定。将齐列熔点测定管夹在铁架台上，倒入甘油。甘油的液面高出上侧管 0.5 cm 左右。在齐列熔点测定管上口配一个合适的开口塞，用于固定温度计，使温度计刻度面向开口方向，水银球位于齐列熔点测定管的下侧管中部。把装好样品的毛细管用小橡皮圈固定在温度计上，使样品部分正好靠在温度计水银球的中部。

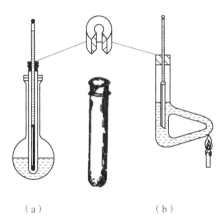

（a）　　　　　　　　（b）

图 3-8 测定熔点的装置
（a）双浴式熔点测定器；
（b）齐列熔点测定管

3. 熔点的测定

一切准备工作就绪以后，开始加热，进行熔点测定。加热部位如图 3-8（b）所示。以小火缓慢加热，每分钟升温 4～5 ℃，直至样品熔化，记下此时温度计的读数。这是该样品的近似熔点。然后移开火焰，使热浴温度降低 20～30 ℃以后，再换一根装有样品的毛细管（每根毛细管只能用一次）进行第二次测定。

进行第二次熔点测定时，开始升温速度可稍快些，每分钟升温 10 ℃，以后减为每分钟升温 5 ℃，当温度达到比近似熔点约低 10 ℃时，调小火焰，使温度缓慢而均匀地上升，每分钟升温 1 ℃。此时，应特别注意毛细管中样品的变化。当样品明显塌陷并开始熔化时，可将灯焰移开一点。当毛细管中出现第一个液滴时，表明样品开始熔化，此时的温度为初熔温度；当毛细管中固体样品完全消失成透明液体时，此时的温度为全熔温度，熔化过程如图 3-9 所示。记下初熔温度和全熔温度，这两个温度即为该化合物的熔点范围（也叫熔程）。例如，某一化合物在 113 ℃时有液滴出现，114 ℃时全变为透明液体，应记录熔点为113～114 ℃，而不能记为它们的平均值 113.5 ℃。

将样品 A、B 各测定两次，根据测定结果判断哪种样品是纯化合物。

测定固体化合物的熔点时，要用校正后的温度计。

用显微熔点测定器测定熔点是将微量样品放到样品板上，在显微镜下观察熔化过程。样品结晶的棱角开始变圆时为初熔，结晶形状完全消失时为全熔。使用显微熔点测定器时，一定要按照仪器的使用说明书，小心操作，仔细观察现象，正确记录。

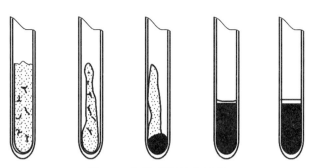

图 3-9　固体样品熔化过程

用毛细管法测定熔点时，温度计上的熔点读数与文献或手册上记载的熔点常有一定的偏差，这可能是由温度计的误差所引起的，所以应对使用的温度计进行校正。

校正温度计最简单的方法是选用标准温度计与普通温度计比较，用标准温度计和普通温度计测定同一浴温（浴温要均匀，两支温度计的水银球要处于同一水平线）。在不断升温下，测出一系列温度读数，以标准温度计的读数为纵坐标，普通温度计的读数为横坐标，画出一条曲线，根据此曲线，校正温度计。

也可采用纯有机化合物的熔点作为校正的标准。校正时选择一系列已知熔点的纯化合物作为标准，测定它们的熔点，以观察到的熔点作横坐标，与已知熔点的差值作纵坐标，画成曲线。在任一温度时的读数即可直接从曲线上读出。

标准样品的熔点如表 3-2 所示，校正温度计时可以选用。

表 3-2　标准样品的熔点

样品	熔点/℃	样品	熔点/℃
水-冰	0	苯甲酸	122
环己醇	25.5	尿素	132
α-萘胺	50	二苯基羟基乙酸	150
二苯胺	53	水杨酸	159
苯甲酸苯酯	70	3，5-二硝基苯甲酸	204~205
萘	80	酚酞	215
间二硝基苯	90	蒽	216
乙酰苯胺	114	蒽醌	286

注意事项

（1）测定熔点常用的浴液有：甘油、液体石蜡、浓硫酸等。选用哪一种则视温度而定。若测定时温度在 140 ℃ 以下，则最好选用液体石蜡或甘油；若需要加热到 140 ℃ 以上，则可选用浓硫酸，但热的浓硫酸具有极强的腐蚀性，如果加热不当，浓硫酸溅出易伤人。因此，选用浓硫酸作浴液测定熔点时要戴护目镜。温度超过 250 ℃ 时，浓硫酸发生白烟，影响测定，可在浓硫酸中加入硫酸钾，加热使其成饱和溶液。测定时若有有机物掉入浓硫酸中，则会变黑，影响观察，可加入一些硝酸钾晶体，以除去有机物质。

（2）测得样品的熔点是否精确，除了与样品的纯度有关，还与测定时取样品的多少、样品的细度、加热速度有关。因为浴液和样品之间以及样品内部的热量传递需要时间，所以测定时加热速度慢，一方面有充分的时间让热由毛细管外传至管内，另一方面便于测定者观察样品的变化及温度计读数。

五、实验数据

将测得的实验数据填入表 3-3 中。

表 3-3　实验数据记录表

样品	第一次测定/℃	第二次测定/℃
乙酰苯胺		
苯甲酸		
混合物		

六、思考题

（1）测定熔点时，如果样品没有研得很细，对装样有什么影响？测定的熔点数据是否可靠？

（2）测定熔点时，加热的快慢对测定结果是否会有影响？在什么情况下加热可快些？什么情况下加热则要慢些？

（3）是否可以使用第一次测熔点时已经熔化了的有机物再进行第二次测定？为什么？

3.5　环己烯的制备

一、实验目的

（1）了解以浓磷酸催化环己醇脱水制取环己烯的原理和方法。
（2）掌握分馏的基本操作、分液漏斗的使用、液体的洗涤与干燥。

课件 3.5　环己烯的制备

二、实验原理

烃类化合物是合成其他有机化合物的最基本原料之一，简单烯烃如乙烯、丙烯和丁二烯主要由石油裂解得到。实验室制备烯烃主要采用醇的脱水及卤代烷脱卤化氢两种方法。

本实验选用浓磷酸为催化剂，环己醇为原料，经脱水制备环己烯。

主反应：

$$\text{环己醇} \xrightarrow{85\% \ H_3PO_4} \text{环己烯} + H_2O$$

副反应：

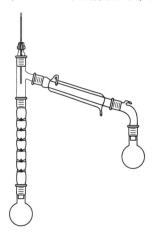

萃取是提取或提纯有机物的常用方法之一，是利用待萃取物在两种互不相溶的溶剂中溶解度或分配比的不同，使其从一种溶剂转移到另一种溶剂中，从而与混合物分离的过程。应用萃取可以从液体或固体中提取出所需要的物质，也可以用来洗去混合物中的少量杂质，通常称前者为"萃取"，后者为"洗涤"。

化学干燥法是应用最广泛的干燥方法之一，它通过干燥剂与水发生化学反应而除去水，干燥剂应与被干燥的液体有机物不发生化学反应，干燥剂只适用于干燥少量水分。干燥剂在脱水的同时，还会吸附一部分液体有机物，一般 10 mL 液体干燥剂用量为 0.5~1 g。

三、实验仪器与试剂

1. 仪器与试剂

电热套，分馏柱，分液漏斗等。

环己醇 21 mL（0.2 mol），磷酸（85%）5 mL，饱和食盐水，无水氯化钙。

2. 物理性质

环己醇：无色油状吸湿性液体，微溶于水，溶于乙醇、乙酸乙酯、乙醚、芳烃、丙酮和氯仿等大多数有机溶剂，相对分子质量为 100.16，沸点为 161.1 ℃，相对密度为 0.949 3，重要的化工原料和溶剂，具有毒性。

环己烯：微溶于水，溶于乙醇、乙醚，相对分子质量为 82.16，沸点为 82.98 ℃，相对密度为 0.810，具有毒性。

四、实验步骤

1. 制备环己烯

在 100 mL 圆底烧瓶中，加入 21 mL 环己醇和 5 mL 85% 的磷酸，振荡均匀，使之充分混溶，加几粒沸石，用电热套作为热源，如图 3-10 所示，安装分馏装置。用 50 mL 锥形瓶作为接收器，并把它置于冰水浴中。

用小火慢慢加热混合物至沸腾，控制分馏柱顶部温度不超过 73 ℃，慢慢地蒸出生成的环己烯和水，直至无馏出液体蒸出，提高温度，继续蒸馏，当温度达到 90 ℃时，烧瓶中只剩少量的残渣，并出现阵阵白雾，即可停止加热，全部蒸馏时间约 1 h。

将蒸馏液倒入分液漏斗中，用等体积的饱和食盐水洗涤，分去水层。将上层粗产物转移至干燥的小锥形瓶中，用无水氯化钙干燥，振荡至液体澄清透明。

将干燥的粗产物小心地倒入 50 mL 磨口圆底烧瓶中

图 3-10　环己烯的制备装置

（切勿将固体倒入），加几粒沸石，进行蒸馏，收集 82~85 ℃馏分。

2．检验

利用溴的四氯化碳溶液实验或 0.5%的高锰酸钾溶液实验进行产品检验。

视频 3.4　分液漏斗的使用

注意事项

（1）可用浓硫酸代替磷酸，但容易在反应中碳化和放出二氧化硫气体。

（2）磷酸和环己醇必须充分混合，振荡均匀，避免在加热时可能产生局部碳化现象。在加热时温度不宜过高，蒸馏速度不宜过快，以 2~3 s 一滴为宜，从而减少未作用的环己醇蒸出。

（3）反应中环己醇和水、环己烯和水皆形成二元恒沸混合物，其沸点和组成如表 3-4 所示。

表 3-4　二元恒沸混合物的沸点和组成

药品	沸点/℃		组成的质量分数/%
	组分	恒沸混合物	
环己醇	161.5	97.8	~20.0
水	100.0		~80.0
环己烯	83.0	70.8	90
水	100.0		10

（4）水层应尽可能分离完全，以减少无水氯化钙的用量。

（5）蒸馏所用仪器应充分干燥。

（6）如果 80 ℃以下时已蒸出较多前馏分，应将前馏分收集起来，重新干燥后再蒸馏，这可能是无水氯化钙用量过少或干燥时间太短，粗产物中的水分未除尽。

五、实验数据

（1）粗产品体积：_____。

（2）蒸馏时前馏分体积：_____。

（3）产品体积：_____。

（4）产品理论值及其计算过程：_____。

（5）产率：_____。

（6）检验方法及结果：_____。

六、思考题

（1）制备环己烯过程中，为什么要控制分馏柱顶部的温度？

（2）干燥粗环己烯时，选用无水氯化钙为干燥剂，除吸收少量水外还有什么作用？

（3）粗制的环己烯中，加入饱和食盐水的目的是什么？

3.6　乙酸正丁酯的制备

一、实验目的

（1）学习乙酸正丁酯的制备原理及方法。
（2）掌握分水器的使用及加热回馏、蒸馏等基本操作。

课件 3.6　乙酸
正丁酯的制备

二、实验原理

有机酸酯一般是用醇和羧酸在少量酸性催化剂（如浓硫酸）存在下进行酯化反应制得。乙酸和正丁醇的酯化反应如下：

$$CH_3COOH+CH_3CH_2CH_2CH_2OH \underset{}{\overset{H_2SO_4}{\rightleftharpoons}} CH_3COOCH_2CH_2CH_2CH_3+H_2O$$

酯化反应是一个典型的酸催化的可逆反应，反应达平衡时，一般只有 2/3 的原料转变为酯，为了使反应平衡向右移动，可以用过量的醇或酸，也可以把反应中生成的酯或水及时地蒸出，或是两者并用。

本实验采取不断除去反应中生成水的方法来提高酯的产率。当酯化反应进行到一定程度时，连续地蒸出乙酸正丁酯、正丁醇和水三者所形成的恒沸混合物（沸点为 89.4 ℃）。蒸出的恒沸混合物在分水器中进行分离，水沉于分水器底部，而酯和未反应的正丁醇则在水层上面并不断流回反应器，使未反应的正丁醇继续反应。这样反复进行可以把反应中生成的水几乎全部除掉，得到较高产率的酯。

三、实验仪器与试剂

1. 仪器与试剂

电热套，球形冷凝管，分水器等。

正丁醇 11.5 mL（0.125 mol）、冰醋酸 7.2 mL（0.125 mol）、浓硫酸、10%的碳酸钠溶液、无水硫酸镁。

2. 物理性质

乙酸：无色透明液体，具有刺激性气味，溶于水、醇和醚等，相对分子质量为 60，沸点为 117.9 ℃，相对密度为 1.049 1。

正丁醇：分子量 74.12 g/mol，沸点 117.7 ℃，折射率 n_D^{20} 为 1.399 2，密度 809.8 kg/m³。

乙酸正丁酯：无色透明液体，具有果香味，相对分子质量为 116，沸点为 126.5 ℃，折射率 n_D^{20} 为 1.394 7，相对密度为 0.882。

四、实验步骤

1. 制备乙酸正丁酯

在干燥的 100 mL 圆底烧瓶中，加入 11.5 mL 正丁醇和 7.2 mL 冰醋酸，再滴入 2~3 滴浓硫酸，混合均匀，加入几粒沸石，用电热套作为热源，将圆底烧瓶固定好，然后在烧瓶口上安装分水器及冷凝管，如图 3-11 所示。注意：在分水器中预先加入一定量的水，使水面略低于分水器的支管处，并记录加入水的体积。用小火加热，反应一段时间后，从分水器下部，将反应生成的水逐渐放入小量筒中，保持水层液面在原来高度，当分水器中水不再增加时，表示反应完毕，停止加热（回流时间约 1 h）。

视频 3.5　带有分水器制备回流的使用

冷却一会后，将分水器中的溶液倒入分液漏斗中，分去水层，记录分出的水量。圆底烧瓶中的反应液也倒入分液漏斗与酯层合并，用 10~15 mL 10% 的碳酸钠溶液洗涤，检查是否仍有酸性（如何检查？如仍有酸性怎么办？）。分去水层，酯层再用 10 mL 水洗涤一次，分去水层，将酯层倒入小锥形瓶中，加入少量无水硫酸镁干燥。

将干燥的乙酸正丁酯倒入干燥的小磨口圆底烧瓶中，加入 1~2 粒沸石进行蒸馏，收集 124~127 ℃ 馏分，前馏分倒入指定回收瓶中。

2. 检验

用阿贝折射仪进行产品检验。

图 3-11　乙酸正丁酯的制备装置

视频 3.6　阿贝折射仪的使用

注意事项

（1）浓硫酸在反应中起催化作用，故只需少量。

（2）本实验利用恒沸混合物除去酯化反应中生成的水，正丁醇、乙酸正丁酯和水形成的恒沸混合物如表 3-5 所示。

表 3-5　乙酸正丁酯的沸点及组成

恒沸混合物		沸点/℃	组成的质量分数/%		
			乙酸正丁酯	正丁醇	水
二元	乙酸正丁酯-水	90.7	72.9	—	27.1
	正丁醇-水	93.0	—	55.5	44.5
	乙酸正丁酯-正丁醇	117.6	32.8	67.2	—
三元	乙酸正丁酯-正丁醇-水	90.7	63.0	8.0	29.0

（3）根据分出的总水量（注意扣除预先加到分水器的水量，并加上反应过程中从分水离器下端放出的水量）可以粗略地估计酯化反应完成的程度。

五、实验数据

（1）粗产品体积：_____。
（2）蒸馏时前馏分体积：_____。
（3）产品体积：_____。
（4）产品理论值及其计算过程：_____。
（5）产率：_____。
（6）检验方法及结果：_____。

六、思考题

（1）本实验是根据什么原理来提高乙酸正丁酯的产率的？
（2）计算反应完全时，应分出多少水？
（3）如果在最后蒸馏时，前馏分较多，其原因是什么？对产率有什么影响？

【小栏目】

　　乙酸正丁酯是一种重要的有机环保溶剂，可用于薄膜涂层树脂中，如硝酸纤维素、醋酸丁酯纤维素、聚苯乙烯、甲基丙烯酸甲酯树脂。它也可广泛用作香料和合成香精组分，还可用作脱水剂。我国乙酸正丁酯生产规模一直比较小，产不足需，尤其是高品质的乙酸正丁酯产品。近些年，随着油漆、涂料以及医药、农药行业的迅猛发展，乙酸正丁酯作为环保型溶剂，应用领域越来越大，市场需求越来越旺盛。我国乙酸正丁酯工业主要以醋酸和正丁醇在硫酸催化剂存在下发生酯化反应进行生产。

3.7　1-溴丁烷的制备

一、实验目的

（1）了解以溴化钠、浓硫酸和正丁醇为原料制备 1-溴丁烷的原理及方法。
（2）掌握带有吸收有害气体装置的回流加热操作。

课件 3.7　1-溴
丁烷的制备

二、实验原理

利用醇和氢溴酸发生亲核取代反应是实验室中制备溴代烷的常用方法之一。用此方法制备溴代烷，需用 47.5% 的浓氢溴酸。由于氢溴酸是一种极易挥发的无机酸，因此在制备时也可用溴化钠和浓硫酸代替氢溴酸。为了减少烯烃和醚等副产品，要控制硫酸的加入量。

本实验是用正丁醇与溴化钠、浓硫酸共热制备1-溴丁烷。

主反应：

$$NaBr+H_2SO_4 \longrightarrow HBr+NaHSO_4$$

$$CH_3CH_2CH_2CH_2OH+HBr \xrightarrow{H_2SO_4} CH_3CH_2CH_2CH_2Br+H_2O$$

副反应：

$$CH_3CH_2CH_2CH_2OH \xrightarrow{H_2SO_4} CH_3CH_2CH=CH_2+H_2O$$

$$2CH_3CH_2CH_2CH_2OH \xrightarrow{H_2SO_4} (CH_3CH_2CH_2CH_2)_2O+H_2O$$

三、实验仪器与试剂

1. 仪器与试剂

电热套，球形冷凝管等。

正丁醇6.2 mL（0.068 mol），无水溴化钠8.3 g（0.08 mol）或无水溴化钾9.5 g，浓硫酸10 mL（0.18 mol），10%的碳酸钠溶液，无水氯化钙。

2. 物理性质

正丁醇：无色透明易燃液体，溶于水、苯、丙酮，可与乙醚、丙酮以任何比例混合，相对分子质量为74.12，沸点为117.7 ℃，折射率 n_D^{20} 为1.399 2，相对密度为0.809 8，是一种用途广泛的重要有机化工原料。

1-溴丁烷：无色液体，不溶于水，易溶于醇、醚，相对分子质量为138.9，沸点为101.6 ℃，折射率 n_D^{20} 为1.439 9，相对密度为1.276 4，是一种有机合成原料。

四、实验步骤

1. 制备1-溴丁烷

在100 mL圆底烧瓶中放入6.2 mL正丁醇、8.3 g研细的无水溴化钠和几粒沸石，用电热套作为热源，固定好烧瓶，在烧瓶口上装一球形冷凝管，然后在一个小锥形瓶内放入10 mL水，将小锥形瓶放在冰-水浴中冷却，一边摇动，一边慢慢地加入10 mL浓硫酸。将稀释好的硫酸分4~5次从冷凝管上端加入烧瓶中，每加一次都要充分振荡烧瓶，使反应物混合均匀。加完硫酸后，在冷凝管上口，用一个带有2个90°角的玻璃管连接一个小漏斗，小漏斗倒悬在盛水的小烧瓶中，其边缘接近水面，但不能接触水面，如图3-12所示。再连接一个气体吸收装置，用以吸收反应生成的溴化氢气体。

冷凝管通水以后，用小火加热，使混合物平稳沸腾。当冷凝液开始从冷凝管下端流回反应器时，保持回流30 min，停止加热。

反应物冷却约5 min，卸下球形冷凝管，补加1~2粒沸石，用约75°角的弯玻璃管连接冷凝管进行蒸馏。仔细观察馏出液，直到无油珠馏出为止。

把馏出液倒入分液漏斗中，将油层从下面放入一个干燥的小锥形瓶中，然后用等体积冷的浓硫酸分 3~4 次加入瓶中。每加一次，都充分振荡，如果混合物发热，可用冷水冷却。将混合物慢慢倒入分液漏斗中，静置分层，放掉下层硫酸，油层依次用 10 mL 水、10 mL 10% 的碳酸钠溶液、10 mL 水洗涤，将下层的粗 1-溴丁烷放入干燥的小锥形瓶中，用无水氯化钙干燥，并间歇振荡锥形瓶，直到液体澄清为止。

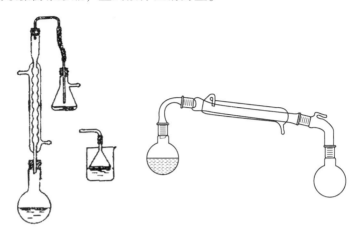

图 3-12 1-溴丁烷的制备装置

将干燥好的液体倒入 50 mL 磨口圆底烧瓶中（注意勿使氯化钙倒入），并加入 1~2 粒沸石，在电热套上缓慢加热蒸馏，收集 99~103 ℃馏分。

2. 检验

方法 1：用 5% 硝酸银-乙醇溶液进行产品检验。

方法 2：用阿贝折射仪测定产品的折射率，从而进行产品检验。

注意事项

（1）在本实验中，由于采用 1∶1 的硫酸，因此回流时若保持缓和的沸腾状态，则很少有溴化氢气体从冷凝管上端逸出，若在通风橱中操作，则气体吸收装置可以省去。

（2）若回流时间太短，则反应物中残留正丁醇量增加，但将回流时间继续延长，产率也不能再提高多少。

（3）用盛清水的试管收集几滴馏出液，摇动，如无油珠出现，表示馏出液已无有机物，蒸馏完成。

（4）馏出液分为两层，通常下层为 1-溴丁烷（油层），上层为水，但若未反应的丁醇较多或蒸馏时间过久，则液层的相对密度发生变化，油层可能悬浮或变为上层，如果出现该种现象，可加清水稀释使油层下沉。

（5）浓硫酸的作用是溶解未反应的正丁醇和杂质正丁烯、正丁醚等。

（6）油层如呈红棕色，是由于浓硫酸的氧化作用生成游离的溴，可加入几毫升饱和亚硫酸氢钠溶液洗涤除去：

$$Br_2 + NaHSO_3 + H_2O \longrightarrow 2HBr + NaHSO_4$$

五、实验数据

（1）粗产品体积：_____。

（2）蒸馏时前馏分体积：_____。

（3）产品体积：_____。

（4）产品理论值及其计算过程：_____。

（5）产率：_____。

（6）检验方法及结果：_____。

六、思考题

（1）本实验有哪些副反应？如何减少副反应？

（2）反应时硫酸的浓度太高或太低会有什么影响？

（3）加热回流时，反应物呈红棕色，是什么原因？怎样除去？

（4）用浓硫酸、饱和碳酸钠、水洗涤的目的分别是什么？

> **【小栏目】**
>
> 　　卤代烃是一类重要的有机合成中间体和重要的有机溶剂。卤代烃的制备有许多方法，在实验室中，通常用醇与氢卤酸的亲核取代反应来制取卤代烃。应该注意的是，反应中常伴随着竞争的消除反应，由此可导致醚、烯的生成。

3.8　正丁醚的制备

一、实验目的

（1）学习以醇为原料，通过分子间脱水生成醚的反应原理和实验方法。

（2）了解分水器在合成中的应用，掌握其使用方法。

课件 3.8　正
丁醚的制备

二、实验原理

　　利用醇分子间的脱水反应是制备低级简单醚的常用方法。在酸的作用下，醇的羟基发生质子化，增加了 α-C 的亲电性和羟基的离去性，使其更易发生双分子的亲核取代，再失去质子，就可得到醚。反应一般是在 135 ℃ 条件下进行的。若温度过高（大于 150 ℃），则会发生消除反应，生成烯烃。

　　醚的生成反应为一可逆过程，需要不断将反应产物水或醚蒸出，使反应向着生成醚的方向进行。在本实验中，水的不断蒸出是利用分水器实现的。

　　主反应：

$$2CH_3CH_2CH_2CH_2OH \xrightarrow[135\ ℃]{浓\ H_2SO_4} (CH_3CH_2CH_2CH_2)O + H_2O$$

　　副反应：

$$CH_3CH_2CH_2CH_2OH \xrightarrow{浓\ H_2SO_4} CH_3CH_2CH = CH_2 + H_2O$$

三、实验仪器与试剂

1. 仪器与试剂

电热套，分水器，圆底烧瓶或梨形烧瓶，三口瓶，蒸馏头，回流冷凝管，温度计，接引管，接收器等。

正丁醇，浓硫酸，无水氯化钙，50%的硫酸溶液。

2. 物理性质

正丁醇：相对分子质量为 74.12，沸点为 117.7 ℃，折射率 n_D^{20} 为 1.399 2，密度为 809.8 kg/m³。

正丁醚：又称正二丁醚，相对分子质量为 130.23，无色液体，略有乙醚气味，相对密度为 0.769 4，熔点为 -98 ℃，沸点为 142 ℃，不溶于水，溶于许多有机溶剂，是烃类和脂肪等的溶剂，用于精制润滑油等，由丁醇用硫酸脱水或由卤代丁烷和丁醇反应而制得。

四、实验步骤

1. 制备正丁醚

向三口瓶中加入 15.5 mL 正丁醇，再缓慢加入浓硫酸 2.2 mL，振荡使其混合均匀，加几粒沸石。在三口瓶上分别装上温度计和分水器，分水器中放入一定量的水，其上端再连一

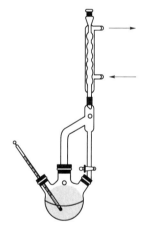

球形冷凝管，如图 3-13 所示，将三口瓶放在电热套中缓慢加热，保持沸腾回流 1 h。随着反应的进行，反应中生成的水和未反应的正丁醇经冷凝后被收集在分水器中，使分水器中的液体不断增加，分层后水层位于分水器的下层，有机层（正丁醇和少量的正丁醚）位于上层。当上层的液体积至分水器支管时，即可返回反应的三口瓶中。如果分水器中的水层超过了支管而流回瓶中，可放掉一部分水。当反应不断进行时，反应液的温度也逐渐上升。当瓶中反应液温度为 138～140 ℃ 时（需 40～60 min），停止加热。如果加热时间过长，溶液会变黑并有大量副产物丁烯生成。

图 3-13 带有分水器
的回流装置

待反应物冷却后，拆除分水器，将仪器改装成蒸馏装置，加 2 粒沸石，进行蒸馏至无馏出液为止。

将馏出液倒入分液漏斗中，分去水层。粗产物分别用冷的 50%的硫酸溶液（15 mL×2）、水（15 mL×2）和饱和食盐水（15 mL×1）洗涤，分出有机层至 50 mL 干燥锥形瓶中，用适量（1～2 g）无水氯化钙干燥。干燥后的粗产物小心地倒入 50 mL 圆底烧瓶中（注意不要把氯化钙倒进去），进行蒸馏，收集 140～144 ℃ 馏分，称重并计算产率。

2. 检验

用阿贝折射仪测定产品的折射率，从而进行产品检验。

注意事项

（1）按反应式计算，生成水的量约为 1.5 mL。由于少量正丁醇发生分子内的脱水反应，

实际分出水层的体积要略大于计算量，否则产率很低。在反应之前，沿分水器支管口对侧内壁小心加水，待水面上升至与支管口下沿平齐时，缓慢开启分水器活塞，放出适量的水（加水的量为分水器的总容量减去反应完全时可能生成的水量）。

（2）本实验利用恒沸混合物蒸馏方法将反应生成的水不断从反应物中除去。正丁醇、正丁醚和水可能生成的恒沸混合物的组成及沸点如表 3-6 所示。

表 3-6　恒沸混合物的组成及沸点

恒沸混合物		沸点/℃	组成的质量分数/%		
			正丁醚	正丁醇	水
二元	正丁醇-水	93.0	—	55.5	45.5
	正丁醚-水	94.1	66.6	—	33.4
	正丁醇-正丁醚	117.6	17.5	82.5	—
三元	正丁醇-正丁醚-水	90.6	35.5	34.6	29.9

（3）正丁醚制备的适宜反应温度为 130~140 ℃，由于二元恒沸混合物和三元恒沸混合物的形成，反应开始时很难达到这一反应温度。随着反应的进行，水不断蒸出，温度会不断升高，反应 20 min 后即可达到 130 ℃。

（4）用 50% 的硫酸溶液处理，是由于丁醇能溶于 50% 硫酸溶液中而正丁醚很少溶解。50% 的硫酸溶液可由 20 mL 浓硫酸与 34 mL 水配成。

（5）本实验也可用油浴锅代替电热套进行。

五、实验数据

（1）粗产品体积：＿＿＿＿＿。
（2）蒸馏时前馏分体积：＿＿＿＿＿。
（3）产品体积：＿＿＿＿＿。
（4）产品理论值及其计算过程：＿＿＿＿＿＿＿＿＿＿＿＿＿＿＿＿＿。
（5）产率：＿＿＿＿＿。
（6）检验方法及结果：＿＿＿＿＿＿＿＿＿＿＿＿＿＿＿＿＿＿＿。

六、思考题

（1）计算理论上分出的水量。为何实验分出的水量可能超过理论值？
（2）如何得知反应是否进行完全？
（3）如果最后蒸馏前的粗产品中含有丁醇，能否用分馏的方法将它除去？

【小栏目】
　　正丁醚，又叫二丁醚，是一种性能优良的有机萃取剂。正丁醚可以作为有机合成中的惰性介质及溶剂。同时作为液态醚类，在提高柴油十六烷值的同时也可促进柴油完全燃烧，降低尾气烟度，是一类较理想的柴油机含氧燃料。

3.9　正丁醛的制备

一、实验目的

（1）掌握由伯醇氧化制备醛的方法。
（2）学习恒压滴液漏斗的使用方法。

课件 3.9　正丁醛的制备

二、实验原理

伯醇因含有两个 α-氢原子，故容易被氧化，氧化产物是醛，而醛很容易被氧化成羧酸。为防止醛进一步氧化，可采取在反应过程中不断蒸出醛的方法。本实验就是采用这个方法。

主反应：

$$CH_3CH_2CH_2CH_2OH \xrightarrow[\text{浓 } H_2SO_4]{NaCr_2O_7} CH_3CH_2CH_2CHO + H_2O$$

副反应：

$$CH_3CH_2CH_2CH_2OH \xrightarrow[\text{浓 } H_2SO_4]{NaCr_2O_7} CH_3CH_2CH_2COOH$$

三、实验仪器与试剂

1. 仪器与试剂

电热套，三口瓶，恒压滴液漏斗，分馏柱等。

正丁醇 28 mL（0.3 mol），重铬酸钠（$Na_2Cr_2O_7 \cdot 2H_2O$）29.8 g，浓硫酸 2.2 mL（0.18 mol），无水硫酸镁或无水硫酸钠。

2. 物理性质

正丁醛：无色透明液体，有窒息性气味，相对分子质量为 72.11，闪点为 -22 ℃，熔点为 -100 ℃，沸点为 75.7 ℃，折射率 n_D^{20} 为 1.384 3，微溶于水，溶于乙醇、乙醚等多数有机溶剂，相对密度为 0.80，属低毒类。

四、实验步骤

1. 制备正丁醛

在 250 mL 烧杯中，溶解 29.8 g 重铬酸钠于 165 mL 水中。在仔细搅拌和冷却下，缓缓加入 22 mL 浓硫酸。将配制好的氧化剂溶液倒入滴液漏斗中（可分数次加入）。往 250 mL 三口瓶里放入 28 mL 正丁醇及几粒沸石。

将正丁醇加热至微沸，待蒸气上升刚好达到分馏柱底部时，开始滴加氧化剂溶液，约在 20 min 内加完。注意滴加速度，使分馏柱顶部的温度不超过 78 ℃，同时，生成的正丁醛不断馏出。氧化反应是放热反应，在加料时要注意温度变化，控制柱顶温度不低于 71 ℃，又不高于 78 ℃。正丁醛的制备装置如图 3-14 所示。

当氧化剂全部加完后，继续用小火加热 15 ~ 20 min。收集所有在 95 ℃以下馏出的粗产物。

将此粗产物倒入分液漏斗中，分去水层。把上层的油状物倒入干燥的小锥形瓶中，加入 1 ~ 2 g 无水硫酸镁或无水硫酸钠干燥。

将澄清透明的粗产物倒入 30 mL 蒸馏烧瓶中，投入几粒沸石。安装好蒸馏装置。在加热套上缓慢地加热蒸馏，收集 70 ~ 80 ℃的馏出液，继续蒸馏，收集 80 ~ 120 ℃的馏分以回收正丁醇。

2. 检验

用阿贝折射仪测定产品的折射率，从而进行产品检验。

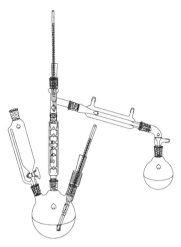

图 3-14　正丁醛的制备装置

注意事项

（1）正丁醛和水一起蒸出，接收瓶要用冰浴冷却，正丁醛和水形成二元恒沸混合物，其沸点为 68 ℃，恒沸混合物含正丁醛 90.3%。正丁醇和水形成二元恒沸混合物，其沸点为 93 ℃，恒沸混合物含正丁醇 55.5%。

（2）绝大部分正丁醛应在 73 ~ 76 ℃馏出，正丁醛应保存在棕色的玻璃磨口瓶内。

五、实验数据

（1）粗产品体积：_____。
（2）蒸馏时前馏分体积：_____。
（3）产品体积：_____。
（4）产品理论值及其计算过程：_____。
（5）产率：_____。
（6）检验方法及结果：_____。

六、思考题

（1）制备正丁醛有哪些方法？
（2）为什么本实验中正丁醛的产率低？
（3）为什么采用无水硫酸镁或无水硫酸钠作干燥剂？

3.10　阿司匹林的制备

一、实验目的

（1）熟悉酚羟基酰化反应的原理，掌握阿司匹林的制备方法。
（2）掌握利用重结晶精制固体产品的操作技术。

课件 3.10　阿司匹林的制备

二、实验原理

水杨酸是一个具有羧基和酚羟基的双官能团化合物，能进行两种不同的酯化反应。当其中羧基与甲醇作用时，生成水杨酸甲酯，俗称冬青油（是冬青树的香味成分）。如果用乙酸酐作酰化剂，就可与其酚羟基反应生成乙酰水杨酸，即阿司匹林。

本实验以浓硫酸为催化剂，使水杨酸与乙酸酐发生酰化反应，制取阿司匹林。反应式如下：

水杨酸在酸性条件下受热，还可发生缩合反应，生成少量聚合物。阿司匹林可与碳酸氢钠反应生成可溶性的钠盐，作为杂质的副产物则不能与碱作用，可在用碳酸氢钠溶液进行重结晶时分离除去。

将晶体用溶剂先进行加热溶解，又重新成为晶态析出的过程称为重结晶。有机反应中，分离出来的固体有机化合物往往是不纯的，其中常夹杂一些反应副产物、未作用的原料及催化剂等。若要除去这些杂质，通常是选用合适的溶剂进行重结晶。重结晶是纯化固体有机化合物最常用的方法之一。

固体有机化合物在溶剂中的溶解度与温度有密切关系。一般是温度升高，溶解度增大，反之则溶解度降低。若把固体化合物溶解在热的溶剂中制成饱和溶液，然后冷却至室温或室温以下，则溶解度下降，这时就会有结晶固体析出。利用溶剂对被提纯物质和杂质的溶解度的不同，使杂质在热过滤时被滤除或冷却后留在母液中与结晶分离，从而达到提纯的目的。

重结晶适用于提纯杂质含量在5%以下的固体化合物，杂质含量过多，常会影响提纯效果，须经多次重结晶才能提纯。

三、实验仪器与试剂

1. 仪器与试剂

加热套，球形冷凝管，圆底烧瓶，烧杯，吸滤瓶，布氏漏斗，滤纸，玻璃棒，减压泵等。

水杨酸，乙酸酐，浓硫酸，盐酸溶液，饱和碳酸氢钠溶液。

2. 物理性质

阿司匹林：白色针状或板状结晶或结晶性粉末，无臭，微带酸味，相对分子质量为180.16，在干燥空气中稳定，遇潮会缓慢水解成水杨酸和醋酸，微溶于水，溶于乙醇、乙醚、氯仿，也溶于碱溶液同时分解。

水杨酸：白色结晶性粉末，无臭，味先微苦后转辛，相对分子质量为138.12，熔点为157~159 ℃，在光照下逐渐变色，沸点约为211 ℃，常压下急剧加热分解为苯酚和二氧化碳。

乙酸酐：无色透明液体，其蒸气为催泪毒气，相对分子质量为102.09，溶于苯、乙醇、乙醚，常用作乙酰化剂以及用于阿司匹林、染料、醋酸纤维的制造。

四、实验步骤

1. 制备阿司匹林

在 100 mL 干燥的圆底烧瓶中加入 4 g 水杨酸和 10 mL 新蒸馏的乙酸酐，在不断振荡下缓慢滴加 10 滴浓硫酸。安装球形冷凝管，通水后，振荡圆底烧瓶使水杨酸溶解。然后于电热套中小火加热，反应 20 min。

稍冷后，拆下冷凝管。将反应液在搅拌下倒入盛有 100 mL 冷水的烧杯中，并用冷水浴冷却，放置 20 min。待结晶完全析出后，减压过滤。用少量冷水洗涤结晶两次，压紧抽干，如图 3-15 所示。将滤饼移至表面皿上，晾干、称量质量。

将粗产物放入 100 mL 烧杯中，加入 50 mL 饱和碳酸氢钠溶液并不断搅拌，直至无二氧化碳气泡产生为止。减压过滤，除去不溶性杂质。将滤液倒入洁净的 200 mL 烧杯中，在搅拌下加入 30 mL 1∶2 的盐酸溶液，阿司匹林即呈沉淀析出。将烧杯置于冰水浴中充分冷却后，减压抽滤。用少量冷水洗涤滤饼两次，抽干。

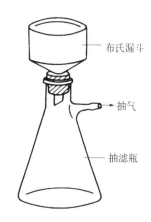

图 3-15　减压抽滤装置

将结晶小心转移至洁净的表面皿上，晾干后称量，并计算产率。

2. 检验

取产品 0.1 g，加水 10 mL，煮沸，放冷，加 0.1% 的 $FeCl_3$ 溶液 1 滴，即呈紫色。

注意事项

(1) 水杨酸分子内能形成氢键，阻碍羟基的酰化反应，加入浓硫酸可破坏氢键，使反应顺利进行。

(2) 反应温度不宜过高，否则可能有副反应发生，如生成水杨酰水杨酸酯、乙酰水杨酰水杨酸酯。

五、实验数据

(1) 粗产品质量：_____。

(2) 产品质量：_____。

(3) 产品理论值及其计算过程：_____。

(4) 产率：_____。

(5) 检验方法及结果：_____。

六、思考题

(1) 制备阿司匹林时，为什么需要使用干燥的玻璃仪器？

(2) 在乙酰水杨酸的制备实验中，如何验证产物中是否还有水杨酸存在？

3.11 染料甲基橙的制备

一、实验目的

（1）了解通过重氮化反应和偶合反应制备甲基橙的原理。

（2）掌握制备甲基橙的操作方法，进一步巩固重结晶的基本操作。

课件 3.11 染料
甲基橙的制备

二、实验原理

甲基橙是一种指示剂，可由对氨基苯磺酸重氮盐与 N，N–二甲基苯胺的醋酸盐，在弱酸性介质中偶合得到：

$$H_2N \text{—⬡—} SO_3H + NaOH \longrightarrow H_2N \text{—⬡—} SO_3Na + H_2O$$

$$H_2N \text{—⬡—} SO_3Na \xrightarrow[\text{HCl}]{\text{NaNO}_2} [HO_3S \text{—⬡—} \overset{+}{N}\equiv N]Cl^-$$

$$[HO_3S \text{—⬡—} \overset{+}{N}\equiv N]Cl^- + \text{⬡—}N\begin{smallmatrix}CH_3\\CH_3\end{smallmatrix} \xrightarrow{\text{HAc}}$$

$$\left[HO_3S \text{—⬡—} N=N\text{—⬡—}\underset{H}{N}\begin{smallmatrix}CH_3\\CH_3\end{smallmatrix}\right]Ac^- \xrightarrow{\text{NaOH}}$$

$$NaO_3S \text{—⬡—} N=N\text{—⬡—}N\begin{smallmatrix}CH_3\\CH_3\end{smallmatrix} + NaAc + H_2O$$

三、实验仪器与试剂

1. 仪器与试剂

加热套，磁力搅拌器等。

对氨基苯磺酸 2.1 g（0.01 mol），N，N–二甲基苯胺 1.5 mL（0.01 mol），亚硝酸钠 0.8 g（0.011 mol），5%氢氧化钠，冰醋酸，乙醇，浓盐酸。

2. 物理性质

对氨基苯磺酸：白色或灰色晶体，微溶于冷水，不溶于乙醇、乙醚和苯，相对分子质量为 173.2。

N，N–二甲基苯胺：无色或淡黄色油状液体，不溶于水，溶于乙醇、乙醚等有机溶剂，具有毒性，相对分子质量为 121.2，沸点为 193 ℃，折射率 n_D^{20} 为 1.552 8，相对密度为 0.956 3，主要用作染料、农药、医药、炸药等精细化工的生产原料。

甲基橙：橙色片状晶体，主要用作酸碱指示剂，变色范围为 pH＝3.2~4.4。

四、实验步骤

1. 制备对氨基苯磺酸重氮盐

在 100 mL 烧杯中，加入 2.1 g 对氨基苯磺酸晶体，10 mL 5% 的氢氧化钠溶液，在热水浴中温热使之溶解。另取一小烧杯，用 0.8 g 亚硝酸钠和 6 mL 水配制成亚硝酸钠溶液。将配好的亚硝酸钠溶液加入上述烧杯中，用冰盐浴冷至 0~5 ℃，如图 3-16 所示。在不断搅拌下，将 3 mL 浓盐酸与 10 mL 水配成的溶液缓缓滴加到上述混合溶液中，并控制温度在 5 ℃ 以下。滴加完毕后，用淀粉碘化钾试纸检验。然后在冰盐浴中放置 15 min，以保证反应完全。

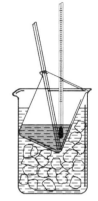

图 3-16　冰盐浴

2. 偶合

在一个试管内加入 1.5 mL N，N-二甲基苯胺和 1 mL 冰醋酸，振荡使之混合。在不断搅拌下，将此溶液慢慢加到上述冷却的对氨基苯磺酸重氮盐溶液中。加完后，继续搅拌 10 min，然后慢慢加入 25 mL 5% 的氢氧化钠溶液直至反应物变为橙色。此时反应液呈碱性，粗制的甲基橙呈细粒状沉淀析出。将反应物在沸水浴上加热 5 min，冷至室温后，再在冰-水浴中冷却，使甲基橙晶体完全析出。抽滤收集结晶，依次用少量水、乙醇洗涤，压干。

若要得到较纯的产品，可将上述产品移入含 1~2 滴 5% 的氢氧化钠溶液的沸水中（每克粗产品约需 25 mL 水），进行重结晶，待结晶完全析出后，抽滤，沉淀用少量乙醇洗涤，干燥，称重。

注意事项

（1）对氨基苯磺酸是一种两性化合物，其酸性比碱性强。它能与碱作用生成盐，难与酸作用成盐，所以不溶于酸。但是重氮化反应又要在酸性溶液中完成，因此进行重氮化反应时，首先将对氨基苯磺酸与碱作用，变成水溶性较大的对氨基苯磺酸钠。

（2）若试纸不显蓝色，则需补充亚硝酸钠溶液，并充分搅拌，直至试纸刚显蓝色。

（3）若反应物中含有未作用的 N，N-二甲基苯胺醋酸盐，在加入氢氧化钠溶液后，就会有难溶于水的 N，N-二甲基苯胺析出，影响产品的纯度。湿甲基橙在空气受光的照射后，颜色很快变深，所以一般得紫红色粗产物。

（4）重结晶操作应迅速，否则由于产物呈碱性，在温度高时会使产物变质，颜色变深。用乙醇洗涤的目的是使其迅速干燥。

五、实验数据

（1）粗产品质量：_____。

（2）产品质量：_____。

（3）产品理论值及其计算过程：_____。

（4）产率：_____。

（5）检验方法及结果：_____。

六、思考题

（1）在本次实验中，重氮盐的制备为什么要控制在 0~5 ℃中进行？偶合反应为什么在弱酸性介质中进行？

（2）对氨基苯磺酸重氮化时，为什么要先加碱把它变成钠盐？

【小栏目】

　　偶氮染料是一种重要的染料，它是指偶氮基（—N ═N—）连接两个苯环形成的一类化合物。为了改善颜色和提高染色效果，通常引入含有成盐的基团，如酚羟基、氨基、羧基和磺酸基。它被广泛地用作衣服、食物、油漆、油墨等的染料。

　　工艺合成流程：氨基物打浆→（溶解）重氮化→偶合组分打浆溶解→偶合（皂化、二次重氮化、二次偶合、三次重氮化、三次偶合、转晶）→盐析过滤出滤饼（膜滤）。

3.12　黄连中黄连素的提取及鉴定

一、实验目的

（1）学习从中草药中提取生物碱的原理和方法。

（2）学习减压蒸馏的操作技术。

（3）进一步掌握索氏提取器的使用方法，巩固减压过滤操作。

课件 3.12　黄连
中黄连素的
提取及鉴定

二、实验原理

　　黄连素（也称小檗碱）属于生物碱，是中草药黄连的主要有效成分，其在黄连中的含量可达 4%~10%。除了黄连中含有黄连素，黄柏、白屈菜、伏牛花、三颗针等中草药中也含有黄连素，其中以黄连和黄柏中含量最高。

　　黄连素有抗菌、消炎、止泻的功效，对急性菌痢、急性肠炎、百日咳、猩红热等各种急性化脓性感染都有效。

　　黄连素是黄色针状晶体，微溶于水和乙醇，较易溶于热水和热乙醇，几乎不溶于乙醚。黄连素的盐酸盐、氢碘酸盐、硫酸盐、硝酸盐均难溶于冷水，易溶于热水，故可用水对其进行重结晶，从而达到纯化目的。

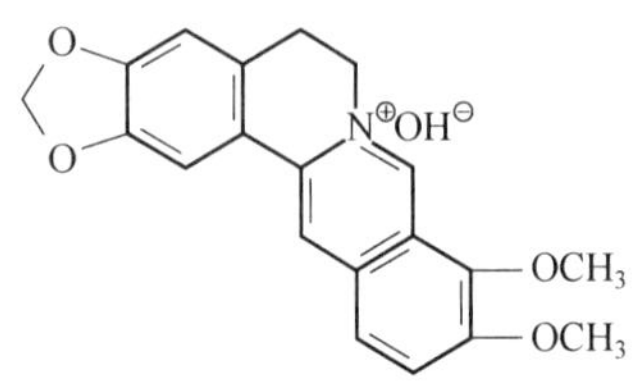

　　黄连素在自然界多以季铵碱的形式存在，结构如图 3-17 所示。

　　从黄连中提取黄连素，往往采用适当的溶剂（如乙醇、水、硫酸等），在索氏提取器中连续抽提，然后浓缩，再加以酸进行酸化，得到相应的盐。粗产品可以采取重结晶等方法进一步提纯。

图 3-17　以季胺碱形式
存在的黄连素

黄连素被硝酸等氧化剂氧化后，转变为樱红色的氧化黄连素。

黄连素在强碱中会部分转化为醛式黄连素，在此条件下，再加几滴丙酮，即可发生缩合反应，生成丙酮与醛式黄连素缩合产物的黄色沉淀。

三、实验仪器与试剂

索氏提取器，圆底烧瓶，克氏蒸馏头，抽滤装置等。

黄连，95% 的乙醇，1% 的醋酸，浓盐酸，蒸馏水。

四、实验步骤

1. 提取黄连素

称取 10 g 黄连，切碎研磨烂，装入索氏提取器的滤纸套筒内，烧瓶内加入 100 mL 95% 的乙醇，加热萃取 2~3 h，至回流液体颜色很淡为止，如图 3-18 所示。

课件 3.13　索氏提取器的使用操作视频

进行蒸馏浓缩，回收大部分乙醇，至瓶内残留液体呈棕红色糖浆状，停止蒸馏。

向浓缩液里加入 1% 的醋酸 30 mL，加热溶解后趁热抽滤去掉固体杂质，在滤液中滴加浓盐酸，至溶液混浊为止（约需 10 mL）。

用冰水冷却上述溶液，降至室温以下后即有黄色针状的黄连素盐酸盐析出，抽滤，所得结晶用冰水洗涤两次，可得黄连素盐酸盐的粗产品。

精制：将粗产品（未干燥）放入 100 mL 烧杯中，加入 30 mL 水，加热至沸腾，再搅拌几分钟，趁热抽滤，滤液用盐酸调节 pH 值为 2~3，室温下放置几小时，有较多橙黄色结晶析出后抽滤，滤渣用少量冷水洗涤两次，烘干即得成品。

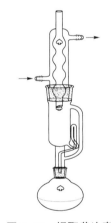

2. 检验

方法 1：取盐酸黄连素少许，加浓硫酸 2 mL，溶解后加几滴浓硝酸，即呈樱红色溶液。

图 3-18　提取黄连素

方法 2：取盐酸黄连素约 50 mg，加蒸馏水 5 mL，缓缓加热，溶解后加 20% 氢氧化钠溶液 2 滴，显橙色，冷却后过滤，滤液加丙酮 4 滴，即变得浑浊。放置后生成黄色的丙酮黄连素沉淀。

注意事项

（1）得到纯净的黄连素晶体比较困难。将黄连素盐酸盐加热水至刚好溶解煮沸，用石灰乳调节 pH 值为 8.5~9.8，冷却后滤去杂质，滤液继续冷却至室温以下，即有针状的黄连素析出，抽滤，将结晶在 50~60 ℃ 下干燥。

（2）也可利用简单回流装置进行 2~3 次加热回流的方法代替索氏提取器，每次约半小时，回流液体合并使用即可。

五、实验数据

（1）黄连素萃取时间：_____。

（2）黄连素的质量：_____。

（3）提取率：_____。

（4）检验方法及结果：_____。

六、思考题

索氏提取与其他提取方法的优缺点各是什么？试进行比较。

3.13 氨基酸的分离鉴定（纸层析法）

一、实验目的

（1）初步学习用纸层析法进行分离鉴定氨基酸。

（2）掌握纸层析法基本的操作方法。

课件 3.14 氨基
酸的分离鉴定

二、实验原理

用滤纸为支持物进行层析的方法，称为纸层析法。纸层析所用展开剂大多由水和有机溶剂组成，滤纸纤维与水的亲和力强，与有机溶剂的亲和力弱，因此在展层时，水是固定相，有机溶剂是流动相。溶剂由下向上移动的，称上行法；由上向下移动的，称下行法。将样品点在滤纸上（此点称为原点），进行展层，样品中各种氨基酸在两相溶剂中不断进行分配。因为它们的分配系数不同，所以不同氨基酸随流动相移动的速率也不同，于是就将这些氨基酸分离开来，形成距原点距离不等的层析点。

溶质在滤纸上的移动速率用 R_f 值表示（见图 3-19）：

$$R_f = \frac{原点到层析点中心的距离}{原点到溶剂前沿的距离}$$

只要条件（如温度、展开剂组成）不变，R_f 值就是常数，故可根据 R_f 值作为定性依据。

样品中如有多种氨基酸，其中某些氨基酸的 R_f 值相同或相近，此时如只用一种溶剂展层，就不能将它们分开。为此，当用一种溶剂展层后，将滤纸转动 90°，再用另一溶剂展层，从而达到分离的目的，这种方法称为双向纸层析法。

氨基酸经纸上层析后，常用茚三酮显色剂显色。必须注意：指印含有一定量的氨基酸，在本实验方法中足以检出（本法可以检出以微克计的痕迹量）。因此，不能用手直接触摸分析用的滤纸，要用镊子夹滤纸边。

图 3-19 R_f 值的求算

层析点

原点

三、实验仪器与试剂

吹风机，层析滤纸，毛细管，培养皿，喷雾器，层析缸，针线等。

丙氨酸，异亮氨酸，赖氨酸，茚三酮显色剂。

四、实验步骤

1. 标准氨基酸色列和混合物色列的制作

取一条 8 cm×15 cm 的滤纸，在滤纸短边 1 cm 处用铅笔（不能用钢笔或圆珠笔）轻轻画上一条线，在线上轻轻打上 4 个点（等距并标号）。

用毛细管蘸试样在铅笔线的点上打 3 个标准氨基酸试样和 1 个氨基酸混合物斑点（使用配套的毛细管，以免弄脏样品）。斑点的直径约为 1.5 mm，不宜过大。将试样号码记于实验记录本上，并把滤纸放在空气中晾干。

取一层析缸，加入少量乙醇-水-醋酸展开剂，盖上玻璃片使层析缸内形成此溶液的饱和蒸气。

将滤纸小心地放入上述层析缸中，不要碰及缸壁，装置图如图 3-20 所示。当展开剂的前沿位置达到滤纸上端约 1 cm 处时，小心地取出滤纸，用铅笔做展开剂前沿位置的记号，如图 3-21 所示，记下展开剂吸附上升所需的时间、温度和高度。将此滤纸于干燥箱中烘干。

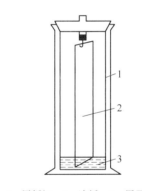

1—层析缸；2—滤纸；3—展开剂。

图 3-20　纸层析法装置图

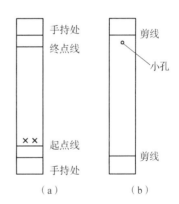

（a）　　　　　　（b）

图 3-21　纸层析法点样滤纸

2. 显色

用喷雾方式将茚三酮显色剂均匀地喷在滤纸上，并放在干燥箱中烘干。此时，氨基酸与茚三酮作用使斑点呈紫色。用铅笔划出斑点的轮廓，量出每个斑点中心到原点的距离，计算每个氨基酸的 R_f 值。

注意事项

（1）手、唾液等不要接触滤纸。

（2）注意滤纸样品点样的方向。

（3）喷上显色剂后一定要充分吹干才能显色。

（4）样品点样点在置于层析缸内时不能被展开剂浸过。

五、实验数据

将测得的实验数据填入表 3-7 中。

表 3-7　实验数据记录表

样品	原点到层析点中心的距离	原点到溶剂前沿的距离	R_f 值
0.5%的丙氨酸			
0.5%的异亮氨酸			
0.5%的赖氨酸			
混合氨基酸			

六、思考题

何谓 R_f 值？影响 R_f 值的主要因素是什么？

3.14　止疼药物乙酰苯胺的制备

一、实验目的

（1）通过查阅文献，了解止疼药物乙酰苯胺的主要应用，以及其常见的制备及纯化方法。

（2）通过不同的反应物原料、反应物配比、反应时间等，独立设计制备乙酰苯胺的方法。

课件 3.15　止疼药物乙酰苯胺的制备

二、实验原理

乙酰苯胺一般可用苯胺与冰醋酸、乙酰氯或乙酸酐等酰基化试剂作用制得。其中，苯胺与乙酰氯的反应比较激烈，乙酸酐次之，冰醋酸最慢。

三、实验仪器与试剂

1. 仪器与试剂

电热套，减压过滤装置，刺形分馏柱等。

苯胺，乙酸酐，冰醋酸，锌粉，活性炭，碳酸钠，盐酸，醋酸钠等。

2. 物理性质

苯胺：无色油状液体，微溶于水，易溶于乙醇、乙醚和苯，相对分子质量为 93.1，沸点为 184.4 ℃，相对密度为 1.022 0，折射率 n_D^{20} 为 1.586 3，具有毒性。

乙酰苯胺：白色有光泽片状结晶或白色结晶粉末，微溶于冷水，易溶于乙醇、乙醚及热水，相对分子质量为 135.17，熔点为 114 ℃，具有刺激性，能抑制中枢神经系统和心血管，因而应避免皮肤接触或由呼吸和消化系统进入体内。

四、实验步骤

根据实验目的，全面查阅有关资料，摘录有关化合物的物理常数，了解它们的性质、制备方法及其分离提纯的方法。

查阅文献，根据实验原理，独立设计实验路线，包括详细实验步骤、仪器药品及用量、实验装置、反应温度、注意事项等，实验方案经指导老师评阅认可后，方可进行实验。

注意事项

（1）放置时间较长的苯胺颜色会变深，从而影响生成的乙酰苯胺的质量，故需使用新蒸馏的苯胺。

（2）加锌粉的目的是防止苯胺在反应过程中氧化，但不能加得过多，否则在后续处理中会出现不溶于水的氢氧化锌。

（3）乙酰苯胺于不同温度在 100 mL 水中的溶解度为：25 ℃，0.563 g；80 ℃，3.5 g；100 ℃，5.2 g。在以后各步加热煮沸时，会蒸发掉一部分水，需随时补加热水。

（4）在沸腾的溶液中加入活性炭，容易引起暴沸。

（5）使用保温漏斗进行热过滤时，要事先准备好折叠滤纸和预热好的保温漏斗，若使用布氏漏斗减压过滤，则应事先将布氏漏斗用铁夹夹住，倒悬在沸水浴上，利用水蒸气进行充分预热，吸滤瓶应放在水浴中预热。如果预热不好，乙酰苯胺晶体将在布氏漏斗内析出，引起操作上的麻烦和造成损失。

五、实验数据

（1）粗产品质量：_____。

（2）产品质量：_____。

（3）产品理论值及其计算过程：_____。

（4）产率：_____。

（5）检验方法及结果：_____。

六、思考题

（1）本实验采取哪些措施来提高乙酰苯胺的产量？

（2）对自己设计的实验，从优点、缺点、展望3个方面进行评价。

【小栏目】

乙酰苯胺为无色晶体，有退热止痛作用，是较早使用的解热镇痛药，有"退热冰"之称。乙酰苯胺除本身有重要的用途之外，乙酰化反应常作为保护氨基的方法，在有机合成中广泛使用。

目前常见的工艺生成技术：苯胺经醋酸酰化、减压蒸馏后，得到制片成品。主要设备：酰化反应釜、减压蒸馏釜、结片机、真空罐、循环水冷却器、天然气导热油炉等。

第4章　分析化学实验

4.1　分析化学实验常用仪器操作

一、分析天平的使用

视频 4.1　分析天平
的使用

二、容量瓶的使用

视频 4.2　容量瓶的
使用 1：检漏

视频 4.3　容量瓶的
使用 2：洗涤

视频 4.4　容量瓶的
使用 3：移液

三、移液管和吸量管的使用

视频 4.5　移液管和吸量管
的使用

四、滴定管的使用

视频 4.6　滴定管的
使用 1：试漏

视频 4.7　滴定管的
使用 2：洗涤

视频 4.8　滴定管的
使用 3：润洗

视频 4.9　滴定管的
使用 4：装液

视频 4.10　滴定管的
使用 5：排气泡

视频 4.11　滴定管的
使用 6：滴定操作

视频 4.12　滴定管的
使用 7：碱式滴定
管的使用

4.2　容量分析器皿的使用和校准

一、实验目的

（1）了解容量分析器皿的误差及校准意义。

（2）掌握容量分析器皿的使用、校准方法。

二、实验原理

课件 4.1　容量
分析器皿的
使用和校准

滴定分析误差的来源之一是容量分析器皿的体积测量误差。根据滴定分析的允许误差，通常要求所用容量分析器皿测定溶液体积时的测量误差在 0.1% 左右。但由于种种原因，如不同商品等级、温度变化等，大多数容量分析器皿的实际容积与所标示的容积之差往往超出允许误差范围。因此，为了提高分析结果的准确性，应适时对容量分析器皿进行校准。容量分析器皿的校准根据具体情况可采用绝对校准法与相对校准法。

1. 绝对校准法

绝对校准法是测定容量分析器皿的实际容积，又叫称量法。通过称量容量分析器皿中所放出或所容纳纯水的质量，然后将该质量除以该温度下水的校正密度 ρ_t（ρ_t 的大小与温度为 t 时，1 mL 纯水在空气中用黄铜砝码称得质量的大小相同），即得到实际容积。

例如，在 25 ℃ 校准滴定管时，称得由滴定管放出的水质量为 19.82 g，由表 4-1 查得 25 ℃ 时纯水的校正密度为 0.996 1 g/mL，那么实际容积为 19.82 g ÷ 0.996 1 g/mL = 19.90 mL。若滴定管容积是 19.88 mL，则可计算得校准值为实际容积减滴定管容积，即 0.02 mL。

滴定管、移液管、容量瓶一般采用绝对校准法。

表 4-1　纯水在不同温度下的校正密度 ρ_t

温度/℃	$\rho_t/(g \cdot mL^{-1})$	温度/℃	$\rho_t/(g \cdot mL^{-1})$
5	0.998 53	18	0.997 49
6	0.998 53	19	0.997 33
7	0.998 52	20	0.997 15
8	0.998 49	21	0.996 95
9	0.998 45	22	0.996 76
10	0.998 39	23	0.996 55
11	0.998 33	24	0.996 34
12	0.998 24	25	0.996 12
13	0.998 15	26	0.995 88
14	0.998 04	27	0.995 66
15	0.997 92	28	0.995 39
16	0.997 73	29	0.995 12
17	0.997 64	30	0.994 85

2. 相对校准法

当要求两种器皿按一定比例配套使用，且各自的绝对容积并不重要时，可采用相对校准法。例如，25 mL 移液管与 100 mL 容量瓶的体积比应为 1∶4。此法简单易行，应用较多，但必须在这两种器皿配套使用时才有意义。

三、实验仪器与试剂

分析天平，50 mL 酸（碱）式滴定管，25 mL 移液管，100 mL 容量瓶，温度计（0~50 ℃），50 mL 具塞锥形瓶。

蒸馏水。

四、实验步骤

1. 滴定管的校准

将蒸馏水装入洁净的滴定管中，调节零刻度，准确读数并记录，同时测定所用水的温度。取一个洁净、外壁干燥的 50 mL 具塞锥形瓶，用分析天平称量（准确至 0.01 g），然后从滴定管放出 10 mL 蒸馏水于锥形瓶中，1 min 后准确记录滴定管读数（准确至 0.01 mL），用同一台分析天平称取锥形瓶加水的质量。然后从滴定管放出 10 mL 蒸馏水于锥形瓶中，记录滴定管读数，称量锥形瓶加水的质量。如此反复进行，直至滴定管读数为 50 mL。以 10 mL 为一段计算实际容积及其校准值，然后求出累计校准值。

2. *移液管的校准*

同滴定管的校准，称量移液管准确移取蒸馏水的质量，再进行相应计算。

3. *移液管和容量瓶的相对校准*

用 25 mL 移液管移取蒸馏水于干净且干燥的 100 mL 容量瓶中，移取 4 次后，观察瓶颈处水的凹液面是否刚好与标线相切。若不相切，则应在瓶颈另做一记号为标线，作为与该移液管配套使用时的容积标线。

注意事项

（1）称量时使用同一台分析天平。

（2）具塞锥形瓶保持外壁干燥。

五、实验数据

将实验测得的相关数据填入表 4-2 和表 4-3 中。

表 4-2 滴定管校准表

校准时水的温度（℃）：						水的密度（g·mL⁻¹）：
滴定管读数	容积/mL	瓶+水的质量/g	水的质量/g	实际容积/mL	校准值/mL	累计校准值/mL

表 4-3 移液管校准表

校准时水的温度（℃）：				水的密度（g·mL⁻¹）：	
移液管标称容积/mL	锥形瓶质量/g	瓶与水的质量/g	水的质量/g	实际容积/mL	校准值/mL

六、思考题

（1）校准滴定管时，为什么锥形瓶和水的质量只需准确到 0.01 g？

（2）为什么容量分析要用同一支滴定管或移液管？为什么滴定时每次都应从零刻度或零刻度以下附近开始？

（3）校正容量分析器皿时为什么要求使用蒸馏水而不用自来水？为什么要测水温？

4.3 滴定分析法的基本操作练习

一、实验目的

（1）练习滴定分析法的基本操作及常用指示剂的终点判断。

（2）学习容量分析器皿的准确读数。

课件 4.2 滴定
分析法的基
本操作练习

二、实验原理

酸碱滴定法是一种利用酸碱反应进行容量分析的方法（即滴定分析法），用途极为广泛。用于酸碱滴定的指示剂，称为酸碱指示剂，一般是某些有机弱酸或弱碱。其酸式与共轭碱式的结构不同，因而具有不同的颜色。指示剂的理论变色点取决于该指示剂的酸碱解离常数，即指示剂达到解离平衡时溶液的 pH 值，理论变色范围在平衡点的±1个 pH 值单位范围，因此，在一定条件下，指示剂所呈颜色取决于溶液的 pH 值。

在酸碱滴定过程中，随着溶液 pH 值的变化，酸式和共轭碱式将相互转化，从而引起溶液颜色的变化。在滴定反应中，计量点前后（$\Delta V = 0.04$ mL）pH 值会产生一个突跃范围（滴定突跃范围），只要选择变色范围全部或部分处于滴定突跃范围内的指示剂即可用来指示终点，滴定误差均小于±0.1%，保证测定有足够的准确度。

三、实验仪器与试剂

台秤，50 mL 酸式滴定管，50 mL 碱式滴定管，25 mL，移液管，250 mL 锥形瓶，量筒，烧杯。

NaOH（s），浓盐酸，0.2%的酚酞指示剂，0.1%的甲基橙指示剂。

四、实验步骤

1. 溶液的配制

（1）0.1 mol/L 的 HCl 溶液的配制：用 10 mL 量筒量取浓盐酸 4.5 mL，倾入洁净的试剂瓶中，加蒸馏水稀释至 500 mL，盖上瓶塞，摇匀，贴上标签，备用。

（2）0.1 mol/L 的 NaOH 溶液的配制：在台秤上用小烧杯称取固体 NaOH 2 g，加蒸馏水使 NaOH 全部溶解，将溶液转移至洁净的试剂瓶中，加蒸馏水稀释至 500 mL，盖上橡皮塞，充分摇匀，贴上标签，备用。

2. 用 HCl 滴定 NaOH

将 0.1 mol/L 的 NaOH 溶液、0.1 mol/L 的 HCl 溶液分别装满 50mL 碱式滴定管和 50 mL 酸式滴定管，记录初始体积。以 10 mL/min 的速度从碱式滴定管中放出 20.00 mL NaOH 溶液于 250 mL 锥形瓶中，加入 2 滴甲基橙指示剂，用 0.1 mol/L 的 HCl 溶液滴定至溶液由黄色变为橙色，记下读数。继续从碱式滴定管中放出 5.00 mL NaOH 溶液（此时碱式滴定管读数为 25.00 mL）于此锥形瓶中，继续用 HCl 溶液滴定至橙色，记下读数。如此继续，每次均加入 5.00 mL NaOH 溶液，至加入 NaOH 溶液体积为 40.00 mL，得一系列 HCl 滴定体积（累计体积），计算滴定的体积比 V_{HCl}/V_{NaOH}，计算相对平均偏差。

3. 用 NaOH 滴定 HCl

用移液管移取 25.00 mL 0.1 mol/L 的 HCl 溶液于锥形瓶中，加 1~2 滴酚酞指示剂，用 NaOH 溶液滴定至粉红色刚刚出现（30 s 不褪色），即为终点，记下读数。重复 3 次，所用 NaOH 溶液的体积最大值和最小值之差不得超过 0.04 mL，计算 V_{HCl}/V_{NaOH} 值。

注意事项

（1）滴定管加满，表示滴定管起始体积读数不大于 0.5 mL。

（2）加半滴溶液的操作：使溶液悬挂在尖嘴上，形成半滴，用锥形瓶内壁将其沾落，再用洗瓶以少量蒸馏水吹洗瓶壁。

（3）摇锥形瓶时，应使溶液向同一方向作圆周运动（左、右旋均可），勿使瓶口接触滴定管，也不得让溶液溅出。

五、实验数据

将实验测得的相关数据填入表 4-4 和表 4-5 中。

表 4-4 HCl 滴定 NaOH（指示剂：甲基橙）

编号	V_{NaOH}/mL		V_{HCl}/mL		V_{HCl}/V_{NaOH}	平均值 $\bar{X}$	偏差 d	$\dfrac{d}{\bar{X}} \times 100$
	V	ΔV	V	ΔV				
V_0								
V_1								
V_2								
V_3								
V_4								
V_5								

表 4-5 NaOH 滴定 HCl（指示剂：酚酞）

编号	I	II	III
V_{HCl}/mL			
V_{NaOH} 始读数/mL			
V_{NaOH} 终读数/mL			
ΔV_{NaOH}/mL			
$\bar{V}_{NaOH}$/mL			
$V_{HCl}/\bar{V}_{NaOH}$			

比较使用各种指示剂滴定的体积比平均值，根据结果进行讨论，并分析原因。

六、思考题

（1）移液管和滴定管在使用前应如何处理？锥形瓶是否需要干燥？
（2）遗留在移液管尖嘴内的最后一滴溶液是否需要吹出？
（3）为什么体积比用累计体积而不用每次加入的 5.00 mL 计算？

4.4　NaOH 标准溶液的配制与标定和食醋中 HAc 含量的测定

一、实验目的

课件 4.3　NaOH 标准溶液的配制与标定和食醋中 HAc 含量的测定

（1）掌握 NaOH 标准溶液的配制和标定方法。
（2）掌握碱式滴定管的使用，掌握酚酞指示剂的滴定终点的判断。
（3）掌握食醋总酸度的测定原理和方法。

二、实验原理

NaOH 有很强的吸水性，会吸收空气中的 CO_2，因而 NaOH 标准溶液采用间接法配制。标定 NaOH 溶液的基准物质很多，常用的有草酸、邻苯二甲酸氢钾等。

以邻苯二甲酸氢钾为例，标定反应如下：

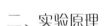

反应产物是邻苯二甲酸钾钠，在水溶液中呈弱碱性，因此可用酚酞作为指示剂。

食醋中的酸主要是醋酸，醋酸是有机弱酸，NaOH 与其反应的方程式为

$$NaOH+HAc \Longrightarrow NaAc+H_2O$$

反应产物为 NaAc，是强碱弱酸盐，因此，可以选用酚酞作为指示剂。

三、实验仪器与试剂

分析天平，台秤，50 mL 碱式滴定管，容量瓶，锥形瓶。
邻苯二甲酸氢钾（基准试剂），NaOH(s)，0.2% 的酚酞指示剂，食醋。

四、实验步骤

1. 0.1 mol/L 的 NaOH 标准溶液的配制

在台秤上用小烧杯称取固体 NaOH 2 g，加蒸馏水使 NaOH 全部溶解，将溶液转移至洁净的试剂瓶中，加蒸馏水稀释至 500 mL，盖上橡皮塞，充分摇匀，贴上标签，备用。

2. 0.1 mol/L 的 NaOH 标准溶液的标定

从称量瓶中用减量法准确称取已干燥至恒重的邻苯二甲酸氢钾 3 份，每份约为 0.4 g，

分别置于 3 个已编号的 250 mL 锥形瓶中，加 50 mL 新鲜蒸馏水，使之完全溶解，加入 1~2 滴酚酞指示剂，用欲标定的 NaOH 溶液滴定，近终点时要逐滴或半滴加入，直至溶液由无色变为粉红色，30 s 内不褪色即为终点。

根据邻苯二甲酸氢钾的质量和所消耗的 NaOH 标准溶液的体积数，计算 NaOH 标准溶液的浓度。求出 3 份测定结果的相对平均偏差，应小于 0.3%。

3. 食醋中 HAc 含量的测定

用移液管准确移取 25.00 mL 食醋于 250 mL 容量瓶中，用新煮沸后冷却的蒸馏水稀释至刻度，摇匀。

用 25.00 mL 移液管分取 3 份上述溶液，分别置于 250 mL 锥形瓶中，加 1~2 滴酚酞指示剂，用 NaOH 标准溶液滴定至溶液由无色变为粉红色，30 s 内不褪色即为终点。计算每 100 mL 食醋中含 HAc 的质量，分析结果的相对平均偏差。

五、实验数据

将实验测得的相关数据填入表 4-6 和表 4-7 中。

表 4-6　0.1 mol/L NaOH 标准溶液的标定

编号		I	II	III
m_1（称量瓶+$KHC_8O_4H_4$）/g				
m_2（称量瓶+$KHC_8O_4H_4$）/g				
m（$KHC_8O_4H_4$）/g				
NaOH 滴定读数/mL	起点			
	终点			
NaOH 用量 V/mL				
c_{NaOH}/（mol·L^{-1}）				
$c_{平均值}$/（mol·L^{-1}）				
相对平均偏差/%				

表 4-7　食醋中 HAc 含量的测定

编号		I	II	III
NaOH 滴定读数/mL	起点			
	终点			
NaOH 用量 V/mL				
HAc 含量/g				
HAc 含量平均值/g				
相对平均偏差/%				

六、思考题

（1）溶解基准物时加入的 50 mL 水，是否需要准确量取？为什么？

（2）用邻苯二钾酸氢钾作基准物标定 NaOH 溶液时，为什么用酚酞而不用甲基橙作指示剂？

（3）酚酞指示剂由无色变为粉红色时为终点，变红的溶液在空气中放置后又会变为无色的原因是什么？

4.5　有机酸摩尔质量的测定

一、实验目的

（1）掌握有机酸摩尔质量测定的原理和实验方法。

（2）培养综合应用酸碱滴定法的能力。

课件 4.4　有机酸
摩尔质量的测定

二、实验原理

酸碱滴定法不仅可用于测定物质的含量，还可用于测定有机酸的摩尔质量。为了准确测定一种有机酸的摩尔质量，要求：有机酸的解离常数 $K_a \geqslant 10^{-7}$；NaOH 标准溶液的浓度应准确标定；被测定的有机酸纯度要高（不纯净的有机酸需先提纯后再测定）。

有机酸（H_nA）与 NaOH 的反应方程式为

$$nNaOH + H_nA =\!=\!= Na_nA + nH_2O$$

测定时，n 须为已知。因滴定突跃在弱碱性范围内，故常选用酚酞作为指示剂。

三、实验仪器与试剂

分析天平，台秤，50 mL 碱式滴定管，容量瓶，锥形瓶，25 mL 移液管。

邻苯二甲酸氢钾（基准试剂），NaOH(s)，0.2% 酚酞指示剂，草酸（$H_2C_2O_4 \cdot 2H_2O$），柠檬酸（$C_6H_8O_7 \cdot H_2O$），酒石酸（$C_4H_6O_6$）。

四、实验步骤

1. 0.1 mol/L 的 NaOH 标准溶液的配制和标定

0.1 mol/L 的 NaOH 标准溶液的配制和标定同实验 4.4 中的步骤一样，此处不再赘述。

2. 有机酸摩尔质量的测定

取有机酸试样一份，精密称定，置于烧杯中，用蒸馏水溶解，定量转入 250 mL 容量瓶中，加蒸馏水稀释至刻度，充分摇匀。精密吸取 25.00 mL 于 250 mL 锥形瓶中，加酚酞指示剂 1~2 滴，用 0.1 mol/L 的 NaOH 标准溶液滴定至溶液由无色变为粉红色，30 s 内不褪色即为终点。平行测定 3 次。

五、实验数据

将实验测得的相关数据填入表 4-8 和表 4-9 中。

表 4-8　0.1 mol/L NaOH 标准溶液的标定

编号		Ⅰ	Ⅱ	Ⅲ
m_1（称量瓶+KHC$_8$O$_4$H$_4$）/g				
m_2（称量瓶+KHC$_8$O$_4$H$_4$）/g				
m（KHC$_8$O$_4$H$_4$）/g				
NaOH 滴定读数/mL	起点			
	终点			
NaOH 用量 V/mL				
c_{NaOH}/（mol · L^{-1}）				
$c_{平均值}$/（mol · L^{-1}）				
相对平均偏差/%				

表 4-9　有机酸摩尔质量的测定

编号		Ⅰ	Ⅱ	Ⅲ
m_1（称量瓶+样品）/g				
m_2（称量瓶+样品）/g				
m（样品）/g				
NaOH 滴定读数/mL	起点			
	终点			
NaOH 用量 V/mL				
有机酸摩尔质量/（g · mol^{-1}）				
平均值/（g · mol^{-1}）				
相对平均偏差/%				

有机酸摩尔质量的计算公式为

$$M(H_nA) = \frac{m(H_nA)}{\frac{1}{n}c(NaOH) \cdot V(NaOH)}$$

式中，$\frac{1}{n}$ 为滴定反应的化学计量数之比；$c(NaOH)$ 及 $V(NaOH)$ 分别为 NaOH 溶液的浓度及滴定所消耗的体积；$m(H_nA)$ 为有机酸的质量。

六、思考题

（1）若选用草酸为试样，H$_2$C$_2$O$_4$ · 2H$_2$O 失去一部分结晶水，测得的摩尔质量会产生何种误差？

（2）用 NaOH 溶液滴定有机酸时，能否用甲基橙作指示剂？为什么？

4.6 HCl 标准溶液的配制与标定及混合碱体系试样分析

一、实验目的

（1）培养查阅相关分析化学书刊和文献资料的能力。

（2）能够根据实验要求独立设计 HCl 标准溶液的配制与标定及混合碱体系试样含量的分析方法。

（3）掌握化学分析实验基本操作和基本技能。

二、实验仪器与试剂

浓盐酸，无水 Na_2CO_3，0.2%的酚酞指示剂，0.1%的甲基橙指示剂，混合碱试样。

三、实验步骤

（1）提供两种不同的混合碱体系试样（$NaOH-Na_2CO_3$ 体系和 $NaHCO_3-Na_2CO_3$ 体系），每位学生选择其中的一种。通过查阅相关分析化学书刊和文献资料，设计 HCl 标准溶液的配制与标定及混合碱体系的组成含量的分析方法。设计出包括实验原理、实验步骤、实验数据处理等内容的完整实验方案。

（2）学生的实验设计方案交指导老师审阅后，进行实验工作。

（3）完成实验报告，以小组讨论形式进行交流。

4.7 EDTA 标准溶液的标定及水的硬度测定

一、实验目的

（1）掌握 EDTA 标准溶液的配制和标定方法。

（2）掌握 EDTA 法测定水的硬度的原理和方法。

（3）了解金属指示剂的特点，熟悉铬黑 T 指示剂的使用和终点判断。

（4）了解水的硬度的测定意义和常用的表示方法。

课件 4.5 EDTA
标准溶液的标定
及水的硬度测定

二、实验原理

乙二胺四乙酸简称 EDTA，是一种有机氨酸络合剂，能与多数金属离子形成 1:1 型络合物，计量关系简单，常用作络合滴定的标准溶液。由于乙二胺四乙酸在水中的溶解度很小，在实际分析工作中，通常使用溶解度较大的乙二胺四乙酸二钠盐，习惯上也称为 EDTA。EDTA 因常吸附 0.3%的水分且其中含有少量杂质而不能直接配制标准溶液，为此，先配制成大致浓度的溶液，然后进行标定。

标定 EDTA 的基准物质有：Cu、Zn、ZnO、$CaCO_3$、$MgSO_4 \cdot H_2O$ 等。本实验以 ZnO 为基准物质标定其浓度，在 pH = 10 的条件下用铬黑 T 作指示剂，溶液由紫红色变成纯蓝色为终点。

滴定前： $Zn^{2+} + HIn^{2-}（纯蓝色）\longrightarrow ZnIn^-（紫红色）+ H^+$

滴定中： $Zn^{2+} + H_2Y^{2-} \longrightarrow ZnY^{2-} + 2H^+$

终点时： $ZnIn^-（紫红色）+ H_2Y^{2-} \longrightarrow ZnY^{2-} + HIn^{2-}（纯蓝色）+ H^+$

水的总硬度是指水中 Ca^{2+}、Mg^{2+} 的总量。水的硬度是衡量水质的一项重要指标，尤其对工业用水的关系很大，水的硬度是形成锅炉中的锅垢和影响产品质量的主要因素之一。水中 Ca^{2+}、Mg^{2+} 的含量可用 EDTA 法测定。在 pH = 10 时，以铬黑 T 为指示剂，用 0.01 mol/L EDTA 标准溶液直接测定水中的 Ca^{2+}、Mg^{2+} 含量。

滴定前： $Ca^{2+} + HIn^{2-}（纯蓝色）\longrightarrow CaIn^-（紫红色）+ H^+$

$Mg^{2+} + HIn^{2-}（纯蓝色）\longrightarrow MgIn^-（紫红色）+ H^+$

终点时： $MgIn^-（紫红色）+ H_2Y^{2-} \longrightarrow MgY^{2-} + HIn^{2-}（纯蓝色）+ H^+$

水的硬度的表示方法有多种，本书采用我国目前常用的表示方法，以度（°）计，1 硬度单位表示十万份水中含 1 份 CaO。计算公式为

$$硬度 = \frac{c_{EDTA} \times V_{EDTA} \times M_{CaO}}{V_{水样} \times 1\ 000} \times 100\ 000$$

三、实验仪器与试剂

分析天平，酸式滴定管（50 mL），移液管，容量瓶，锥形瓶，量筒，烧杯。

乙二酸四乙酸二钠，ZnO，0.5% 的铬黑 T 指示剂，$NH_3 \cdot H_2O - NH_4Cl$ 缓冲液（pH = 10），10% 的氨水，4 mol/L 的 HCl 溶液，0.2% 的甲基红指示剂，水样。

四、实验步骤

1. 0.01 mol/L 的 EDTA 溶液的配制

称取乙二酸四乙酸二钠约 1.9 g，加 300 mL 蒸馏水，超声溶解，稀释至 500 mL，转移至 500 mL 试剂瓶，备用（长期放置时，应储存于聚乙烯瓶中）。

2. 0.01 mol/L 的 EDTA 溶液的标定

取已在 800 ℃ 灼烧至恒重的基准物 ZnO 约 0.18 g，精密称定。加 4 mol/L 的 HCl 溶液 10 mL 使其溶解后，全部转移至 100 mL 容量瓶中，加蒸馏水稀释至刻度，摇匀。精密吸取 10 mL 上述溶液于 250 mL 锥形瓶中，加甲基红指示剂 1 滴，滴加 10% 氨水使溶液呈微黄色，加蒸馏水 25 mL、$NH_3 \cdot H_2O - NH_4Cl$ 缓冲液 10 mL 和铬黑 T 指示剂 1~2 滴，用 0.01 mol/L 的 EDTA 溶液滴定至溶液由紫红色变为纯蓝色，即为终点。平行测定 3 次。

3. 水硬度的测定

精密量取水样 100 mL 于 250 mL 锥形瓶中，加入 $NH_3 \cdot H_2O - NH_4Cl$ 缓冲液（pH = 10）5 mL，摇匀，再加入 0.5% 的铬黑 T 指示剂 1~2 滴，摇匀，用 0.01 mol/L 的 EDTA 标准溶液滴定至溶液由紫红色变为纯蓝色，即为终点。平行测定 3 次。

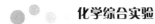

注意事项

（1）储存 EDTA 溶液应选用聚乙烯瓶或硬质玻璃瓶，以免 EDTA 与玻璃中金属离子作用。

（2）甲基红指示剂只需加 1 滴，如多加了几滴，在滴加氨水后溶液呈较深的黄色，致使终点时颜色发绿，不易判断终点。

（3）滴加氨水至溶液呈微黄色，应边加边摇，加多了会生成 Zn(OH)$_2$ 沉淀，此时应用稀盐酸调回至沉淀刚溶解。

（4）配位反应为分子反应，反应速度不如离子反应快，近终点时，滴定速度不宜太快。

（5）计算浓度时注意滴定的量是称样量的 1/10。

五、实验数据

将实验测得的相关数据填入表 4-10 和表 4-11 中。

表 4-10　EDTA 标准溶液的标定

编号	I	II	III
m_1(ZnO+称量瓶)/g			
m_2(ZnO+称量瓶)/g			
m_{ZnO}/g			
V_{EDTA}始读数/mL			
V_{EDTA}终读数/mL			
V_{EDTA}/mL			
c_{EDTA}/(mol·L^{-1})			
$c_{平均值}$/(mol·L^{-1})			
相对平均偏差/%			

表 4-11　水的硬度测定

编号	I	II	III
吸取水样 V_{H_2O}/mL			
V_{EDTA}始读数/mL			
V_{EDTA}终读数/mL			
V_{EDTA}/mL			
水的硬度			
水的硬度平均值			
相对平均偏差/%			

六、思考题

（1）酸度对配位滴定有何影响？为什么要加 $NH_3 \cdot H_2O-NH_4Cl$ 缓冲液？

（2）选择金属指示剂的原则是什么？

（3）什么叫水的硬度？

4.8　溶液中铋和铅的连续测定

一、实验目的

（1）理解用控制溶液酸度的方法提高 EDTA 选择性的原理，掌握用 EDTA 进行多种金属离子连续配位滴定的方法。

（2）了解二甲酚橙指示剂的应用和终点颜色变化。

课件 4.6　溶液中铋 和铅的连续测定

二、实验原理

混合离子的配位滴定常用控制酸度法、掩蔽法进行，可根据有关副反应系数进行计算，判断是否可被分别滴定。

Bi^{3+}、Pb^{2+} 均能与 EDTA 形成稳定的 1∶1 配合物，$\lg K$（稳定常数对数值）分别为 27.94 和 18.04。由于两者的 $\lg K$ 相差很大，$\Delta \lg K = 9.90 > 5$，故可利用控制酸度法，在一份溶液中进行分别滴定。在 pH 值约为 1 时，滴定 Bi^{3+}，在 pH 值为 5~6 时滴定 Pb^{2+}。

选用二甲酚橙作指示剂，它在 pH < 6 时呈黄色，在 pH > 6.3 时呈红色；而它与 Bi^{3+}、Pb^{2+} 所形成的络合物呈紫红色，它们的稳定性与 Bi^{3+}、Pb^{2+} 和 EDTA 所形成的络合物相比要低，所以测定时 pH 要控制在 6.3 以下。

先调节 pH 值约为 1，Bi^{3+} 与指示剂的配合物呈紫红色（Pb^{2+} 与指示剂在此条件下不会形成有色配合物），用 EDTA 标准溶液滴定，至溶液由紫红色变为黄色，即为滴定 Bi^{3+} 的终点，记录滴定 Bi^{3+} 消耗 EDTA 标准溶液的体积 V_1。

在滴定完 Bi^{3+} 的溶液中，加入六亚甲基四胺调节溶液的 pH 值至 6，此时 Pb^{2+} 与二甲酚橙形成紫红色配合物，溶液重新呈紫红色，然后用 EDTA 标准溶液继续滴定，当溶液由紫红色变为亮黄色时，即为滴定 Pb^{2+} 的终点，记录滴定 Pb^{2+} 消耗 EDTA 标准溶液的体积 V_2。

三、实验仪器与试剂

酸式滴定管（50 mL），移液管，锥形瓶，量筒。

0.01 mol/L 的 EDTA 溶液（同实验 4.7），20% 的六亚甲基四胺溶液，0.2% 的二甲酚橙指示剂，Bi^{3+}、Pb^{2+} 混合液

四、实验步骤

精密量取混合液 25 mL 于 250 mL 锥形瓶中，加蒸馏水 15 mL，加入二甲酚橙指示剂 1~

2 滴，用 EDTA 标准溶液滴定至溶液由紫红色变为黄色，即为滴定 Bi^{3+} 的终点，记录滴定体积 V_1，然后加入 20% 的六亚甲基四胺溶液 15 mL，溶液呈紫红色，继续用 EDTA 标准溶液滴定至溶液恰好由紫红色变为黄色，即为滴定 Pb^{2+} 的终点，记录滴定体积 V_2。由 V_1 计算 Bi^{3+} 的含量，由 V_2 计算 Pb^{2+} 的含量，含量以 g/L 为单位。平行测定 3 次。

五、实验数据

将实验测得的相关数据填入表 4-12 中。

表 4-12　铋和铅的连续测定

编号	I	II	III
V_{EDTA} 始读数/mL			
V_{EDTA} 终读数 1/mL			
V_{EDTA} 终读数 2/mL			
V_1/mL			
V_2/mL			
Bi^{3+} 含量/$(g \cdot L^{-1})$			
Bi^{3+} 含量平均值/$(g \cdot L^{-1})$			
Bi^{3+} 含量相对平均偏差/%			
Pb^{2+} 含量/$(g \cdot L^{-1})$			
Pb^{2+} 含量平均值/$(g \cdot L^{-1})$			
Pb^{2+} 含量相对平均偏差/%			

六、思考题

（1）滴定 Pb^{2+} 前为何要调节 pH 值至 5~6?

（2）连续滴定 Bi^{3+}、Pb^{2+} 时为什么能用二甲酚橙作指示剂而不能用铬黑 T？水硬度测定中为什么能用铬黑 T 作指示剂而不用二甲酚橙?

4.9　硫代硫酸钠标准溶液的标定

一、实验目的

（1）掌握 $Na_2S_2O_3$ 溶液的配制方法和保存条件。

（2）理解碘量法的测定原理，掌握用基准 KIO_3 标定 $Na_2S_2O_3$ 溶液的方法。

（3）熟悉用淀粉指示剂正确判断终点的方法。

课件 4.7　硫代硫酸钠标准溶液的标定

二、实验原理

硫代硫酸钠（$Na_2S_2O_3$）一般有含有少量杂质，如 S、Na_2SO_3、Na_2SO_4、Na_2CO_3 及 NaCl 等，同时容易风化和潮解，因此不能直接配制成准确浓度的溶液，通常用 $Na_2S_2O_3 \cdot 5H_2O$ 配制标准溶液，用基准物标定。

$Na_2S_2O_3$ 溶液不稳定，易与空气中的 O_2 及水中的 CO_2 作用，还会被微生物分解，导致浓度变化。为了减少水中的 CO_2 和 O_2 并杀灭水中的微生物，应用新煮沸后冷却的蒸馏水配制溶液。由于 $Na_2S_2O_3$ 在酸性条件下容易分解使溶液浑浊，故在配制溶液时，常加入少量 Na_2CO_3，保持溶液呈碱性并抑制细菌生长。日光能促进 $Na_2S_2O_3$ 溶液分解，所以配好的 $Na_2S_2O_3$ 溶液应储存在棕色瓶中，放置暗处，经一周后再标定。长期使用的溶液，应定期标定。

$Na_2S_2O_3$ 溶液通常是以 KIO_3、$KBrO_3$ 或 $K_2Cr_2O_7$ 等氧化剂为基准物，用碘量法进行标定。在酸性溶液中，KIO_3 与过量 KI 作用，定量地将 I^- 氧化为 I_2，析出的 I_2 再以淀粉溶液为指示剂，用标准 $Na_2S_2O_3$ 溶液滴定，根据消耗的 $Na_2S_2O_3$ 溶液体积即可算出 $Na_2S_2O_3$ 溶液的浓度。其反应如下：

$$IO_3^- + 5I^- + 6H^+ \longrightarrow 3I_2 + 3H_2O$$
$$I_2 + 2S_2O_3^{2-} \longrightarrow S_4O_6^{2-} + 2I^-$$

三、实验仪器与试剂

分析天平，酸式滴定管（50 mL），移液管，容量瓶，锥形瓶，量筒，烧杯。

$Na_2S_2O_3 \cdot 5H_2O(s)$，$Na_2CO_3(s)$，$KIO_3$ 基准试剂，20% 的 KI 溶液，1 mol/L 的 H_2SO_4 溶液，1% 的淀粉溶液。

四、实验步骤

1. 0.1 mol/L 的 $Na_2S_2O_3$ 标准溶液的配制

称取 12.5 g $Na_2S_2O_3 \cdot 5H_2O$ 固体置于 400 mL 烧怀中，加入 200 mL 新煮沸的冷却的蒸馏水，待完全溶解后，加入约 0.1 g Na_2CO_3 固体，然后用新煮沸经冷却的蒸馏水稀释至 500 mL，保存于棕色瓶中，在暗处放置 7 d 后标定。

2. KIO_3 标准溶液的配制

准确称取基准试剂 KIO_3 0.8~1.0 g 于 100 mL 烧杯中，加入少量蒸馏水溶解后，移入 250 mL 容量瓶中，用蒸馏水稀释至刻度，摇匀，备用。

3. 0.1 mol/L 的 $Na_2S_2O_3$ 标准溶液的标定

用移液管吸取上述 KIO_3 标准溶液 25 mL 置于 250 mL 锥形瓶中，加入 20% 的 KI 溶液 5 mL 和 1 mol/L 的 H_2SO_4 溶液 2.5 mL，立即用待标定的 $Na_2S_2O_3$ 溶液滴定至淡黄色，然后加入 1 mL 1% 的淀粉溶液，继续用 $Na_2S_2O_3$ 溶液滴定至蓝色恰好消失，即为终点。根据消耗 $Na_2S_2O_3$ 溶液的体积及 KIO_3 的量，计算 $Na_2S_2O_3$ 溶液的准确浓度。

注意事项

（1）滴定开始时要快滴慢摇，减少碘的挥发。

（2）近终点时要慢滴，加速振摇，减少淀粉对碘的吸附。

五、实验数据

将实验测得的相关数据填入表 4-13 中。

表 4-13　Na$_2$S$_2$O$_3$标准溶液的标定

编号	I	II	III
m_1（KIO$_3$+称量瓶）/g			
m_2（KIO$_3$+称量瓶）/g			
Δm（KIO$_3$）/g			
V（Na$_2$S$_2$O$_3$）始读数/mL			
V（Na$_2$S$_2$O$_3$）终读数/mL			
ΔV（Na$_2$S$_2$O$_3$）/mL			
c（Na$_2$S$_2$O$_3$）/（mol·L^{-1}）			
$c_{平均值}$/（mol·L^{-1}）			
相对平均偏差/%			

六、思考题

（1）在配制 Na$_2$S$_2$O$_3$标准溶液时，所用的蒸馏水为何要先煮沸并冷却后才能使用？

（2）为什么可以用 KIO$_3$作基准物来标定 Na$_2$S$_2$O$_3$溶液？为提高准确度，滴定中应注意哪些问题？

（3）溶液被滴定至淡黄色，说明了什么？为什么在这时才可以加入淀粉指示剂？

4.10　I$_2$标准溶液的标定及直接碘量法测定维生素 C 的含量

一、实验目的

（1）掌握直接碘量法的原理、方法及操作过程。

（2）了解 I$_2$标准溶液的配制方法和注意事项。

（3）了解维生素 C 含量测定的操作步骤。

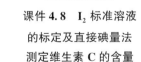

课件 4.8　I$_2$标准溶液的标定及直接碘量法测定维生素 C 的含量

二、实验原理

碘（I$_2$）可以通过升华法制得纯试剂，但因其升华及对天平有腐蚀性，故不宜用直接法配制 I$_2$标准溶液，而采用间接法。可以用基准物质 As$_2$O$_3$或 Na$_2$S$_2$O$_3$标准溶液来标定 I$_2$溶液。I$_2$在水中的溶解度很小（0.000 2 g/mL），而且容易挥发，所以 I$_2$溶液的配制，通常是

把 I_2 溶解在 KI 溶液里，使 I_2 与 KI 形成 I_3^- 配离子，这样既增大了溶解度，又降低了挥发性。

加入少量 HCl 溶液，可使在 KI 中可能存在的少量 KIO_3 在酸性条件下与 KI 作用成为 I_2，以消除 KIO_3 对滴定的影响。同时，在配制 $Na_2S_2O_3$ 溶液时加入少量 Na_2CO_3，可使滴定反应不致在碱性溶液中进行。本实验选用 $Na_2S_2O_3$ 标准溶液来标定 I_2 溶液，反应如下：

$$I_2 + 2S_2O_3^{2-} \longrightarrow 2I^- + S_4O_6^{2-}$$

I_2 标准溶液可以直接测定一些还原性的物质，如维生素 C（又称抗坏血酸），反应在稀酸中进行，维生素 C 分子中的二烯醇基被 I_2 定量地氧化成二酮基：

$$
\begin{array}{c}
\text{抗坏血酸} + I_2 \longrightarrow \text{脱氢抗坏血酸} + 2I^- + 2H^+
\end{array}
$$

抗坏血酸　　　　　　　　　　　脱氢抗坏血酸

由于维生素 C 的还原性很强，即使在弱酸性条件下，上述反应也进行得相当完全。维生素 C 在空气中极易被氧化，尤其是在碱性条件下更甚，故该反应在稀醋酸介质中进行，以减少维生素 C 的副反应。

三、实验仪器与试剂

分析天平，50 mL 酸式滴定管（棕），250 mL 锥形瓶，250 mL 容量瓶，25 mL 移液管，烧杯，量筒。

0.1 mol/L 的 $Na_2S_2O_3$ 标准溶液，I_2（AR），KI（AR），4 mol/L 的 HCl 溶液，1% 的淀粉溶液，36% 的 HAc 溶液，维生素 C 试样。

四、实验步骤

1. 0.05 mol/L 的 I_2 标准溶液的配制

称取 7 g I_2 和 18 g KI 放置于小烧杯中，加入少量蒸馏水，加 4 mol/L 的 HCl 溶液 1 mL，轻轻搅拌至 I_2 全部溶解，转入棕色试剂瓶中，加蒸馏水稀释至 500 mL，摇匀，密封，放置一周以上再标定。

2. 0.05 mol/L 的 I_2 标准溶液的标定

准确移取 25.00 mL 0.1 mol/L 的 $Na_2S_2O_3$ 标准溶液置于 250 mL 锥形瓶中，加蒸馏水 50 mL、1% 的淀粉溶液 1 mL，用待标定的 I_2 标准溶液滴定至溶液恰显蓝色，30 s 内不褪色即为终点。平行测定 3 次。

3. 维生素 C 含量的测定

准确称取维生素 C 试样约 0.2 g 于 250 mL 锥形瓶中，加入新煮沸并冷却的蒸馏水 100 mL

及 5 mL 36% 的 HAc 溶液使之溶解，加入 1 mL 1% 的淀粉溶液，立即用 I_2 标准溶液滴定至呈现蓝色且 30 s 内不褪色，即为终点。平行测定 3 次，计算维生素 C（用 VC 表示）的含量。

注意事项

（1）I_2 必须溶解在浓 KI 溶液中，并充分搅拌，完全溶解后，再用水稀释。

（2）I_2 溶液遇光遇热溶解度会改变，故装在棕色瓶里放于暗处保存，并避免与橡皮塞、橡皮管等接触。

（3）维生素 C 易氧化，溶解后应立即滴定。

五、实验数据

将实验测得的数据填入表 4-14 和表 4-15 中。

表 4-14　I_2 标准溶液的标定

编号	Ⅰ	Ⅱ	Ⅲ
$Na_2S_2O_3$ 标准溶液浓度/$(mol \cdot L^{-1})$			
$V(I_2)$ 始读数/mL			
$V(I_2)$ 终读数/mL			
$V(I_2)$ /mL			
$c(I_2)/(mol \cdot L^{-1})$			
$c_{平均值}/(mol \cdot L^{-1})$			
相对平均偏差/%			

I_2 溶液的浓度可依据下式计算：

$$c(I_2) = \frac{c(Na_2S_2O_3) \cdot V(Na_2S_2O_3)}{2V(I_2)}$$

表 4-15　维生素 C 含量测定

编号	Ⅰ	Ⅱ	Ⅲ
倾出前：m_1(VC 试样+称量瓶)/g			
倾出后：m_2(VC 试样+称量瓶)/g			
Δm(VC 试样)/g			
I_2 始读数 V_1/mL			
I_2 终读数 V_2/mL			
$\Delta V(I_2)$/mL			
$\omega(VC)$/%			
$\overline{\omega}(VC)$/%			
相对平均偏差/%			

VC 的摩尔质量为 176.12 g/mol，其含量可依据下式计算：

$$\omega(\text{VC}) = \frac{c(\text{I}_2) \times V(\text{I}_2) \times 10^{-3} \times M(\text{C}_6\text{H}_8\text{O}_8)}{m(\text{VC})} \times 100\%$$

六、思考题

（1）配制 I_2 溶液时，为什么加 KI 和少量盐酸？

（2）I_2 溶液应该装在什么滴定管中？为什么？

（3）测定维生素 C 试样时为什么要在稀 HAc 溶液中进行？

4.11　邻二氮菲法测定水中微量铁

一、实验目的

（1）了解用邻二氮菲法测定 Fe^{2+} 的原理和方法。

（2）熟悉分光光度计的使用方法。

（3）掌握用标准曲线法进行定量测定的原理及方法。

课件 4.9　邻二氮菲
法测定水中微量铁

二、实验原理

用分光光度法测定微量铁含量所用显色剂较多，有邻二氮菲及其衍生物、磺基水杨酸、硫氰酸盐等。其中，邻二氮菲法因灵敏度高、稳定性好、干扰少而较常用。

在 pH 值为 2~9 的溶液中，Fe^{2+} 与邻二氮菲生成稳定的橘红色配合物，反应如下：

配合物的 $\lg K = 21.3$，最大吸收波长在 510 nm 处，其摩尔吸收系数 $\varepsilon = 1.1 \times 10^4$。

该方法可用于试样中微量 Fe^{2+} 的测定，如果铁以 Fe^{3+} 的形式存在，由于 Fe^{3+} 能与邻二氮菲反应产生淡蓝色的配合物，因此应预先加入盐酸羟胺将 Fe^{3+} 还原为 Fe^{2+}，其反应如下：

$$4\text{Fe}^{3+} + 2\text{NH}_2\text{OH} \longrightarrow 4\text{Fe}^{2+} + \text{N}_2\text{O} + \text{H}_2\text{O} + 4\text{H}^+$$

其他离子，如 Cu^{2+}、Co^{2+}、Ni^{2+}、Cd^{2+}、Hg^{2+}、Zn^{2+} 等存在时，在量少的情况下不影响测定，在量大时可用 EDTA 掩蔽或预先分离。

三、实验仪器与试剂

可见分光光度计，比色皿（1 cm），容量瓶，吸量管。

铁标准溶液储备液（100 mg/L），0.15% 的邻二氮菲溶液，10% 的盐酸羟胺溶液，1 mol/L NaAc 的溶液，水样。

四、实验步骤

1. 标准曲线的制作

1）10 mg/L 的铁标准溶液的配制

准确移取 100 mg/L 的铁标准溶液储备液 10.00 mL，置于 100 mL 的容量瓶中，加蒸馏水稀释至刻度，摇匀，备用。

2）溶液显色

分别移取 10 mg/L 的铁标准溶液 0.00、2.00、4.00、6.00、8.00、10.00 mL 于 1 ～ 6 号 50 mL 容量瓶中，分别加入 10% 的盐酸羟胺溶液 1 mL，摇匀，分别加入 1 mol/L 的 NaAc 溶液 5 mL、0.15% 的邻二氮菲溶液 2 mL，用蒸馏水稀释至刻度，摇匀，放置 10 min。

3）吸收曲线的绘制和测定波长的选择

以 1 号溶液为参比，在 480~540 nm 范围内，每隔 10 nm 测定 4 号溶液的吸光度，记录 4 号溶液在各个波长处的吸光度并找出最大吸收波长，选择吸光度最大处对应的波长作为测定波长。

4）吸光度的测定

在测定波长处，以 1 号溶液为参比，依次测定 2~6 号每份溶液的吸光度 A，并记录 2~6 号溶液的含铁量及吸光度。

5）绘制曲线

以测得的各溶液的吸光度 A 为纵坐标，浓度 c（或含铁量）为横坐标，绘制标准曲线（也可用最小二乘法回归成线性方程）。

2. 水样的测定

精密量取澄清水样 5 mL（或适量）置于 50 mL 容量瓶中。照 "1. 标准曲线的制作" 中的显色方法，制备样品溶液，并测定吸光度，根据标准曲线（或回归方程）求出水中总含铁量。

注意事项

（1）注意比色皿的配对并遵守平行原则。

（2）在测定标准系列各溶液吸光度时，要从稀溶液至浓溶液依次进行测定。

（3）显色时，若酸度过高，则显色缓慢且色浅，若酸度过低，则 Fe^{2+} 易水解。

五、实验数据

将实验测得的相关数据填入表 4-16 和表 4-17 中。

表 4-16　不同波长处的吸光度

波长/nm	480	490	500	510	520	530	540
吸光度 A							

表 4-17　2~6 号溶液的含铁量及吸光度

容量瓶编号	2	3	4	5	6
吸取铁标液体积/mL	2.00	4.00	6.00	8.00	10.00
总含铁量/(mg·L^{-1})					
吸光度 A					

六、思考题

（1）参比溶液的作用是什么？

（2）本实验中哪些溶液的量取需要非常准确，哪些则不必？为什么？

（3）溶液酸度对测定有何影响？

4.12　高锰酸钾标准溶液的标定和双氧水中过氧化氢的含量测定

一、实验目的

（1）掌握 KMnO$_4$ 标准溶液的配制方法与保存方法。

（2）掌握用 Na$_2$C$_2$O$_4$ 标定 KMnO$_4$ 溶液的原理、方法及滴定条件。

（3）掌握用 KMnO$_4$ 法测定 H$_2$O$_2$ 含量的方法。

课件 4.10　高锰酸钾标准溶液的标定和双氧水中过氧化氢的含量测定

二、实验原理

市售高锰酸钾（KMnO$_4$）试剂常含少量 MnO$_2$ 及其他杂质，蒸馏水中也常含少量有机物，这些物质都促使 KMnO$_4$ 还原，因此 KMnO$_4$ 标准溶液在配制后要进行标定。

配制所需浓度的 KMnO$_4$ 溶液，在暗处放置 7~10 d，使溶液中还原性杂质与 KMnO$_4$ 充分作用，将还原产物 MnO$_2$ 过滤除去，储存于棕色瓶中，密闭保存。

标定 KMnO$_4$ 溶液常采用 Na$_2$C$_2$O$_4$ 作基准物质，Na$_2$C$_2$O$_4$ 易提纯，性质稳定。其滴定反应方程式为

$$2MnO_4^- + 5C_2O_4^{2-} + 16H^+ \xlongequal{\quad} 2Mn^{2+} + 8H_2O + 10CO_2 \uparrow$$

上述反应进行缓慢，开始滴定时加入 KMnO$_4$ 后不能立即褪色，但一经反应生成 Mn^{2+}，Mn^{2+} 使对该反应有催化作用，促使反应速度加快，可采用在滴定开始加热溶液，并控制在 70~85 ℃进行滴定。利用 KMnO$_4$ 本身的颜色指示滴定终点。

过氧化氢（H$_2$O$_2$）在工业、生物、医药等方面有着广泛的应用，常需测定其含量。市售医用双氧水为 3% 的 H$_2$O$_2$ 溶液。在酸性溶液中，H$_2$O$_2$ 遇氧化性比它更强的氧化剂 KMnO$_4$ 时将被氧化成 O$_2$，测定 H$_2$O$_2$ 含量应在 1~2 mol/L 的 H$_2$SO$_4$ 溶液中进行，相关反应方程式为

$$2MnO_4^- + 5H_2O_2 + 6H^+ \xlongequal{\quad\quad} 2Mn^{2+} + 8H_2O + 5O_2\uparrow$$

市售 H_2O_2 中常有起稳定作用的乙酰苯胺和尿素，它们也具有还原性，妨碍测验，在这种情况下，以采用碘量法为宜。

三、实验仪器与试剂

分析天平（0.1 mg），称量瓶，50 mL 酸式滴定管，250 mL 锥形瓶，吸量管等。
$KMnO_4$（AR），$Na_2C_2O_4$（基准试剂），2 mol/L 的 H_2SO_4 溶液，双氧水。

四、实验步骤

1. 0.02 mol/L 的 $KMnO_4$ 溶液的配制

称取 $KMnO_4$ 固体 1.8 g，溶于 500 mL 新煮沸并冷却的蒸馏水中，混匀，置棕色玻璃塞试剂瓶中，于暗处放置 7~10 d 后，用垂熔玻璃漏斗过滤，存于洁净棕色玻璃瓶中。

2. $KMnO_4$ 溶液的标定

取于 105~110 ℃ 干燥至恒重的 $Na_2C_2O_4$ 基准物约 0.14 g，精密称定，置于 250 mL 锥形瓶中，加新煮沸并冷却的蒸馏水约 20 mL 使之溶解，再加 2 mol/L 的 H_2SO_4 溶液 15 mL，迅速滴加 0.02 mol/L 的 $KMnO_4$ 标准溶液 10 mL，加热至 75~85 ℃，待褪色后，继续滴定至溶液呈粉红色并保持 30 s 不褪色，即为终点。平行测定 3 次。

3. 双氧水中 H_2O_2 的含量测定

精密量取双氧水 1.0 mL，置于装有 20 mL 蒸馏水的锥形瓶中，加入 2 mol/L 的 H_2SO_4 溶液 10 mL，用 0.02 mol/L 的 $KMnO_4$ 标准溶液滴定至溶液呈微红色，即为终点。平行测定 3 次。

注意事项

（1）滴定终了时，溶液温度不应低于 55 ℃，否则反应速度较慢，会影响终点观察的准确性。

（2）操作中加热可使反应速度增快，但温度不可超过 90 ℃，否则会引起 $Na_2C_2O_4$ 分解，并且 $KMnO_4$ 会转变成 MnO_2。

（3）在用 1 mL 吸量管取样时，若所用吸量管上部刻有"吹"字，表明管嘴尖最后一滴也应计量，不可损失。

（4）滴定开始时反应较慢，可在滴定时先快速加入少量 $KMnO_4$，待褪色后，再慢慢滴定。

（5）锥形瓶中应先装蒸馏水再加样品溶液，否则 H_2O_2 易挥发，导致测定结果偏低。

五、实验数据

将实验测得的相关数据填入表 4-18 和表 4-19 中。

表 4-18　KMnO₄溶液的标定

编号	I	II	III
$m_1(\mathrm{Na_2C_2O_4}+$称量瓶$)/\mathrm{g}$			
$m_2(\mathrm{Na_2C_2O_4}+$称量瓶$)/\mathrm{g}$			
$\Delta m(\mathrm{Na_2C_2O_4})/\mathrm{g}$			
$V(\mathrm{KMnO_4})$　始读数$/\mathrm{mL}$			
$V(\mathrm{KMnO_4})$　终读数$/\mathrm{mL}$			
$\Delta V(\mathrm{KMnO_4})/\mathrm{mL}$			
$c(\mathrm{KMnO_4})/(\mathrm{mol \cdot L^{-1}})$			
$c_{平均值}/(\mathrm{mol \cdot L^{-1}})$			
相对平均偏差$/\%$			

表 4-19　H_2O_2含量的测定

编号	I	II	III
$V(\mathrm{KMnO_4})$　始读数$/\mathrm{mL}$			
$V(\mathrm{KMnO_4})$　终读数$/\mathrm{mL}$			
$\Delta V(\mathrm{KMnO_4})/\mathrm{mL}$			
$w(\mathrm{H_2O_2})/\%$			
$w_{平均值}/\%$			
相对平均偏差$/\%$			

六、思考题

（1）配制 KMnO₄标准溶液时，应注意些什么问题？为什么？

（2）KMnO₄溶液滴定时速度如何控制？

（3）测定 H_2O_2含量时，除用 KMnO₄法外，还可用什么方法？

4.13　水中化学耗氧量的测定

一、实验目的

（1）了解水中化学耗氧量的含义、表示方法及测定化学耗氧量的意义。

（2）熟悉水中化学耗氧量的测定方法。

课件 4.11　水中化学
耗氧量（COD）的测定

二、实验原理

水中化学耗氧量（简称 COD）是水质检测的一项重要指标，它是指在特定条件下，水中还原性物质所消耗的氧化剂的量，换算成氧的量（以 mg/L 计）。

水中除含有 NO_2^-、S、Fe^{2+} 等无机还原性物质外，尚含有少量有机物。有机物腐烂则促使水中微生物繁殖，从而污染水质，影响人民身体健康。同时，水中 COD 高时呈现明显黄色，且酸度升高，工业生产用这样的水，对锅炉、管道有侵蚀作用，影响纺织品的印染质量；制药行业（特别是中药制药业）用这样的水，将严重影响药品质量。因此，水中 COD 的测定很重要。

COD 的测定可采用高锰酸钾法、重铬酸钾法，其中高锰酸钾法适宜测定地面水、河水等污染不十分严重的水。

在酸性溶液中，加入过量的 $KMnO_4$ 标准溶液，加热使之与水中的有机物作用完全，再加入过量的 $Na_2C_2O_4$ 标准溶液，与过量的 $KMnO_4$ 作用，最后剩余的 $Na_2C_2O_4$ 再用 $KMnO_4$ 标准溶液滴定。反应方程式如下：

$$4MnO_4^-(过量)+5C+12H^+ == 4Mn^{2+}+5CO_2\uparrow+6H_2O$$

$$2MnO_4^-(剩余量)+5C_2O_4^{2-}(过量)+16H^+ == 2Mn^{2+}+8H_2O+10CO_2\uparrow$$

$$5C_2O_4^{2-}(剩余量)+2MnO_4^-(滴定剂)+16H^+ == 2Mn^{2+}+10CO_2\uparrow+8H_2O$$

根据滴定剂 $KMnO_4$ 标准溶液与 O_2 的计量关系，求出每升水样耗氧的质量，以 mg/L 表示。同时用蒸馏水代替水样进行空白实验，计算空白值，校正分析结果。

三、实验仪器与试剂

分析天平，50 mL 酸式滴定管（棕），250 mL 锥形瓶，250 mL 容量瓶，10 mL 移液管，烧杯等。

$Na_2C_2O_4$ 基准试剂，0.02 mol/L 的 $KMnO_4$ 标准溶液，H_2SO_4 溶液（1∶3）。

四、实验步骤

1. 0.005 mol/L 的 $Na_2C_2O_4$ 标准溶液的配制

准确称取干燥至恒重的 $Na_2C_2O_4$ 基准试剂 0.17 g 于烧杯中，加蒸馏水溶解后转移至 250 mL 容量瓶中，加水稀释至刻度，摇匀，备用。

2. 0.002 mol/L 的 $KMnO_4$ 标准溶液的配制

用移液管准确移取 25.00 mL 0.02 mol/L 的 $KMnO_4$ 标准溶液于 250 mL 容量瓶中，用新煮沸后冷却的蒸馏水稀释至刻度，摇匀，备用。

3. COD 的测定

精密量取水样 100 mL 于 250 mL 锥形瓶中，加入 H_2SO_4 溶液（1∶3）5 mL，准确加入 0.002 mol/L 的 $KMnO_4$ 溶液 10 mL，立即加热至沸腾，煮沸 10 min 后，冷却至 90 ℃以下，准确加入 0.005 mol/L 的 $Na_2C_2O_4$ 标准溶液 10 mL，充分摇匀，溶液红色褪去。用 0.000 2 mol/L 的 $KMnO_4$ 溶液滴定，溶液呈稳定的浅红色（30 s 不褪色）即为终点（终点时溶液温度不低于 60 ℃），记录滴定体积（V_2）。平行测定 3 次。

另取蒸馏水 100.00 mL 代替水样，进行空白实验，计算空白值，校正分析结果。

注意事项

（1）水中含 Cl^- 量大于 300 mg/L 时，将影响测定结果。加水稀释，降低 Cl^- 浓度，可消除干扰。若还不能消除干扰，可加入适量 Ag_2SO_4（1 g Ag_2SO_4 可消除 200 mg Cl^- 的干扰）。

（2）水样中如有 NO_2^-、S、Fe^{2+} 等还原性物质，也会干扰测定，应予以消除。

（3）取样后应及时分析测定。如需放置，可加少量 $CuSO_4$ 以抑制微生物对有机物的分解。

（4）取样量视水质的污染程度而定，清洁透明的水样一般取 100 mL；混浊、污染严重的水样一般取 10~30 mL，后加蒸馏水稀释至 100 mL。

（5）分析测定时需加热至沸腾，此时溶液仍应保持 $KMnO_4$ 的紫红色，若红色消失，说明水中有机物较多，遇此情况应补加适量的 $KMnO_4$ 标准溶液。

（6）加热煮沸时间应严格控制。

五、实验数据

将实验测得的相关数据填入表 4-20 中。

表 4-20 COD 含量的测定

编号	I	II	III
m_1（$Na_2C_2O_4$+称量瓶）/g			
m_2（$Na_2C_2O_4$+称量瓶）/g			
Δm（$Na_2C_2O_4$）/g			
c（$KMnO_4$）/（mol·L^{-1}）			
V（$KMnO_4$）始读数/mL			
V（$KMnO_4$）终读数/mL			
ΔV（$KMnO_4$）（V_2）/mL			
COD/（mg·L^{-1}）			
COD 平均值/（mg·L^{-1}）			
相对平均偏差/%			

六、思考题

（1）水样中 Cl^- 含量高时对测定有何干扰？应采用什么方法消除？

（2）水样中加入 $KMnO_4$ 溶液并在沸水中加热 10 min 后应当是什么颜色？若无色说明了什么问题？应如何处理？

（3）本实验为何要采用这种返滴定法？

第 5 章　物理化学实验

5.1　溶解热的测定

一、实验目的

(1) 掌握量热技术及电热补偿法测定热效应的基本原理。

(2) 用电热补偿法测定 KNO_3 在不同浓度水溶液中的积分溶解热。

(3) 用作图法求 KNO_3 在水中的微分冲淡热、积分冲淡热和微分溶解热。

课件 5.1　溶解热的测定

二、实验原理

在热化学中，关于溶解过程的热效应，引进下列几个基本概念。

溶解热：在恒温恒压下，物质的量为 n_2 的溶质溶于物质的量为 n_1 的溶剂（或溶于某浓度的溶液）中产生的热效应，用 Q 表示，溶解热可分为积分（或称变浓）溶解热和微分（或称定浓）溶解热。

积分溶解热：在恒温恒压下，1 mol 溶质溶于物质的量为 n_0 的溶剂中产生的热效应，用 Q_s 表示。

微分溶解热：在恒温恒压下，1 mol 溶质溶于某一确定浓度的无限量的溶液中产生的热效应，以 $\left(\dfrac{\partial Q}{\partial n_2}\right)_{T,p,n_1}$ 表示，简写为 $\left(\dfrac{\partial Q}{\partial n_2}\right)_{n_1}$。

冲淡热：在恒温恒压下，1 mol 溶剂加到某浓度的溶液中使之冲淡所产生的热效应。冲淡热也可分为积分（或称变浓）冲淡热和微分（或称定浓）冲淡热两种。

积分冲淡热：在恒温恒压下，把原含 1 mol 溶质及物质的量为 n_{01} 的溶剂的溶液冲淡到含溶剂的物质的量为 n_{02} 时的热效应，亦即某两浓度溶液的积分溶解热之差，以 Q_d 表示。

微分冲淡热：在恒温恒压下，1 mol 溶剂加入某一确定浓度的无限量的溶液中产生的热效应，以 $\left(\dfrac{\partial Q}{\partial n_1}\right)_{T,p,n_1}$ 表示，简写为 $\left(\dfrac{\partial Q}{\partial n_1}\right)_{n_1}$。

积分溶解热可由实验直接测定，其他 3 种热效应则通过 Q_s-n_0 曲线求得。

设纯溶剂和纯溶质的摩尔焓分别为 $H_m(1)$ 和 $H_m(2)$，当溶质溶解于溶剂变成溶液后，在溶液中溶剂和溶质的偏摩尔焓分别为 $H_{1,m}$ 和 $H_{2,m}$，对于由物质的量为 n_1 的溶剂和物质的量

为 n_2 的溶质组成的体系，在溶解前体系总焓为 H，则

$$H = n_1 H_m(1) + n_2 H_m(2) \tag{5-1}$$

设溶液的焓为 H'，则

$$H' = n_1 H_{1,m} + n_2 H_{2,m} \tag{5-2}$$

因此，溶解过程热效应 Q 为

$$Q = \Delta_{mix} H = H' - H = n_1 [H_{1,m} - H_m(1)] + n_2 [H_{2,m} - H_m(2)]$$
$$= n_1 \Delta_{mix} H_m(1) + n_2 \Delta_{mix} H_m(2) \tag{5-3}$$

式中，$\Delta_{mix} H_m(1)$ 为微分冲淡热；$\Delta_{mix} H_m(2)$ 为微分溶解热。根据上述定义，积分溶解热 Q_s 为

$$Q_s = \frac{Q}{n_2} = \frac{\Delta_{mix} h}{n_2} = \Delta_{mix} H_m(2) + \frac{n_1}{n_2} \Delta_{mix} H_m(1)$$
$$= \Delta_{mix} H_m(2) + n_0 \Delta_{mix} H_m(1) \tag{5-4}$$

在恒压条件下，$Q = \Delta_{mix} H$，对 Q 进行全微分，得

$$dQ = \left(\frac{\partial Q}{\partial n_1}\right)_{n_2} dn_1 + \left(\frac{\partial Q}{\partial n_2}\right)_{n_1} dn_2 \tag{5-5}$$

上式在比值 $\dfrac{n_1}{n_2}$ 恒定下积分，得

$$Q = \left(\frac{\partial Q}{\partial n_1}\right)_{n_2} n_1 + \left(\frac{\partial Q}{\partial n_2}\right)_{n_1} n_2 \tag{5-6}$$

将上式以 n_2 除之，得

$$\frac{Q}{n_2} = \left(\frac{\partial Q}{\partial n_1}\right)_{n_2} \frac{n_1}{n_2} + \left(\frac{\partial Q}{\partial n_2}\right)_{n_1} \tag{5-7}$$

因

$$\frac{Q}{n_2} = Q_s, \qquad \frac{n_1}{n_2} = n_0$$

$$Q = n_2 Q_s, \qquad n_1 = n_2 n_0 \tag{5-8}$$

故

$$\left(\frac{\partial Q}{\partial n_1}\right)_{n_2} = \left[\frac{\partial(n_2 Q_s)}{\partial(n_2 n_0)}\right]_{n_2} = \left(\frac{\partial Q_s}{\partial n_0}\right)_{n_2} \tag{5-9}$$

将式 (5-8)、式 (5-9) 代入式 (5-7) 得

$$Q_s = \left(\frac{\partial Q}{\partial n_2}\right)_{n_1} + n_0 \left(\frac{\partial Q_s}{\partial n_0}\right)_{n_2} \tag{5-10}$$

对比式 (5-3) 与式 (5-6) 或式 (5-4) 与式 (5-10)，得

$$\Delta_{mix} H_m(1) = \left(\frac{\partial Q}{\partial n_1}\right)_{n_2} \text{ 或 } \Delta_{mix} H_m(1) = \left(\frac{\partial Q_s}{\partial n_0}\right)_{n_2}$$

以 Q_s 对 n_0 作图，可得图 5-1 的曲线关系。在图 5-1 中，AF 和 BG 分别为将 1 mol 溶质溶于物质的量为 n_{01} 和 n_{02} 的溶剂时的积分溶解热 Q_s，BE 表示在含有 1 mol 溶质的溶液中加入溶剂，使溶剂的物质的量由 n_{01} 增加到 n_{02} 过程的积分冲淡热 Q_d，其值为

$$Q_d = (Q_s)_{n_{02}} - (Q_s)_{n_{01}} = BG - EG \tag{5-11}$$

图 5-1 中曲线在点 A 处切线的斜率等于该浓度溶液的微分冲淡热：

$$\Delta_{mix}H_m(1) = \left(\frac{\partial Q_s}{\partial n_0}\right)_{n_2} = \frac{AD}{CD}$$

切线在纵轴上的截距等于该浓度的微分溶解热：

$$\Delta_{mix}H_m(2) = \left(\frac{\partial Q}{\partial n_2}\right)_{n_1} = \left[\frac{\partial(n_2 Q_s)}{\partial n_2}\right]_{n_1} = Q_s - n_0\left(\frac{\partial Q_s}{\partial n_0}\right)_{n_2}$$

由图 5-1 可见，欲求溶解过程的各种热效应，首先要测定各种浓度下的积分溶解热，然后作图计算。

本实验采用的装置为绝热式测温量热计，其结构如图 5-2 所示。因本实验测定 KNO_3 在水中的溶解热是一个吸热过程，可用电热补偿法，即先测定体系的起始温度 T，溶解过程中体系温度随吸热反应进行而降低，再用电加热法使体系升温至起始温度，根据所消耗电能求出热效应 Q：

$$Q = I^2 Rt = IUt$$

式中，I 为通过电阻为 R 的电热器的电流，A；U 为电阻丝两端所加电压，V；t 为通电时间，s。这种方法称为电热补偿法。

本实验采用电热补偿法，测定 KNO_3 在水溶液中的积分溶解热，并通过图解法求出其他 3 种热效应。

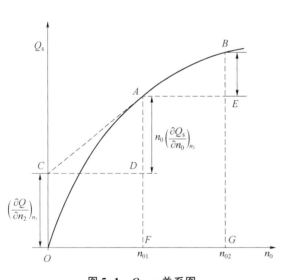

图 5-1 Q_s-n_0关系图

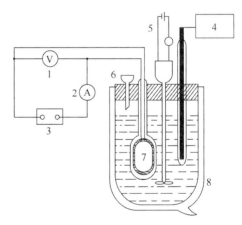

1—直流伏特计；2—直流毫安表；3—直流稳压电源；
4—测温部件；5—搅拌器；6—加样漏斗；
7—电加热器；8—杜瓦瓶。

图 5-2 绝热式测温量热计的结构

三、实验仪器与试剂

绝热式测温量热计（包括杜瓦瓶、搅拌器、电加热器、温度计、加样漏斗等），直流稳压电源，台秤，分析天平，直流毫安表，直流伏特计，秒表，称量瓶，干燥器，研钵。

KNO_3（CP）（研细，在 110 ℃烘干，保存于干燥器中）。

四、实验步骤

（1）将 8 个称量瓶编号，在台秤上称量，依次加入在研钵中研细的 KNO_3，其质量分别为 2.5、1.5、2.5、2.5、3.5、4、4、4.5 g，再用分析天平称出准确数据，称量后将称量瓶放入干燥器中待用。

（2）在台秤上用杜瓦瓶直接称取 200.0 g 蒸馏水，调好温度计，按图 5-2 连好线路（杜瓦瓶用前需干燥）。

（3）经老师检查无误后接通电源，调节稳压电源，使加热器功率约为 2.5 W，保持电流稳定，开动搅拌器进行搅拌，当水温慢慢上升到比室温水高出 1.5 ℃时读取准确温度，按下秒表开始计时，同时从加样漏斗处加入第一份样品，并将残留在漏斗上的少量 KNO_3 全部掸入杜瓦瓶中，然后用塞子堵住加样口。记录电压和电流值，在实验过程中要一直搅拌液体，加入 KNO_3 后，温度会很快下降，然后慢慢上升，待上升

视频 5.1　溶解热的测定

至起始温度点时，记下时间（读准至秒，注意此时切勿把秒表按停），并立即加入第二份样品，按上述步骤继续测定，直至 8 份样品全部加完为止。

（4）测定完毕后，切断电源，打开量热计，检查 KNO_3 是否溶完，若未全溶，则必须重做；若溶解完全，则可将溶液倒入回收瓶中，把量热器等器皿洗净放回原处。

（5）用分析天平称量已倒出 KNO_3 样品的空称量瓶，求出各次加入 KNO_3 的准确质量。

注意事项

（1）实验过程中要求 I、V 值恒定，故应随时注意调节。

（2）搅拌器的搅拌速度是实验成败的关键，磁子的转速不可过快。

（3）实验过程中切勿把秒表按停读数，直到最后方可停表。

（4）固体 KNO_3 易吸水，故称量和加样动作应迅速。固体 KNO_3 在实验前务必研磨成粉状，并在 110 ℃烘干。

（5）量热器绝热性能与盖上各孔隙密封程度有关，实验过程中要注意盖好，减少热损失。

五、实验数据

温度：_____℃；压力：_____Pa。

（1）根据溶剂的物质的量和加入溶质的物质的量，求算溶液的浓度，以 n_0 表示：

$$n_0 = \frac{n_{H_2O}}{n_{KNO_3}} = \frac{200.0}{18.02} \div \frac{m_累}{101.1} = \frac{1\,122}{m_累}$$

（2）按 $Q = IUt$ 公式计算各次溶解过程的热效应。

$I =$ _____ A；$U =$ _____ V；$IU =$ _____ W。

（3）按每次累计的浓度和累计的热量，求各浓度下溶液的 n_0 和 Q_s。

（4）将以上数据列表并作 $Q_s - n_0$ 图，并从图中求出 $n_0 = 80$、100、200、300 和 400 处的积分溶解热和微分冲淡热，以及 n_0 从 80→100、100→200、200→300、300→400 的积分冲淡热。

六、思考题

（1）本实验的装置可以如何改进？

（2）试设计测定溶解热的其他方法。

（3）试设计一个测定强酸（HCl）与强碱（NaOH）中和反应热的实验方法。

（4）影响本实验结果的因素有哪些？

5.2　燃烧热的测定

一、实验目的

（1）熟悉弹式量热计的原理、构造及使用方法。

（2）明确恒压燃烧热与恒容燃烧热的差别及相互关系。

（3）掌握温差测量的实验原理和技术。

（4）学会用雷诺图解法校正温度改变值。

二、实验原理

在指定温度及一定压力下，1 mol 物质完全燃烧时的定压反应热，称为该物质在此温度下的摩尔燃烧热，记作 $\Delta_c H_m$。通常，完全燃烧是指 $C \rightarrow CO_2(g)$，$H_2 \rightarrow H_2O(l)$，$S \rightarrow SO_2(g)$，N、卤素、银等元素变为游离状态。由于在上述条件下 $\Delta H = Q_p$，因此 $\Delta_c H_m$ 也就是该物质燃烧反应的恒压燃烧热 Q_p。

在实际测量中，燃烧反应在恒容条件下进行（如在弹式量热计中进行），这样直接测得的是反应的恒容燃烧热 Q_V。若反应系统中的气体均为理想气体，根据热力学推导，Q_p 和 Q_V 的关系为

$$Q_p = Q_V + \Delta nRT \tag{5-12}$$

式中，T 为反应温度，K；Δn 为反应前后产物与反应物中气体的物质的量之差；R 为摩尔气体常数。

通过实验测得 Q_V 值，根据上式就可计算出 Q_p，即燃烧热的值。

测量热效应的仪器称作量热计，量热计的种类很多，一般测量燃烧热用弹式量热计。本实验所用氧弹式量热计和氧弹的结构分别如图 5-3 和图 5-4 所示。实验过程中外水套保持恒温，内水桶与外水套之间以空气隔热。同时，还对内水桶的外表面进行了电抛光。这样，内水桶连同其中的氧弹、测温器件、搅拌器和水便近似构成一个绝热体系。

弹式量热计的基本原理是能量守恒定律。样品完全燃烧所释放的能量使得氧弹本身及周围的介质和量热计有关附件的温度升高。测量介质在燃烧前后的变化值，就可求算该样品的恒容燃烧热，计算公式为

$$\frac{m}{M_r} Q_V = K \cdot \Delta T - Q_{V棉线} \cdot m_{棉线} - Q_{V点火丝} \cdot m_{点火丝} \tag{5-13}$$

式中，m 为待测物的质量，kg；M_r 为待测物的摩尔质量，kg/mol；K 为仪器常数，kJ/℃；ΔT 为样品燃烧前后量热计温度的变化值；$Q_{V棉线}$、$Q_{V点火丝}$ 分别为棉线、点火丝的恒容燃烧热（-16 736、-3 243 kJ/kg）；$m_{棉线}$、$m_{点火丝}$ 分别为棉线、点火丝的质量，kg。

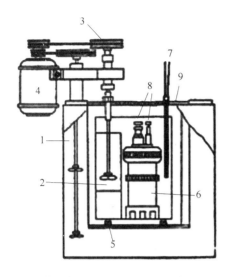

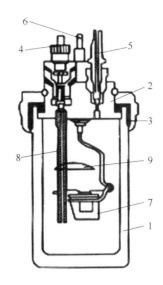

1—外水套；2—量热容器；3—搅拌器；
4—搅拌马达；5—绝缘支柱；6—氧弹；
7—温度传感器；8—电极；9—盖子。

图 5-3　氧弹式量热计

1—弹体；2—弹帽；3—垫圈；4—充气阀门；
5—放气阀门；6—电极；7—燃烧皿及支架；
8—充气管；9—燃烧挡板。

图 5-4　氧弹

先燃烧已知燃烧热的物质（如苯甲酸），标定仪器常数 K，再燃烧未知物质，便可由式（5-13）计算出未知物的恒容燃烧热，再根据式（5-12）计算出恒压燃烧热。

三、实验仪器与试剂

弹式量热计；容量瓶（2 000 mL，1 000 mL），水盆（容量大于3 000 mL），秒表，压片机，镍丝，棉线，万用表，台秤，分析天平，剪刀，氧气瓶，减压阀。

萘（AR），苯甲酸（AR）。

四、实验步骤

1. 量热计水当量的测定

1）样品准备

取 8 cm 镍丝和 10 cm 棉线各一根，分别在分析天平上准确称量。

在台秤上称量 0.8 g 左右的苯甲酸，在压片机上压成片状，取出药片并轻轻去掉药片上的粉末，用称好的棉线捆绑在药片上，固定好。将镍丝穿入棉线，在分析天平上准确称量。

将苯甲酸片上的镍丝固定在氧弹的两根电极上，作为燃烧丝，如图 5-5 所示，用万用表检查是否通路。确认通路后旋紧弹盖，通入 1.0 MPa 氧气，然后将氧弹放入内筒，接上点火电极。

2）仪器准备

打开量热计电源，开动搅拌器，将温度传感器置于外水套中，观察温度显示。待温度稳定后，记下温度。

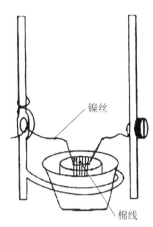

图 5-5　燃烧丝的安装

用水盆接取自来水（大于 3 000 mL），将温度传感器放入水盆中，不断搅动，通过加入凉水或热水调节水温，使温度低于外水套 0.7 ℃左右。准确量取 3 000 mL 自来水，倒入内桶。

3）燃烧热测量

盖上桶盖，将温度传感器插入内桶，开动搅拌器。待温度稳定后，开动秒表，记录体系温度随时间的变化情况，得到如图 5-6 所示的雷诺温度校正图。开始阶段（开动秒表到点火），相当于图 5-6（a）、（b）中的 *AB* 部分，每分钟读取温度一次；6~8 min 后，按下点火开关，半分钟内温度应迅速上升（若温度不能短时间内迅速升高，应停止实验，检查氧弹和仪器，找出原因后再继续实验），进入反应阶段，相当于图 5-6（a）、（b）中的 *BC* 部分。此阶段每 15 s 读取温度一次，直到温度上升速度明显减慢，进入末期，相当于图 5-6（a）、（b）中的 *CD* 部分，再改为每分钟记录温度一次。8~10 min 后，取出温度传感器，放入外水套中，读出水温，即图 5-6（a）、（b）中点 *E*。

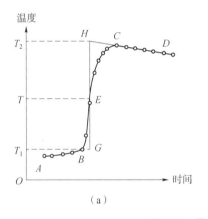

（a）

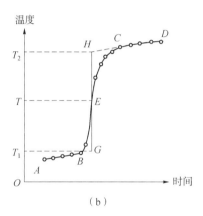

（b）

图 5-6　雷诺温度校正图

（a）绝热稍差情况；（b）绝热良好情况

切断电源，取出氧弹，放出氧弹中的气体。打开氧弹，检查样品是否完全燃烧。若燃烧完全，则将剩余镍丝取下称重。注意：称量剩余镍丝时，应去除镍丝顶端熔融的小球。

当氧弹打开后，若发现氧弹中有较多的黑色物质，则此次实验燃烧不完全，应重新测量。燃烧不完全最主要的原因就是氧气的量不足（氧弹漏气、充氧不足、操作失误未能冲入氧气等），此外，样品量过大、药片松散部分脱落也可能造成燃烧不完全。

将内桶的水倒入水盆用于下次的测量，将氧弹洗净擦干。

2. 萘的燃烧热测量

取 0.6 g 左右的萘，同上述操作方法。

注意事项

（1）把苯甲酸在压片机上压成圆片时，若压得太紧，则点火时不易全部燃烧；若压得太松，则样品容易脱落；要压得恰到好处。样品的质量过大或者过小也会造成误差。

（2）将压片制成的样品放在干净的滤纸上，小心除掉有污染和易脱落部分，然后在分析天平上精确称量。

（3）安装量热计时，插入精密电子温差测量仪上的测温探头，注意既不要和氧弹接触，也不要和内筒壁接触（否则会对测温造成误差），而要使导线从盖孔中伸出来。防止电极短路，保证电流通过点火线。

（4）氧弹充气不离人，一只手始终抓住充气阀，以免意外情况下弹盖或阀门向外冲出。

（5）量热计的绝热性能应该良好，但如果存在热漏，漏入的热量将造成误差；若搅拌器功率较大，则搅拌器不断引进的能量将造成误差。

（6）用水碰调节水温后，应迅速转入内水桶，时间不宜过长，以免水温发生变化。

五、实验数据

室温：_____℃；气压：_____Pa。

苯甲酸燃烧实验数据：燃烧丝质量_____g；棉线质量_____g；苯甲酸样品质量_____g；剩余燃烧丝质量_____g；水温_____℃。

萘燃烧实验数据：燃烧丝质量_____g；棉线质量_____g；萘样品质量_____g；剩余燃烧丝质量_____g；水温_____℃。

（1）由实验数据分别求出苯甲酸、萘燃烧前后的温度，并算出温度的变化值。

$\Delta T_{苯甲酸}$ = _____；$\Delta T_{萘}$ = _____。

（2）计算萘的恒容燃烧热 Q_V，换算成 Q_p：

$$Q_p = Q_V + \Delta nRT$$

（3）将所测萘的燃烧热与文献值比较，求出误差，分析误差产生的原因。

六、思考题

（1）本实验中如何考虑系统和环境？系统和环境通过哪些途径进行热交换？这些热交换对结果的影响如何？如何校正？

（2）使用氧气应注意哪些问题？

（3）搅拌过快或过慢有何影响？

（4）氧弹中含有氮气，燃烧后生成 HNO_3，对结果有何影响？如何校正？

（5）如果反应完后，剩余镍丝丢失，可不可以忽略，为什么？

5.3　偏摩尔体积的测定

一、实验目的

（1）配制不同质量分数的 NaCl 溶液，测定各溶液的密度。

（2）计算溶液中各组分的偏摩尔体积。

（3）学习用比重管测定液体的密度。

课件 5.2　偏摩尔体积的测定

二、实验原理

根据热力学概念，体系的体积 V 为广度性质，其偏摩尔量则为强度性质。设体系有两组分 A、B，体系的总体积 V 是 n_A、n_B、T、P 的函数，即

$$V = f(n_A, n_B, T, p) \tag{5-14}$$

组分 A、B 的偏摩尔体积定义为

$$V_A = \left(\frac{\partial V}{\partial n_A}\right)_{T,p,n_B}, \quad V_B = \left(\frac{\partial V}{\partial n_B}\right)_{T,p,n_A} \tag{5-15}$$

在恒定温度和压力下，有

$$dV = \left(\frac{\partial V}{\partial n_A}\right)_{T,p,n_B}, \quad dn_A + \left(\frac{\partial V}{\partial n_B}\right)_{T,p,n_A} dn_B \tag{5-16}$$

$$dV = V_A dn_A + V_B dn_B \tag{5-17}$$

偏摩尔量是强度性质，与体系浓度有关，而与体系总量无关。体系总体积由式（5-17）积分而得：

$$V = n_A V_A + n_B V_B \tag{5-18}$$

在恒温恒压条件下对式（5-18）微分得

$$dV = n_A dV_A + V_A dn_A + n_B dV_B + V_B dn_B$$

与式（5-17）比较，可得吉布斯-杜亥姆（Gibbs-Duhem）方程：

$$n_A dV_A + n_B dV_B = 0 \tag{5-19}$$

在 B 为溶质、A 为溶剂的溶液中，设 V_A^* 为纯溶剂的摩尔体积；$V_{\varphi,B}$ 定义为溶质 B 的表观摩尔体积，则

$$V_{\varphi,B} = \frac{V - n_A V_A^*}{n_B} \tag{5-20}$$

$$V = n_A V_A^* + n_B V_{\varphi,B} \tag{5-21}$$

在恒定 T、p 及 n_A 条件下，将式（5-21）对 n_B 偏微分，可得

$$V_B = \left(\frac{\partial V}{\partial n_B}\right)_{T,p,n_A} = V_{\varphi,B} + n_B \left(\frac{\partial V_{\varphi,B}}{\partial n_B}\right)_{T,p,n_A} \tag{5-22}$$

由式（5-18）、式（5-21）得

$$V_A = \frac{1}{n_A}(n_A V_A^* + n_B V_{\varphi,B} - n_B V_B) \tag{5-23}$$

将式（5-22）代入式（5-23）得

$$V_A = V_A^* - \frac{n_B^2}{n_A}\left(\frac{\partial V_{\varphi,B}}{\partial n_B}\right)_{T,p,n_A} \tag{5-24}$$

b_B 为 B 的质量摩尔浓度，即 $b_B = n_B/(n_A M_A)$；$V_{\varphi,B}$ 为 B 的表观摩尔体积；ρ、ρ_A^* 为溶液、纯溶剂 A 的密度；M_A、M_B 为 A、B 的摩尔质量。可得

$$V_{\varphi,B} = \frac{1}{b_B}\left(\frac{1 + b_B M_B}{\rho} - \frac{1}{\rho_A^*}\right)$$

$$= \frac{\rho_A^* - \rho}{b_B \rho \rho_A^*} + \frac{M_B}{\rho} \tag{5-25}$$

本实验测定 NaCl 溶液中 NaCl 和水的偏摩尔体积，根据德拜–休克尔（Debye-Huckel）理论，NaCl 溶液中 NaCl 的表观偏摩尔体积 $V_{\varphi,\mathrm{B}}$ 随 $\sqrt{b_\mathrm{B}}$ 变化呈线性关系，因此作如下变换：

$$\left(\frac{\partial V_{\varphi,\mathrm{B}}}{\partial n_\mathrm{B}}\right)_{T,p,n_\mathrm{A}} = \frac{1}{n_\mathrm{A} M_\mathrm{A}}\left(\frac{\partial V_{\varphi,\mathrm{B}}}{\partial b_\mathrm{B}}\right)_{T,p,n_\mathrm{A}} = \frac{1}{n_\mathrm{A} M_\mathrm{A}}\left(\frac{\partial V_{\varphi,\mathrm{B}}}{\partial \sqrt{b_\mathrm{B}}}\cdot\frac{\partial \sqrt{b_\mathrm{B}}}{\partial b_\mathrm{B}}\right)_{T,p,n_\mathrm{A}}$$

$$= \frac{1}{2\sqrt{b_\mathrm{B}}\,n_\mathrm{A} M_\mathrm{A}}\left(\frac{\partial V_{\varphi,\mathrm{B}}}{\partial \sqrt{b_\mathrm{B}}}\right)_{T,p,n_\mathrm{A}} \tag{5-26}$$

将式（5-26）代入式（5-24）式（5-22），可得

$$V_\mathrm{A} = V_\mathrm{A}^* - \frac{M_\mathrm{A} b_\mathrm{B}^{\frac{3}{2}}}{2}\left(\frac{\partial V_{\varphi,\mathrm{B}}}{\partial \sqrt{b_\mathrm{B}}}\right)_{T,p,n_\mathrm{A}} \tag{5-27}$$

$$V_\mathrm{B} = V_{\varphi,\mathrm{B}} + \frac{\sqrt{b_\mathrm{B}}}{2}\left(\frac{\partial V_{\varphi,\mathrm{B}}}{\partial \sqrt{b_\mathrm{B}}}\right)_{T,p,n_\mathrm{A}} \tag{5-28}$$

配制不同浓度的 NaCl 溶液，测定纯溶剂和溶液的密度，求不同 b_B 时的 $V_{\varphi,\mathrm{B}}$，作 $V_{\varphi,\mathrm{B}}$-$\sqrt{b_\mathrm{B}}$ 图，可得一直线，由直线求得斜率 $\left(\dfrac{\partial V_{\varphi,\mathrm{B}}}{\partial \sqrt{b_\mathrm{B}}}\right)_{T,p,n_\mathrm{A}}$。由式（5-27）、式（5-28）计算 V_A、V_B。

三、实验仪器与试剂

分析天平，恒温槽，烘干器，比重管（或比重瓶），磨口塞锥形瓶（50 mL），烧杯（50 mL，250 mL），洗耳球，量筒（50 mL），药匙，滤纸。

NaCl（AR），无水乙醇（AR）。

四、实验步骤

（1）调节恒温槽至设定温度，如 25 ℃，恒温槽水温至少应比室温高 5 ℃。

（2）配制不同组成的 NaCl 溶液：用称量法配制质量分数约为 1%、4%、8%、12% 和 16% 的 NaCl 溶液，先称锥形瓶（注意带盖），然后小心地加入适量的 NaCl 再称量，用量筒加入所需蒸馏水（约 40 mL）后再称量；用减量法分别求出 NaCl 和水的质量，并求出它们的质量分数。各溶液所需 NaCl 和水的量，应在实验前估算好。

视频 5.2　偏摩尔体积的测定

（3）了解用比重管测液体密度的方法。洗净、干燥比重管，将比重管先用自来水洗涤，再用去离子水洗涤，然后用无水乙醇涮洗，最后进行干燥。在分析天平上称量空比重管（注意带盖）。

（4）将比重管装满去离子水，放入恒温槽内恒温 10 min，然后调比重管内液体的量，使比重管内液面一端在刻度线上，一端与管口齐平，注意比重管内液体内不应有气泡。将比重管戴上盖子，注意在戴盖子时要小心，不能将管内液体挤出。擦干比重管外部，在分析天平上再称量。重复本步骤一次。

（5）将已进行步骤（4）操作的比重管用待装溶液涮洗 3 次（或干燥），再装满 NaCl 溶液，放入恒温槽内恒温 10 min。为了节省时间，可以将盛 NaCl 溶液的磨口塞锥形瓶放入恒温槽内恒温 10 min 以上，将恒温后的溶液装入比重管后再放入恒温槽内恒温 2 min。然后调

比重管内液体的量，使比重管内液面一端在刻度线上，一端与管口齐平，注意比重管内液体内不应有气泡。将比重管戴上盖子，注意在戴盖子时要小心，不能将管内液体挤出。擦干比重管外部，在分析天平上称量。重复本步骤一次。

（6）用上述步骤（5）的方法对其他质量分数的 NaCl 溶液进行操作。

五、实验数据

（1）从手册中查得实验温度下纯水的密度，计算各浓度 NaCl 溶液的密度。

（2）计算不同质量分数 NaCl 溶液的 $\sqrt{b_B}$，计算各浓度 NaCl 溶液的 $V_{\varphi,B}$，作 $V_{\varphi,B}$-$\sqrt{b_B}$ 图，求直线的斜率 $\left(\dfrac{\partial V_{\varphi,B}}{\partial \sqrt{b_B}}\right)_{T,p,n_A}$。

（3）根据式（5-27）、式（5-28）计算各质量分数 NaCl 溶液的 V_A、V_B。计算时应该从 $V_{\varphi,B}$-$\sqrt{b_B}$ 图上求相应 b_B 对应的 $V_{\varphi,B}$。

（4）本实验记录的数据和计算步骤较多，应将数据和计算结果列表，如表 5-1 所示。可以通过计算机编程处理数据，或直接使用工具软件（如 Excel）处理数据。

表 5-1　实验数据记录表

溶液序号	1	2	3	4	5	备注
溶液质量分数/%						
室温/℃						
恒温槽温度/℃						
水的密度/(g·cm^{-3})						
NaCl 的摩尔质量/(g·mol^{-1})						
水的摩尔质量/(g·mol^{-1})						
NaCl 的质量/g						
NaCl+水的质量/g						
比重管的质量/g						
比重管+水的质量/g						
比重管+溶液的质量/g						
溶液的密度/(g·cm^{-3})						
溶质的质量摩尔浓度/(mol·g^{-1})						
$\sqrt{b_B}$/(mol·g^{-1})						
NaCl 的表观摩尔体积/(mL·mol^{-1})						
直线斜率						作图
校正后 NaCl 的表观摩尔体积/(mL·mol^{-1})						
水的偏摩尔体积/(mL·mol^{-1})						
NaCl 的偏摩尔体积/(mL·mol^{-1})						

注意事项

（1）掌握使用比重管测定液体密度的方法。

（2）应将水煮沸除气处理后再使用。

六、思考题

（1）偏摩尔体积有可能小于零吗？

（2）在实验操作中如何减小称量误差？

5.4　电解质溶液电导率的测定及应用

一、实验目的

（1）测定氯化钾的无限稀释摩尔电导率。

（2）测定醋酸的解离常数。

（3）掌握测定溶液电导率的实验方法。

课件 5.3　电解
质溶液电导的
测定及应用

二、实验原理

测定电解质溶液的电导时，通常采用电导率仪，如图 5-7 所示。若电极的面积为 A，两电极间的距离为 l，则溶液的电导 G 为

$$G = \kappa A / l$$

式中，κ 称为电导率，S/m。

电解质溶液的电导率与温度、溶液的浓度及离子的价数有关。为了比较不同电解质溶液的导电能力，通常采用涉及物质的量的摩尔电导率 Λ_m 来衡量电解质溶液的导电能力：

$$\Lambda_m = \kappa / c$$

式中，Λ_m 为摩尔电导率，$S \cdot m^2 / mol$。

注意：当浓度 c 的单位用 mol/L 表示时，则要换算成 mol/m³ 后再计算。因此，只要测定了溶液在浓度 c 时的电导率 κ，就可求得摩尔电导率 Λ_m。

摩尔电导率随溶液浓度的变化而变化，但其变化规律对强、弱电解质是不同的。对于强电解质的稀溶液，有

$$\Lambda_m = \Lambda_{m,0} - \beta \sqrt{c}$$

式中，β 为常数；$\Lambda_{m,0}$ 为电解质溶液无限稀释时的摩尔电导率，称为无限稀释摩尔电导率。因此，以 Λ_m 和 $\sqrt{c}$ 为纵、横坐标作图得一直线，将直线外推至与纵轴相交，所得截距即为无限稀释时的摩尔电导率 $\Lambda_{m,0}$。

对于弱电解质的稀溶液，其 $\Lambda_{m,0}$ 值不能用外推法求得。但可用离子独立运动定律求得，即

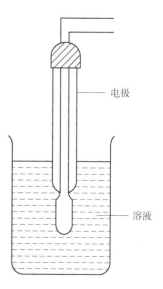

图 5-7　电导率仪

电极

溶液

$$\Lambda_{m,0} = I_{0,+} + I_{0,-}$$

式中，$I_{0,+}$ 和 $I_{0,-}$ 分别是无限稀释时正、负离子的摩尔电导率，其值可通过查相关资料获得。

根据电离学说，可以认为，弱电解质的电离度 α 等于在浓度为 c 时的摩尔电导率 Λ_m 与溶液在无限稀释时的摩尔电导率 $\Lambda_{m,0}$ 之比，即

$$\alpha = \frac{\Lambda_m}{\Lambda_{m,0}}, \qquad K_a = \frac{\alpha^2 c}{1 - \alpha}$$

另外，还可以求得 AB 型弱电解质的解离常数 K_a，所以，通过实验测得 α 即可得 K_a 值。

三、实验仪器与试剂

DDS-307A 型电导率仪，DJS-电极，恒温槽，电导池，容量瓶（100 mL），移液管（50 mL）。

标准 HAc 溶液（0.02 mol/L），标准 KCl 溶液（0.02 mol/L）。

四、实验步骤

（1）调节恒温槽的温度为（25±0.1）℃。

（2）练习电导率仪的使用。

（3）取 100 mL 0.02 mol/L 的 KCl 溶液供逐步稀释和测量用，方法如下。

仪器操作 5.1
DDS-307A 型
电导率仪的使用

取两个洁净的 100 mL 容量瓶和一支 50 mL 移液管。将容量瓶 A 和移液管装入待测的 0.02 mol/L 的 KCl 液荡洗 2~3 次后，装入 100 mL 0.02 mol/L 的 KCl 溶液，用移液管吸取 50 mL 溶液至容量瓶 B 中，并用蒸馏水稀释至刻度，即成 0.01 mol/L 的 KCl 溶液，供第二次测量和稀释用。取容量瓶中剩下的 0.02 mol/L 的 KCl 溶液荡洗电导池后，充满，测量其电导率。测后弃余液并洗净 A 瓶，用蒸馏水荡洗 2~3 次。再用 B 瓶的溶液荡洗移液管后，移取 B 瓶中溶液 50 mL 放入 A 瓶中，用蒸馏水稀释至刻度，取得 0.005 mol/L 的 KCl 溶液，供第三次测量和稀释用。重复以上操作，分别测定 0.02、0.01、0.005、0.002 5、0.001 25 mol/L 的 KCl 的溶液的电导率。

视频 5.3 电解质
溶液电导的
测定

（4）用上述同样方法测定 0.02 mol/L 的 HAc 溶液的电导率，并依次稀释 4 次，共测 5 种浓度的 HAc 溶液的电导率。

（5）洗净并用蒸馏水荡洗电导池，再测定蒸馏水的电导率。

五、实验数据

（1）将数据与处理结果列表，如表 5-2 所示。

（2）分别作 KCl 溶液和 HAc 溶液的 $\Lambda_m - \sqrt{c}$ 图。

（3）作 KCl 溶液的 $\Lambda_m - \sqrt{c}$ 图，将直线外推至 $\sqrt{c} = 0$，求出 KCl 的 $\Lambda_{m,0}$ 值。

（4）求出 HAc 溶液各个浓度下的 K_a 值，并计算出 K_a 平均值与文献进行比较。

表 5-2　实验数据记录表

浓度/（mol·L^{-1}）	HAc 的电导率/（s·m^{-1}）	KCl 的电导率/（s·m^{-1}）	H_2O 的电导率/（s·m^{-1}）	$\sqrt{c}$
0.02				
0.01				
0.005				
0.002 5				
0.001 25				

六、思考题

（1）什么叫溶液的电导、电导率和摩尔电导率？

（2）影响摩尔电导率的因素有哪些？

（3）为什么本实验要用铂电极？

5.5　液体饱和蒸气压的测定

一、实验目的

（1）掌握静态法测定液体饱和蒸气压的原理及操作方法。学会由图解法求平均摩尔汽化热和正常沸点。

（2）理解纯液体的饱和蒸气压与温度的关系、克拉珀龙-克劳修斯（Clapeyron-Clausius）方程的意义。

（3）了解真空泵、恒温槽及气压表的使用及注意事项。

课件 5.4　液体饱和蒸气压的测定

二、实验原理

通常温度下（距离临界温度较远时），纯液体与其蒸气达平衡时的蒸气压称为该温度下液体的饱和蒸气压，简称蒸气压。蒸发 1 mol 液体所吸收的热量称为该温度下液体的摩尔汽化热。液体的蒸气压随温度而变化，温度升高时，蒸气压增大；温度降低时，蒸气压减小。这主要与分子的动能有关。当蒸气压等于外界压力时，液体便沸腾，此时的温度称为沸点。外压不同时，液体沸点将相应改变，当外压为 101.325 kPa 时，液体的沸点称为该液体的正常沸点。

液体的饱和蒸气压与温度的关系用克拉珀龙-克劳修斯方程表示：

$$\frac{\mathrm{d}(\ln p)}{\mathrm{d}T} = \frac{\Delta_{vap}H_m}{RT^2} \tag{5-29}$$

式中，R 为摩尔气体常数；T 为热力学温度；$\Delta_{vap}H_m$ 为在温度 T 时纯液体的摩尔汽化热。

假定 $\Delta_{vap}H_m$ 与温度无关，或因温度范围较小，$\Delta_{vap}H_m$ 可以近似作为常数，积分式（5-29）得

$$\ln p = -\frac{\Delta_{vap}H_m}{R} \cdot \frac{1}{T} + C \tag{5-30}$$

式中，C 为积分常数。由上式可以看出，以 $\ln p$ 对 $1/T$ 作图，应为一直线，直线的斜率为 $-\dfrac{\Delta_{vap}H_m}{R}$，由斜率可求算液体的 $\Delta_{vap}H_m$。

用静态法测定液体饱和蒸气压，是指在某一温度下，直接测量饱和蒸气压。此法一般适用于蒸气压比较大的液体。静态法测量不同温度下纯液体饱和蒸气压，有升温法和降温法两种。本实验采用升温法测定不同温度下纯液体的饱和蒸气压，实验装置如图 5-8 所示。

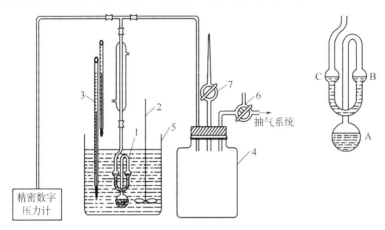

1—平衡管；2—搅拌器；3—温度计；4—缓冲瓶；5—恒温水浴；6—三通活塞；7—直通活塞。

图 5-8　液体饱和蒸气压测定装置

平衡管由 A 球和 U 形管 B、C 组成。平衡管上接一冷凝管，以橡皮管与压力计相连。A 球内装待测液体，当 A 球的液面上纯粹是待测液体的蒸气，而 B 管与 C 管的液面处于同一水平时，表示 B 管液面上的压力（即 A 球液面上的蒸气压）与加在 C 管液面上的外压相等。此时，体系气液两相平衡的温度称为液体在此外压下的沸点。

三、实验仪器与试剂

恒温水浴，平衡管，压力计，真空泵及附件等。
纯水，无水乙醇（AR）或乙酸乙酯（AR）。

四、实验步骤

1. 安装仪器

将待测液体装入平衡管，A 球中约 2/3 体积，B 和 C 管中各 1/2 体积，然后按图 5-8 接好实验装置。

2. 系统气密性检查

关闭直通活塞 7，旋转三通活塞 6 使系统与真空泵连通，开动真空泵，抽气减压至压力计显示压差为 53 kPa 时，关闭三通活塞 6，使系统与真空泵、大气皆不相通。观察压力计的示数，若压力计的示数能在

视频 5.4　饱和蒸气压的测定

3~5 min 内维持不变，则表明系统不漏气，否则，应逐段检查，消除漏气原因。

3. 排除 AB 弯管内的空气

将恒温槽温度调至比室温高 3 ℃，接通冷凝水，抽气减压至液体轻微沸腾，此时 AB 弯

管内的空气不断随蒸气经 C 管逸出，如此沸腾 3~5 min，可认为空气被排除干净。

4. 饱和蒸气压的测定

当空气被排除干净，且体系温度恒定后，旋转直通活塞 7 缓缓放入空气，直至 B、C 管中液面平齐，关闭直通活塞 7，记录温度与压力。然后，将恒温槽温度升高 3 ℃，当待测液体再次沸腾，体系温度恒定后，放入空气使 B、C 管中液面再次平齐，记录温度和压力。依次测定，共测 8 个值。

注意事项

（1）减压系统不能漏气，否则抽气时达不到本实验要求的真空度。

（2）抽气速度要合适，必须防止平衡管内液体沸腾过于剧烈，致使管内液体快速蒸发。

（3）实验过程中，必须充分排除净 AB 弯管空间中全部空气，使 B 管液面上方只含液体的蒸气分子。平衡管必须放置于恒温水浴中的水面以下，否则其温度与水浴温度不同。

（4）测定中，打开进空气活塞时，切不可太快，以免空气倒灌入 AB 弯管的空间中。若发生倒灌，则必须重新排除空气。

（5）温度计读数须作露茎校正。

五、实验数据

（1）设计数据记录表，包括室温、大气压、实验温度、温度计露茎校正值及对应的压力差等。

（2）绘出被测液体的蒸气压-温度曲线，并求出指定温度下的温度系数 dp/dT。

（3）作 $\ln p$-$1/T$ 图，求出直线的斜率，并由斜率算出此温度范围内液体的平均摩尔汽化热 $\Delta_{vap}H_m$，求算纯液体的正常沸点。

六、思考题

（1）试分析引起本实验误差的因素有哪些。

（2）为什么 AB 弯管中的空气要排干净？怎样操作？怎样防止空气倒灌？

（3）本实验方法能否用于测定溶液的饱和蒸气压？为什么？

（4）试说明压力计中所读数值是否是纯液体的饱和蒸气压。

（5）为什么实验完毕后必须使体系和真空泵与大气相通才能关闭真空泵？

5.6　液体黏度的测定

一、实验目的

（1）掌握恒温槽的使用，了解控温原理。

（2）了解黏度的物理意义，掌握用奥氏黏度计测定液体黏度的方法。

二、实验原理

课件 5.5　液体黏度的测定

1. 恒温槽

许多化学实验中的待测数据如黏度、蒸气压、电导率、反应速率常数等都与温度密切相关，这就要求实验在恒定温度下进行，此时就要用到恒温槽常用的恒温槽有玻璃恒温水浴和超级恒温水浴两种，其基本结构相同，主要由浴槽、加热器、搅拌器、温度计、感温元件和温度控制器等组成，如图5-9所示。

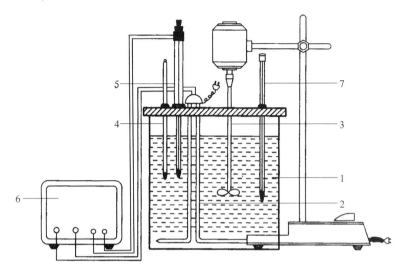

1—浴槽；2—加热器；3—搅拌器；4—温度计；5—水银定温计；6—温度控制器；7—贝克曼温度计。

图 5-9　恒温槽的结构

恒温槽恒温原理是由感温元件将温度转化为电信号输送给温度控制器，再由控制器发出指令，让加热器工作或停止工作。

恒温槽恒温的精确度可用其灵敏度衡量，灵敏度是指水浴温度随时间变化曲线的振幅大小，即

$$灵敏度 = \frac{T_1(最高温度) - T_2(最低温度)}{2}$$

灵敏度与水银定温计、电子继电器的灵敏度以及加热器的功率、搅拌器的效率、各元件的布局等因素有关。搅拌效率越高，温度越容易达到均匀，恒温效果越好。加热器功率大，则到指定温度停止加热后释放余热也大。一个好的恒温槽应具有以下条件：定温灵敏度高；搅拌强烈而均匀；加热器导热良好且功率适当。各元件的布局原则：加热器、搅拌器和定温计的位置应接近，使被加热的液体能立即搅拌均匀，并流经定温计以便及时进行温度控制。

2. 黏度测定

黏度是度量流体黏度大小的物理量，是物质重要性质之一。它是液体分子间相互作用力使流体内部各液层的流速不同，各液层相对运动产生内摩擦造成的。液体黏度的大小与其分子间相互作用力以及分子结构（分子大小、形状）等有关。

某一温度下液体流经毛细管时，其黏度 η 可由波华须尔公式计算：$\eta = \dfrac{\pi r^4 \rho \tau}{8Vl}$，其中 V 为液体的体积，l 为毛细管长度。可看出，η 与毛细管半径 r 的四次方成正比，r 的测量精度对 η 的影响很大，因此一般不通过直接测量式中的各物理量来计算 η，而是测定它对基准液体的相对黏度，由基准液体的绝对黏度便可计算出被测液体的绝对黏度 η。其原理是：在同一温度下，相同体积的两种液体（"1"为被测液体，"2"为基准液体）在本身重力作用下，

分别流经同一奥氏黏度计的毛细管时，有

$$\frac{\eta_1}{\eta_2} = \frac{\rho_1 \tau_1}{\rho_2 \tau_2}$$

即液体黏度比只与两液体的密度及流经毛细管的时间有关。测出两液体的流经时间，查出两液体的密度及基准液体的黏度，就可计算出待测液体的黏度。

三、实验仪器与试剂

恒温槽，奥氏黏度计，1/10 秒表，移液管（10 mL），洗耳球。
蒸馏水，无水乙醇（AR）。

四、实验步骤

1. 灵敏度测定

（1）向玻璃缸内注入其容积的 2/3 左右的蒸馏水，使蒸馏水液面高出被恒温部分。

（2）调节恒温槽温度为 20 ℃，将加热开关设为强挡加热；接通电源，开始加热并启动搅拌器。

（3）观察温度的变化情况，记录停止加热和开始加热时的温度 3 次，计算 20 ℃下的灵敏度。

（4）重复上述方法，测定恒温槽在 25 ℃下的灵敏度。

2. 黏度测定

（1）调节恒温槽温度为（20±0.1）℃。

（2）将已用蒸馏水洗净的奥氏黏度计（见图 5-10）的 B、C 支管分别套上乳胶管，从 A 管加入蒸馏水至 F 球的一半，把黏度计垂直放入水浴槽中固定，恒温 15 min 以上。

（3）用夹子把套在 B 管上的乳胶管夹紧，用洗耳球对准 C 管吸气，使蒸馏水从 F 球经毛细管上升到 G 球为止。

（4）取下洗耳球，同时取下 B 管的夹子，使 B、C 管与大气相通，C 管内液体往下流，用秒表记录液体液面由刻度线 a 下降到刻度线 b 所用时间，此时间即为刻度线 a、b 间的液体流经毛细管所需的时间。

（5）重复步骤（3）、（4）操作 3 次，使每次误差不超过 0.3 s，取平均值。

（6）取出黏度计，将蒸馏水倒掉，加入少量无水乙醇洗涤黏度计，注意用洗耳球吸取乙醇反复洗涤毛细管部位，洗涤 3 次后烘干。重复步骤（3）、（4），测定无水乙醇流经刻度线 a、b 所需的时间。用过的乙醇倒入回收瓶中。

（7）实验完成后，将黏度计洗净、放好。将仪器旋钮回归零位，关闭电源。

视频 5.5　液体黏度
的测定

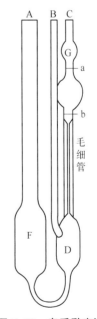

图 5-10　奥氏黏度计

注意事项

（1）为保证恒温槽温度恒定，达到欲控制的温度后，要将水银定温计调节帽上的螺栓旋紧。

（2）恒温槽的温度应以温度计指示为准。

（3）黏度计在恒温槽中的位置必须竖直。

（4）用洗耳球吸液体时要注意毛细管中不能有气泡，不要把被测液体吸入洗耳球内，以免污染液体。

（5）洗涤或安装黏度计时要细心，以防把支管扭碎。

五、实验数据

（1）将相关实验数据填入表 5-3 中，分别计算 20 ℃和 25 ℃下恒温槽的灵敏度。

（2）将相关实验数据填入表 5-4 中，计算乙醇在 20 ℃下的黏度。20 ℃下相关数据：水的黏度为 1.005×10^{-3} Pa·s；水的密度为 998.2 kg/m^3；乙醇的密度为 789.45 kg/m^3。

表 5-3　恒温槽温度-时间记录表　　　　　加热器功率　强挡

时间/min	温度/℃	时间/min	温度/℃

表 5-4　黏度测定数据记录表　　　　　水浴温度：

流经时间/s	1	2	3	平均
蒸馏水				
乙醇				

六、思考题

（1）恒温槽的恒温原理是什么？

（2）影响恒温槽灵敏度的因素有哪些？如何提高恒温槽的灵敏度？

（3）黏度测定的影响因素有哪些？

（4）黏度测定实验中能否用两支黏度计测定？为什么？

（5）结合本实验的结果，讨论产生误差的原因，并计算误差的大小。

（6）测定黏度的方法还有哪些？

（7）本实验还需要如何改进？

5.7　溶液表面张力的测定

一、实验目的

（1）了解表面张力的性质、比表面吉布斯函数的意义以及表面张力和吸附的关系。

（2）计算吸附量与浓度的关系，绘制 $\Gamma-c$ 曲线；测定不同浓度乙醇水溶液的表面张力，绘制 $\sigma-c$ 曲线

（3）掌握用最大气泡法测定表面张力的原理和技术。

课件 5.6　溶液表面张力的测定

二、实验原理

1. 比表面吉布斯函数

从热力学观点看，液体表面缩小是一个自发过程，这是使体系总的比表面吉布斯函数减小的过程。若欲使液体产生新的表面 ΔA，则需要对其做功。功的大小应与 ΔA 成正比：

$$-W = \sigma \Delta A$$

式中，σ 为液体的比表面吉布斯函数，亦称表面张力。它表示了液体表面自动缩小趋势的大小，其量值与液体的成分、溶质的浓度、温度及表面气氛等因素有关。

2. 溶液的表面吸附

纯物质表面层的组成与内部的组成相同，因此纯液体降低比表面吉布斯函数的唯一途径是尽可能缩小其表面积。对于溶液，由于溶质能使溶剂表面张力发生变化，因此可以调节溶质在表面层的浓度来降低比表面吉布斯函数。根据能量最低原则，溶质能降低溶剂的表面张力时，表面层溶质的浓度比溶液内部大；反之，溶质使溶剂的表面张力升高时，表面层中的浓度比内部的浓度低。这种表面浓度与溶液内部浓度不同的现象叫作溶液的表面吸附。显然，在指定的温度和压力下，溶质的吸附量与溶液的表面张力及溶液的浓度有关，由热力学方法可知它们之间的关系遵守吉布斯吸附方程：

$$\Gamma = -\frac{c}{RT}\left(\frac{\mathrm{d}\sigma}{\mathrm{d}c}\right)_T$$

式中，Γ 为吸附量，$\mathrm{mol/m^2}$；T 为热力学温度，K；c 为稀溶液浓度，mol/L；R 为摩尔气体常数。

若 $\left(\dfrac{\mathrm{d}\sigma}{\mathrm{d}c}\right)_c < 0$，$\Gamma > 0$，称为正吸附；若 $\left(\dfrac{\mathrm{d}\sigma}{\mathrm{d}c}\right)_T > 0$，则 $\Gamma < 0$，称为负吸附。

本实验研究正吸附情况。

有一类物质，溶入溶剂后，能使溶剂的表面张力降低，这类物质被称为表面活性物质。表面活性物质具有显著的不对称结构，它们是由亲水的极性基团和憎水的非极性基团构成的。对于有机化合物来说，表面活性物质的极性部分一般为—OH、—SH、—COOH、—SO$_2$OH 等，乙醇就属这样的化合物。它们在水溶液表面排列的情况随其浓度不同而异，如图 5-11 所

示，浓度很小时，分子可以平躺在表面上；浓度增大时，分子的极性基团取向溶液内部，而非极性基团基本上取向空气部分；当浓度增至一定程度时，溶质分子占据了所有表面，就形成饱和吸附层。

以表面张力对浓度作图，可得到 σ-c 曲线，如图 5-12 所示。从图中可以看出，在开始时 σ 随浓度增加而迅速下降，以后的变化比较缓慢。

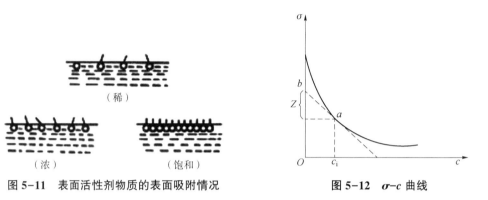

图 5-11　表面活性剂物质的表面吸附情况　　　　图 5-12　σ-c 曲线

在 σ-c 曲线上任选一点 a 作切线，即可得该点所对应浓度 c_i 的斜率（$\mathrm{d}\sigma/\mathrm{d}c_i$），再由吉布斯吸附方程，可求得不同浓度下的 Γ 值。

3. 饱和吸附与溶质分子的横截面积

吸附量 Γ 与浓度 c 之间的关系，可用郎格缪尔吸附等温式表示：

$$\Gamma = \Gamma_\infty \frac{kc}{1+kc}$$

式中，Γ_∞ 为饱和吸附量；k 为常数。将上式取倒数可得

$$\frac{c}{\Gamma} = \frac{kc+1}{k\Gamma_\infty} = \frac{c}{\Gamma_\infty} + \frac{1}{k\Gamma_\infty}$$

作 $\frac{c}{\Gamma}$-c 图，直线斜率的倒数即为 Γ_∞。

若以 N 代表 $1\ \mathrm{m}^2$ 表面上溶质的分子数，则有

$$N = \Gamma_\infty N_A$$

式中，N_A 为阿伏伽德罗常数。由此可得每个溶质分子在表面上所占据的横截面积：

$$S = \frac{1}{\Gamma_\infty N_A}$$

因此，若测得不同浓度的溶液的表面张力，从 σ-c 曲线上求出不同浓度的吸附量 Γ，再从 $\frac{c}{\Gamma}$-c 直线上求出 Γ_∞，便可计算出溶质分子的横截面积 S。

4. 最大气泡法测定表面张力

测定表面张力的方法很多。本实验用最大气泡法测定乙醇水溶液的表面张力，其实验装置如图 5-13 所示。

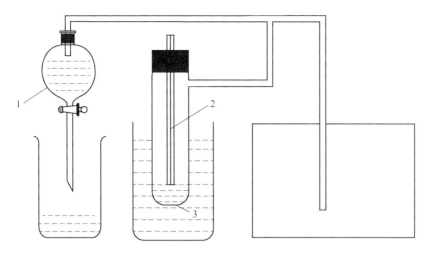

1—抽气瓶；2—毛细管；3—试管；4—数字压力计。

图 5-13 测定表面张力的实验装置

将被测液体装于测定管中，使玻璃管下端毛细管端面与液面正好相切，液面沿毛细管上升。打开抽气瓶的活塞缓缓放水抽气，则测定管中的压力 p_r 逐渐减小，毛细管中压力 p_0 就会将管中液面压至管口，并形成气泡，其曲率半径由大变小，直至恰好等于毛细管半径 r。根据拉普拉斯公式，这时能承受的压力差也最大：

$$\Delta p_{\max} = \Delta p_r = p_0 - p_r = \frac{2\sigma}{r}$$

随后大气压力将把此气泡压出管口，曲率半径再次增大，因此气泡表面膜所能承受的压力差必然减少，实际上测定管中的压力差却在进一步加大，所以立即导致气泡的破裂。最大压力差可通过数字压力计测得。

用同一根毛细管分别测定具有不同表面张力的溶液时，可得下列关系：

$$\sigma_1 = \frac{r}{2} \cdot \Delta p_1, \quad \sigma_2 = \frac{r}{2} \cdot \Delta p_2$$

$$\sigma_1 / \sigma_2 = \Delta p_1 / \Delta p_2$$

$$\sigma_1 = \sigma_2 \cdot \Delta p_1 / \Delta p_2 = K' \Delta p_1$$

式中，K' 称为毛细管常数，可用已知表面张力的物质来确定。

三、实验仪器与试剂

表面张力测定装置，阿贝折射仪，洗耳球，烧杯（200 mL）。
乙醇（AR）。

四、实验步骤

1. 配制溶液

用称重法粗略配制 5%、10%、15%、20%、25%、30%、35%、
40%的乙醇溶液待用。

视频 5.6 溶液表面
张力的测定

2. 测定仪器常数

将仪器认真洗涤干净，在测定管中注入蒸馏水，使管内液面刚好与毛细管口相接触。注意使毛细管保持竖直并注意液面位置，然后按图 5-13 接好实验装置。慢慢打开抽气瓶活塞，进行测定。注意气泡形成的速度应保持稳定，通常以每分钟 8~12 个气泡为宜。记录数字压力计两边最高和最低读数各 3 次，求出平均值。

3. 测定乙醇溶液的表面张力

以不同浓度的乙醇或正丁醇溶液进行测量。从稀到浓依次进行。每次测量前必须用少量被测液洗涤测定管，尤其是毛细管部分，确保毛细管内外溶液的浓度一致。

4. 测定乙醇系列溶液的浓度

用阿贝折射仪来确定乙醇溶液的准确浓度。

注意事项

（1）仪器系统不能漏气。

（2）所用毛细管必须干净、干燥，应保持垂直，其管口刚好与液面相切。

（3）读取压力计的压力差时，应取气泡单个逸出时的最大压力差。

五、实验数据

（1）将实验数据填入表 5-5 中，计算仪器常数和溶液表面张力 σ，绘制 σ-c 曲线。

（2）作切线求斜率，并求出 Γ、c/Γ。

（3）绘制 Γ-c、c/Γ-c 曲线，求 Γ_∞。

表 5-5　实验数据记录表

浓度	Δp_1/kPa	Δp_2/kPa	Δp_3/kPa	Δp/kPa	折射率	c/ (mol·L^{-1})	σ/ (N·m^{-1})	Γ/ (mol·m^{-2})	c/Γ/ (m^2·L^{-1})
水									
2%									
4%									
6%									
8%									
10%									
12%									
14%									
16%									
18%									

六、思考题

（1）在测量中，如果抽气速度过快，对测量结果有何影响？

（2）将毛细管末端插入溶液内部进行测量可以吗？为什么？

（3）计算误差，并分析误差产生的原因。

5.8　二组分气–液平衡相图

一、实验目的

（1）绘制常压下环己烷–乙醇双液体系的 T–x 图，并找出恒沸混合物的组成和最低恒沸点。

（2）掌握阿贝折射仪的使用方法。

课件 5.7　二组分气–液平衡相图

二、实验原理

常温下，任意两种液体混合组成的体系称为双液体系（又称二组分）。若两液体能按任意比例相互溶解，则称完全互溶双液体系；若只能部分互溶，则称部分互溶双液体系。双液体系的沸点不仅与外压有关，还与双液体系的组成有关。恒压下将完全互溶双液体系蒸馏，测定馏出物（气相）和蒸馏液（液相）的组成，就能找出平衡时气、液两相的成分并绘出 T–x 图。如图 5–14 所示，图中纵轴是温度（沸点）T，横轴是液体 B 的摩尔分数 x_B（或质量分数）。上面一条是气相线，下面一条是液相线，对于某一温度所对应的两曲线上的两个点，就是该温度下气–液平衡时的气相点和液相点，其相应的组成可从横轴上获得，即 x、y。

通常，如果液体与拉乌尔定律的偏差不大，在 T–x 图上溶液的沸点介于 A、B 纯液体的沸点之间，如图 5–14（a）所示。而实际溶液由于 A、B 两组分的相互影响，常与拉乌尔定律有较大偏差，在 T–x 图上就会有最高或最低点出现，这些点称为恒沸点，其相应的溶液称为恒沸混合物，如图 5–14（b）、（c）所示。蒸馏恒沸混合物时，所得的气相与液相组成相同，因此通过蒸馏无法改变其组成。

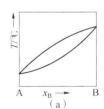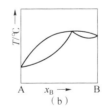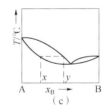

图 5–14　完全互溶双液体系的相图

本实验采用回流冷凝的方法绘制环己烷–乙醇体系的 T–x 图。其方法是用阿贝折射仪测定不同组分的体系在沸点时气相、液相的折射率，再从折射率–组成工作曲线上查得相应的组成，然后绘制 T–x 图。

三、实验仪器与试剂

沸点仪，恒温槽，阿贝折射仪，移液管（1 mL，10 mL），胶头滴管，具塞小试管。

环己烷（AR），无水乙醇（AR）。

四、实验步骤

（1）调节恒温槽温度比室温高 5 ℃，通恒温水于阿贝折射仪中。

（2）测定折射率与组成的关系，绘制工作曲线。将 9 支小试管编号，依次移入 0.100、0.200、…、0.900 mL 的环己烷，然后依次移入 0.900、0.800、…、0.100 mL 的无水乙醇，轻轻摇动，混合均匀，配成 9 份已知浓度的溶液。用阿贝折射仪测定每份溶液的折射率及纯环己烷和纯无水乙醇的折射率。以折射率对浓度作图，即得工作曲线。

视频 5.7　二组分气-液平衡相图

（3）测定环己烷-乙醇体系的沸点与组成的关系。如图 5-15 所示，安装好沸点仪，打开冷却水，加热使沸点仪中溶液沸腾。最初冷凝管下端袋状部的冷凝液不能代表平衡时的气相组成。将袋状部的最初冷凝液体倾回蒸馏器，并反复 2~3 次，待溶液沸腾且回流正常，温度读数恒定后，记录溶液沸点。用胶头滴管从气相冷凝液取样口吸取气相样品，把所取的样品迅速滴入阿贝折射仪中，测其折射率 n_g。再用另一支胶头滴管吸取沸点仪中的溶液，测其折射率 n_1。

本实验是以恒沸点为界，把相图分成左右两半支，分两次来绘制相图。具体方法如下。

①右半支沸点-组成关系的测定。取 20 mL 无水乙醇加入沸点仪中，然后依次加入环己烷 0.5、1.0、1.5、2.0、4.0、14.0 mL。用前述方法分别测定溶液沸点及气相组分折射率 n_g、液相组分折射率 n_1。实验完毕，将溶液倒入回收瓶中。

②左半支沸点-组成关系的测定。取 25 mL 环己烷加入沸点仪中，然后依次加入无水乙醇 0.1、0.2、0.3、0.4、1.0、5.0 mL。用前述方法分别测定溶液沸点及气相组分折射率 n_g、液相组分折射率 n_1。

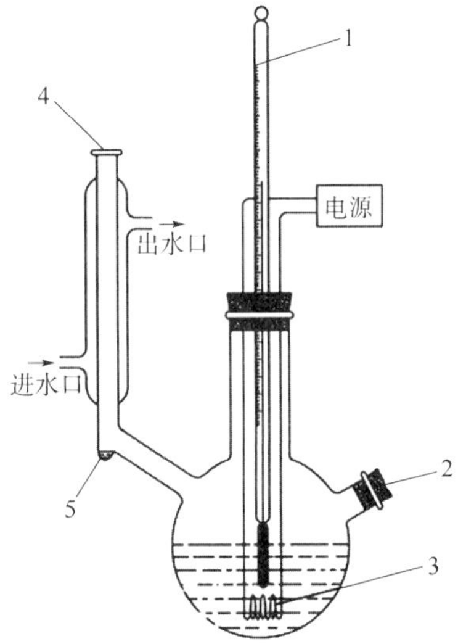

1—温度计；2—进样口；3—加热丝；
4—气相冷凝液取样口；
5—气相冷凝液。

图 5-15　沸点仪

注意事项

（1）由于整个体系并非绝对恒温，气、液两相的温度会有少许差别，因此沸点仪中，温度计水银球的位置应一半浸在溶液中，一半露在蒸气中。随着溶液量的增加要不断调节水银球的位置。

（2）实验中可调节加热电压来控制回流速度的快慢，电压不可过大，能使待测液体沸腾即可。加热丝不能露出液面，一定要被待测液体浸没。

（3）在每一份样品的蒸馏过程中，由于整个体系的成分不可能保持恒定，因此平衡温度会略有变化，特别是当溶液中两种组成的量相差较大时，变化更为明显。为此每加入一次样品后，只要待溶液沸腾，正常回流 1~2 min 后，即可取样测定，不宜等待时间过长。

（4）每次取样量不宜过多，取样时胶头滴管一定要干燥，不能留有上次的残液，气相部分的样品要取干净。

五、实验数据

（1）将测得的折射率-组成数据列表，并绘制工作曲线。

（2）将实验中测得的沸点-折射率数据列表，并从工作曲线上查得相应的组成，获得沸点与组成的关系。

（3）绘制环己烷-乙醇体系的 T-x 图，并标明最低恒沸点和组成。

（4）在精确的测定中，要对温度计的外露水银柱进行露茎校正。

六、思考题

（1）该实验中，测定工作曲线时折射仪的恒定温度与测定样品时折射仪的恒定温度是否需要保持一致？为什么？

（2）过热现象对实验会产生什么影响？如何在实验中尽可能避免？

（3）在连续测定法实验中，样品的加入量应十分精确吗？为什么？

5.9 凝固点降低法测定摩尔质量

一、实验目的及要求

（1）用凝固点降低法测定萘的摩尔质量。

（2）加深对稀溶液依数性的理解。

（3）学会使用凝固点降低实验装置。

课件 5.8 凝固点降低法测定摩尔质量

二、实验原理

非挥发性溶质二组分溶液，其稀溶液具有依数性，凝固点降低就是依数性的一种表现。根据凝固点降低的数值，可以求溶质的摩尔质量。对于稀溶液，如果溶质和溶剂不生成固溶体，固态是纯的溶剂，在一定压力下，固体溶剂与溶液成平衡的温度叫作溶液的凝固点。溶剂中加入溶质时，溶液的凝固点比纯溶剂的凝固点低。其降低值 ΔT_f 与溶质的质量摩尔浓度 b 成正比：

$$\Delta T_f = T_{f0} - T_f = K_f b \tag{5-31}$$

式中：T_{f0} 为纯溶剂的凝固点；T_f 为质量摩尔浓度为 b 的溶液的凝固点；K_f 为溶剂的凝固点降低常数。

若已知某种溶剂的凝固点降低常数 K_f，并测得溶剂、溶质的质量分别为 m_A、m_B 的稀溶液的凝固点降低值 ΔT_f，则可通过下式计算溶质的摩尔质量 M_B：

$$M_B = K_f m_B / \Delta T_f m_A \tag{5-32}$$

凝固点降低值的大小，直接反映了溶液中溶质有效质点的数目。如果溶质在溶液中有离解、缔合、溶剂化和配合物生成等情况，这些均影响溶质在溶剂中的表观分子量。因此，凝固点降低法也可用来研究溶液的一些性质，如电解质的电离度，溶质的缔合度、活度和活度系数等。

纯溶剂的凝固点为其液相和固相共存的平衡温度。若将液态的纯溶剂逐步冷却，在未凝固前温度将随时间均匀下降，开始凝固后因放出凝固热而补偿了热损失，体系将保持液-固两相共存的平衡温度而不变，直至全部凝固，温度再继续下降。其冷却曲线如图 5-16 中 1 所示。但实际过程中，当液体温度达到或稍低于其凝固点时，晶体并不析出，这就是所谓的过冷现象。此时若加以搅拌或加入晶种，促使晶核产生，则大量晶体会迅速形成，并放出凝固热，使体系温度迅速回升到稳定的平衡温度；待液体全部凝固后温度再逐渐下降。冷却曲线如图 5-16 中 2 所示。

溶液的凝固点是该溶液与溶剂的固相共存的平衡温度，其冷却曲线与纯溶剂不同。当有溶剂凝固析出时，剩余溶液的浓度逐渐增大，因而溶液的凝固点也逐渐降低。因有凝固热放出，冷却曲线的斜率发生变化，即温度的下降速度变慢，如图 5-16 中 3 所示。本实验要测定已知浓度溶液的凝固点。若溶液过冷程度不大，析出固体溶剂的量很少，对原始溶液浓度影响不大，则以过冷回升的最高温度作为该溶液的凝固点，如图 5-16 中 4 所示。

确定凝固点的另一种方法是外推法，如图 5-17 所示，首先记录绘制纯溶剂与溶液的冷却曲线，作曲线后面部分（已经有固体析出）的趋势线并延长使其与曲线的前面部分相交，其交点就是凝固点。

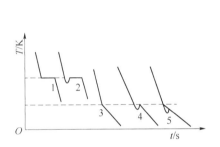

图 5-16 纯溶剂和溶液的冷却曲线

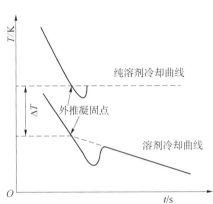

图 5-17 外推法求纯溶剂和溶液的凝固点

三、实验仪器与试剂

凝固点降低实验仪（包括凝固点管、凝固点管塞、凝固点管的套管、搅拌杆、水浴缸、水浴缸盖等），精密数字温差仪。

冰块，环己烷，萘。

四、实验步骤

1. 安装实验装置

检查测温探头，要求洁净，可以用环己烷清洗测温探头并晾干。

冰水浴槽中准备好冰和水，温度最好控制在 3.5 ℃左右。

用移液管取 25.00 mL（或用 0.01 g 精度的天平称量 20.00 g 左右）分析纯的环己烷注入已洗净干燥的凝固点管中。注意：冰水浴高度要超过凝固点管中环己烷的液面。

视频 5.8 凝固点降低法测定摩尔质量

将精密数字温差仪的测温探头擦干并插入凝固点管中。注意：测温探头应位于环己烷的中间位置。

检查搅拌杆，使之能顺利上下搅动，不与测温探头和管壁接触摩擦。

2. 环己烷凝固点的测定

先粗测凝固点，将凝固点管直接浸入冰水浴中，平稳搅拌使之冷却，当开始有晶体析出时，放入外套管中继续缓慢搅拌，温差仪每 6 s 鸣响一次，可依此定时读取温度值。待温度较稳定且温差仪的示值变化不大时，该温度就是环己烷的近似凝固点。

取出凝固点管，用手微热，使结晶完全熔化（不要加热太快）。然后将凝固点管放入冰水浴中，均匀搅拌。当温度降到比近似凝固点高 0.5 ℃时，迅速将凝固点管从冰水浴中拿出，擦干，放入外套管中继续冷却到比近似凝固点低 0.2~0.3 ℃，开始轻轻搅拌，此时过冷液体因结晶放热而使温度回升，此稳定的最高温度即为纯环己烷的凝固点。使结晶熔化，重复操作，直到取得 3 个偏差不超过 ±0.005 ℃ 的数据为止。

3. 溶液凝固点的测定

用分析天平称量压成片状的萘 0.06~0.10 g，小心地从凝固点支管加入凝固点管中，搅拌使之全部溶解。

同上法先测定溶液的近似凝固点，再准确测量精确凝固点。注意：最高点出现的时间很短，需仔细观察。测定过程中冷度不得超过 0.2 ℃，偏差不得超过 0.005 ℃。

注意：判断样品管中是否出现固体，不是直接观察样品管里面，而是从记录的温度数据上判断，即温度由下降较快变为下降较慢的转折处。

重复本步骤 1 次。

4. 结束整理

关闭仪器电源，断开各电源连接线，拆卸实验装置，将凝固点管洗净后用蒸馏水荡洗，置于烘箱中烘干。将实验装置的其他部件放入仪器箱内。

注意事项

（1）实验时应将测温探头擦干后再插入凝固点管。不使用时注意妥善保护测温探头。

（2）加入固体样品时要小心，勿粘在壁上或撒在外面，以保证量的准确性。

（3）熔化样品和溶解溶质时切勿升温过高，以防超出温差仪量程。

五、实验数据

将实验数据填入表 5-6 中。

表 5-6　实验数据记录表

溶剂				溶液			
时间/s	温度/℃	时间/s	温度/℃	时间/s	温度/℃	时间/s	温度/℃

（1）根据公式 ρ（单位为 $g \cdot cm^{-3}$）$= 0.797\ 1 - 0.887\ 9 \times 10^{-3} t$ 计算室温（单位为 t ℃）时环己烷的密度。

（2）根据所记录的时间、温度数据，绘制纯溶剂和溶液的冷却曲线。

（3）根据测得的环己烷和溶液的凝固点，计算萘的摩尔质量。

六、思考题

（1）何为稀溶液的依数性？

（2）何为过冷现象？如何控制溶液的过冷程度？

（3）在精确测定凝固点时为什么要急速搅拌？

（4）在测定时如何确定所加入的溶质质量？

5.10　电动势的测定及其应用

一、实验目的

（1）学会几种金属电极的制备方法。

（2）掌握几种金属电极的电极电势的测定方法。

（3）学会测定溶液的 pH 值。

课件 5.9　电动势的测定及其应用　　视频 5.9　电动势的测定及其应用

二、实验原理

1. 电极电势的测定原理

可逆电池的电动势可看作正、负两个电极的电势之差，用 E 表示。设正极电势为 φ_+，负极电势为 φ_-，则

$$E = \varphi_+ - \varphi_-$$

电极电势的绝对值无法测定，手册上所列的电极电势均为相对电极电势，即以标准氢电极（其电极电势规定为零）作为标准，与待测电极组成一电池，所测电池电动势就是待测电极的电极电势。由于氢电极使用不便，因此常用另外一些易制备、电极电势稳定的电极作为参比电极，如甘汞电极、银-氯化银电极等。

本实验是测定几种金属电极的电极电势。将待测电极与饱和甘汞电极组成如下电池：

$$Hg(l)-Hg_2Cl_2(s) \mid KCl(饱和溶液) \parallel M^{n+}(a_\pm) \mid M(s)$$

金属电极的反应为 $\qquad M^{n+} + ne^- \longrightarrow M$

甘汞电极的反应为 $\qquad 2Hg + 2Cl^- \longrightarrow Hg_2Cl_2 + 2e^-$

电池电动势为

$$E = \varphi_+ - \varphi_- = \varphi^{\ominus}_{M^{n+},M} + \frac{RT}{nF}\ln a\ (M^{n+})\ -\varphi(饱和甘汞) \qquad (5-33)$$

式中，φ（饱和甘汞）$= 0.242\ 40 - 7.6 \times 10^{-4}(t-25)$（$t$ 的单位为℃）；$a = \gamma_i c$，其中 γ_i 为活度系

数，c 为浓度。

2. 测定溶液 pH 值的原理

利用各种氢离子指示电极与参比电极组成电池，即可由电池电动势算出溶液的 pH 值，常用指示电极有：氢电极、醌氢醌电极和玻璃电极。这里讨论醌氢醌（$Q \cdot QH_2$）电极。$Q \cdot QH_2$ 为等物质的量的醌（Q）与氢醌（QH_2）等的混合物，在水溶液中部分分解：

$$(Q \cdot QH_2) \qquad (Q) \qquad (QH_2)$$

它在水中溶解度很小。将待测 pH 值的溶液用 $Q \cdot QH_2$ 饱和后，再插入一只光亮 Pt 电极就构成了 $Q \cdot QH_2$ 电极，可用它构成如下电池：

$$Hg(l)-Hg_2Cl_2(s) | 饱和 KCl 溶液 \| 由 Q \cdot QH_2 饱和的待测 pH 值的溶液(H^+) | Pt(s)$$

$Q \cdot QH_2$ 电极反应为

$$Q + 2H^+ + 2e^- \longrightarrow QH_2$$

因为在稀溶液中 $a_{H^+} = c_{H^+}$，所以

$$\varphi(Q \cdot QH_2) = \varphi^{\ominus}(Q \cdot QH_2) - \frac{2.303RT}{F} \cdot pH$$

可见，$Q \cdot QH_2$ 电极的作用相当于一个氢电极，电池的电动势为

$$E = \varphi_+ - \varphi_- = \varphi^{\ominus}(Q \cdot QH_2) - \frac{2.303RT}{F} \cdot pH - \varphi(饱和甘汞)$$

$$pH = [\varphi^{\ominus}(Q \cdot QH_2) - E - \varphi(饱和甘汞)] \div \frac{2.303RT}{F} \qquad (5-34)$$

式中，$\varphi^{\ominus}(Q \cdot QH_2) = 0.6994 - 7.4 \times 10^{-4}(t-25)$。

三、实验仪器与试剂

SDC-IIA 数字电位差计，铜电极，锌电极，盐桥，饱和甘汞电极，Pt 电极，烧杯（50 mL）。

$CuSO_4$（0.010 00 mol/L，0.100 0 mol/L），$ZnSO_4$（0.100 0 mol/L）；KCl 饱和溶液，醌氢醌，未知 pH 值的溶液。

四、实验步骤

1. 电位差计的使用

（1）将仪器和 220 V 电源连接，开启电源，预热 3 min。

（2）标定：采用"内标"（仪器内自带标准电池）进行校验。首先，将"测量选择"

置于"内标"位置，调节"$10^0 \sim 10^{-5}$"6个大按钮，使"电位指示"为"1.000 00"，然后调节"检零调节"，使"检零指示"接近"0000"。应注意，在校验结束后的一个测量周期内，不得再调节"检零调节"旋钮，否则影响测量结果。

（3）测量：用盐桥把待测电池锌的两个电极连接起来，把这个电池的负极与正极和仪器面板上"测量"端子连接好，并将"测量选择"置于"测量"，调节"$10^0 \sim 10^{-5}$"6个大旋钮，使"检零指示"接近"0000"，此时，"电位指示"值即为被测电动势值，然后将"测量选择"置于"外标"位置，隔约 3 min，再将"测量选择"置于"测量"位置，测一次电动势。按此方法连续测量 3 次，若数值不是朝一个方向变动，并且变动值小于 0.5 mV，则可以认为它的电动势是稳定的，取 3 次连续测量的平均值作为电池的电动势。

2. 测定原电池的电动势

测定以下 5 个原电池的电动势：

（1）$Zn(s) \mid ZnSO_4(0.100\,0\ mol/L) \parallel CuSO_4(0.100\,0\ mol/L) \mid Cu(s)$；

（2）$Hg(l) - Hg_2Cl_2(s) \mid KCl(饱和) \parallel CuSO_4(0.100\,0\ mol/L) \mid Cu(s)$；

（3）$Zn(s) \mid ZnSO_4(0.100\,0\ mol/L) \parallel KCl(饱和) \mid Hg_2Cl_2(s) - Hg(l)$；

（4）$CuSO_4(0.010\,00\ mol/L) \mid Cu(s) \parallel CuSO_4(0.100\,0\ mol/L) \mid Cu(s)$。

（5）$Hg(l) - Hg_2Cl_2(s) \mid KCl(饱和) \parallel 由\ Q \cdot QH_2\ 饱和的待测\ pH\ 值的溶液 \mid Pt(s)$。

五、实验数据

将测得的实验数据填入表 5-7 中。

表 5-7　实验数据记录表

组别	$E_{计算值}/V$	$E_{测量值}/V$
1		
2		
3		
4		
5		

由测定的电池电动势数据，利用式（5-33）计算铜、锌的标准电极电势，并计算误差，分析误差产生的原因。然后根据式（5-34）计算未知溶液的 pH 值。

六、思考题

（1）电位差计、标准电池及工作电池各有什么作用？如何保护及正确使用？

（2）参比电极应具备什么条件？它有什么功用？

（3）盐桥有什么作用？选用作盐桥的物质应有什么原则？

5.11　蔗糖的转化

一、实验目的

（1）测定不同温度时蔗糖转化反应的速率常数和半衰期，并求算蔗糖转化反应的活化能。

（2）了解旋光仪的构造、工作原理，掌握旋光仪的使用方法。

课件 5.10
蔗糖的转化

二、实验原理

蔗糖转化反应为：

$$C_{12}H_{22}O_{11}+H_2O \longrightarrow C_6H_{12}O_6+C_6H_{12}O_6$$

蔗糖 　　　　　　葡萄糖　　果糖

为使水解反应加速，常以酸为催化剂，故反应在酸性介质中进行。由于反应中水是大量存在的，尽管有部分水分子参加了反应，但仍可近似认为整个反应中水的浓度是恒定的。而 H^+ 是催化剂，其浓度也保持不变。因此，蔗糖转化反应可视为一级反应。其动力学方程为

$$-\frac{dc}{dt}=kc \tag{5-35}$$

式中，k 为反应速率常数；c 为时间 t 时的反应物浓度。

将式（5-35）积分得

$$\ln c = -kt+\ln c_0 \tag{5-36}$$

式中，c_0 为反应物的初始浓度。

当 $c=\frac{1}{2}c_0$ 时，t 可用 $t_{1/2}$ 表示，即为反应的半衰期。由式（5-36）可得

$$t_{1/2}=\frac{\ln 2}{k}=\frac{0.693}{k} \tag{5-37}$$

蔗糖及水解产物均为旋光性物质。但它们的旋光能力不同，故可以利用体系在反应过程中旋光度的变化来衡量反应的进程。溶液的旋光度与溶液中所含旋光物质的种类、浓度、溶剂的性质、液层厚度、光源波长及温度等因素有关。

为了比较各种物质的旋光能力，引入比旋光度的概念。比旋光度可用下式表示：

$$[\alpha]_D^T=\frac{\alpha}{lc} \tag{5-38}$$

式中，T 为实验温度，℃；D 为光源波长；α 为旋光度；l 为液层厚度；c 为浓度。

由式（5-38）可知，当其他条件不变时，旋光度 α 与浓度 c 成正比，即

$$\alpha = Kc \tag{5-39}$$

式中，K 是一个与物质旋光能力、液层厚度、溶剂性质、光源波长、温度等因素有关的常数。

在蔗糖的水解反应中，反应物蔗糖是右旋性物质，其比旋光度 $[\alpha]_D^{20}=66.6°$。产物中葡萄糖也是右旋性物质，其比旋光度 $[\alpha]_D^{20}=52.5°$；而产物中的果糖则是左旋性物质，其

比旋光度 $[\alpha]_D^{20}=-91.9°$。因此，随着水解反应的进行，右旋角不断减小，最后经过零点变成左旋。旋光度与浓度成正比，并且溶液的旋光度为各组成的旋光度之和。若反应时间为 0、t、∞ 时溶液的旋光度分别用 α_0、α_t、α_∞ 表示，则

$$\alpha_0 = K_{反}c_0 (表示蔗糖未转化) \tag{5-40}$$

$$\alpha_\infty = K_{生}c_0 (表示蔗糖已完全转化) \tag{5-41}$$

式中，$K_{反}$ 和 $K_{生}$ 分别为对应反应物与产物之比例常数，有

$$\alpha_t = K_{反}c + K_{生}(c_0 - c) \tag{5-42}$$

将式（5-40）、式（5-41）、式（5-42）三式联立可以解得

$$c_0 = \frac{\alpha_0 - \alpha_\infty}{K_{反} - K_{生}} = K'(\alpha_0 - \alpha_\infty) \tag{5-43}$$

$$c = \frac{\alpha_t - \alpha_\infty}{K_{反} - K_{生}} = K'(\alpha_t - \alpha_\infty) \tag{5-44}$$

将式（5-43）、式（5-44）代入式（5-36）即得

$$\ln(\alpha_t - \alpha_\infty) = -kt + \ln(\alpha_0 - \alpha_\infty) \tag{5-45}$$

由式（5-45）可见，以 $\ln(\alpha_t - \alpha_\infty)$ 对 t 作图为一直线，由该直线的斜率即可求得反应速率常数 k。进而可求得半衰期 $t_{1/2}$。

根据阿累尼乌斯公式 $\ln\dfrac{k_2}{k_1} = \dfrac{E_a(T_2 - T_1)}{RT_1T_2}$，可求出蔗糖转化反应的活化能 E_a。

三、实验仪器与试剂

旋光仪，旋光管，恒温槽，台秤，停表，烧杯（100 mL），移液管（25 mL），带塞三角瓶（100 mL）。

HCl(3 mol/L)，蔗糖（AR）。

四、实验步骤

（1）将恒温槽调节到（25.0±0.1）℃恒温，然后在旋光管中接上恒温水。

视频 5.10 蔗糖的转化

（2）旋光仪零点的校正。洗净旋光管，将管子一端的盖子旋紧，向管内注入蒸馏水，把玻璃片盖好，使管内无气泡（或小气泡）存在。再旋紧套盖，勿使漏水。用吸水纸擦净旋光管，再用擦镜纸将管两端的玻璃片擦净，放入旋光仪中，盖上槽盖开启旋光仪，校正旋光仪零点。

（3）蔗糖水解过程中 α_t 的测定。用台秤称取 15 g 蔗糖，放入 100 mL 烧杯中，加入75 mL 蒸馏水配成溶液（若溶液混浊则需过滤）。用移液管取 25 mL 蔗糖溶液置于 100 mL带塞三角瓶中。移取 25 mL 3 mol/L 的 HCl 溶液于另一只 100 mL 带塞三角瓶中。一起放入恒温槽内，恒温 10 min。取出两只三角瓶，将 HCl 溶液迅速倒入蔗糖溶液中，来回倒三次，使之充分混合。并且在加入 HCl 溶液时开始记时，立即用少量混合液荡洗旋光管两次，将混合液装满旋光管（操作同装蒸馏水相同）。擦净后立刻置于旋光仪中，盖上槽盖。每隔一定时间，读取一次旋光度，开始时，可每 3 min 读一次，30 min 后，每 5 min读一次。测定 1 h。

（4）α_∞ 的测定。将步骤（3）剩余的混合液置于近 60 ℃ 的水浴中，恒温至少 30 min 以加速反应，然后冷却至实验温度，按上述操作，测定其旋光度，此值即为 α_∞。

注意事项

（1）装样品时，旋光管管盖旋至不漏液体即可，不要用力过猛，以免压碎玻璃片。

（2）在测定 α_∞ 时，通过加热使反应速度加快，转化完全。但加热温度不要超过 60 ℃，加热过程要防止水的挥发致使溶液浓度变化。

（3）由于酸对仪器有腐蚀，操作时应特别注意，避免酸液滴漏到仪器上。实验结束后必须将旋光管洗净。

五、实验数据

（1）将测得的实验数据填入表 5-8 中，计算不同时刻时 $\ln(\alpha_t - \alpha_\infty)$。

（2）以 $\ln(\alpha_t - \alpha_\infty)$ 对 t 作图，由所得直线的斜率求出反应速率常数 k。

（3）计算蔗糖转化反应的半衰期 $t_{1/2}$。

（4）由两个温度下测得的 k 值计算反应的活化能。

表 5-8　实验数据记录表

时间 t/min	α_t/(°)	$\alpha_t - \alpha_\infty$/(°)	$\ln(\alpha_t - \alpha_\infty)$/(°)	α_∞/(°)	α_0/(°)	斜率	反应速率常数
3							
6							
9							
12							
15							
18							
21							
24							
27							
30							
35							
40							
45							
50							

六、思考题

（1）实验中，为什么用蒸馏水来校正旋光仪的零点？在蔗糖转化反应过程中，所测的

旋光度 α_t 是否需要进行零点校正？为什么？

（2）蔗糖溶液为什么可粗略配制？

（3）蔗糖转化反应的速率常数 k 与哪些因素有关？

（4）试分析本实验误差来源，怎样减少实验误差？

【小栏目】

（1）测定旋光度有以下几种用途：鉴定物质的纯度；决定物质在溶液中的浓度或含量；测定溶液的密度；光学异构体的鉴别等。

（2）古根海姆曾经推出了不需测定反应终了浓度（本实验中为 α_{∞}）就能够计算一级反应速率常数 k 的方法，他的出发点是因为一级反应在时间 t 与 $t+\Delta t$ 时反应的浓度 c 及 c' 可分别表示为

$$c = c_0 e^{-kt}$$
$$c' = c_0 e^{-k(t+\Delta t)}$$

式中，c_0 为起始浓度。由此得 $\ln(c-c') = -kt+\ln[c_0(1-e^{-k\Delta t})]$，因此若能在一定的时间间隔 Δt 内测得一系列数据，则因为 Δt 为定值，以 $\ln(c-c')$ 对 t 作图，即可由直线的斜率求出 k。

5.12 乙酸乙酯皂化反应

一、实验目的

（1）用电导率仪测定乙酸乙酯皂化反应进程中的电导率。

（2）学会用图解法求二级反应的速率常数，并计算该反应的活化能。

（3）学会使用电导率仪和恒温水浴。

二、实验原理

乙酸乙酯皂化反应是个二级反应，其反应方程式为

$$CH_3COOC_2H_5 + OH^- \longrightarrow CH_3COO^- + C_2H_5OH$$

当乙酸乙酯与氢氧化钠溶液的起始浓度相同时，如均为 a，则反应速率表示为

$$\frac{dx}{dt} = k(a-x)^2 \tag{5-46}$$

式中，x 为时间 t 时反应物消耗掉的浓度；k 为反应速率常数。将上式积分得

$$\frac{x}{a(a-x)} = kt \tag{5-47}$$

起始浓度 a 为已知，因此只要由实验测得不同时间 t 时的 x 值，以 $x/(a-x)$ 对 t 作图，若所得为一直线，则证明是二级反应，并可以由直线的斜率求出 k 值。

乙酸乙酯皂化反应中，参加导电的离子有 OH⁻、Na⁺ 和 CH₃COO⁻。由于反应体系是很稀的水溶液，可认为 CH₃COONa 是全部电离的，因此反应前后 Na⁺ 的浓度不变。随着反应的进行，仅仅是导电能力很强的 OH⁻ 离子逐渐被导电能力弱的 CH₃COO⁻ 离子所取代，致使溶液的电导逐渐减小。因此，可用电导率仪测量皂化反应进程中电导率随时间的变化，从而达到跟踪反应物浓度随时间变化的目的。

令 G_0 为 $t=0$ 时溶液的电导，G_t 为时间 t 时溶液的电导，G_∞ 为 $t=\infty$（反应完毕）时溶液的电导。稀溶液中，电导值的减少量与 CH₃COO⁻ 浓度成正比，设 K 为比例常数，则

$$t=t \text{ 时，} x=x, \quad x=K(G_0-G_t)$$

$$t=\infty \text{ 时，} x=a, \quad a=K(G_0-G_\infty)$$

由此可得

$$a-x=K(G_t-G_\infty)$$

所以 $a-x$ 和 x 可以用溶液相应的电导表示，将其代入式（5-47）得

$$\frac{1}{a} \cdot \frac{G_0-G_t}{G_t-G_\infty}=kt$$

重新排列得

$$G_t=\frac{1}{ak} \cdot \frac{G_0-G_t}{t}+G_\infty \tag{5-48}$$

因此，只要测出不同时间溶液的电导值 G_t 和起始溶液的电导值 G_0，然后以 G_t 对 $(G_0-G_t)/t$ 作图应得一直线，直线的斜率为 $1/(ak)$，由此便求出某温度下的反应速率常数 k 值。将电导与电导率 κ 的关系式 $G=\kappa A/l$ 代入式（5-48）得

$$\kappa_t=\frac{1}{ak} \cdot \frac{\kappa_0-\kappa_t}{t}+\kappa_\infty \tag{5-49}$$

通过实验测定不同时间溶液的电导率 κ_t 和起始溶液的电导率 κ_0，以 κ_t 对 $(\kappa_0-\kappa_t)/t$ 作图，也得一直线，由直线的斜率也可求出反应速率常数 k 值。

如果知道不同温度下的反应速率常数 $k(T_2)$ 和 $k(T_1)$，根据阿累尼乌斯公式，可计算出该反应的活化能 E_a：

$$\ln\frac{k(T_2)}{k(T_1)}=\frac{E_a}{R}\left(\frac{1}{T_1}-\frac{1}{T_2}\right) \tag{5-50}$$

三、实验仪器与试剂

电导率仪，电导池，恒温水浴，停表，移液管（50 mL，1 mL），容量瓶（250 mL），磨口三角瓶（200 mL）。

NaOH（0.020 0 mol/L），乙酸乙酯（AR），电导水。

四、实验步骤

1. 配制乙酸乙酯溶液

准确配制与 NaOH 溶液浓度（约 0.020 0 mol/L）相等的乙酸乙酯溶液。其方法是：根据室温下乙酸乙酯的密度，计算出配制 250 mL 0.020 0 mol/L 的乙酸乙酯溶液所需的乙酸乙酯的毫升数 V，然后用 1 mL 移液管吸取 V mL 乙酸乙酯注入 250 mL 容量瓶中，稀释至刻度即可。

视频 5.10 乙酸
乙酯皂化反应
电导率的测定

2. 调节恒温槽

将恒温槽的温度调至 （25.0±0.1）℃或 （30.0±0.1）℃。

3. 溶液起始电导率 κ_0 的测定

在干燥的 200 mL 磨口三角瓶中，用移液管加入 50 mL 0.020 0 mol/L 的 NaOH 溶液和等体积的电导水，混合均匀后，倒出少许溶液洗涤电导池和电极，然后将剩余溶液倒入电导池（盖过电极上沿并超出约 1 cm），恒温约 15 min，并轻轻摇动数次，然后将电极插入溶液，测定溶液的电导率，直至不变为止，此数值即为 κ_0。

4. 反应时电导率 κ_t 的测定

用移液管移取 50 mL 0.020 0 mol/L 的乙酸乙酯溶液于干燥的 200 mL 磨口三角瓶中，用另一只移液管移取 50 mL 0.020 0 mol·L^{-1} 的 NaOH 溶液于另一干燥的 200 mL 磨口三角瓶中。将两个三角瓶置于恒温槽中恒温 15 min，并摇动数次。将恒温好的 NaOH 溶液迅速倒入盛有乙酸乙酯溶液的三角瓶中，同时开动停表，作为反应的开始时间。迅速将溶液混合均匀，并用少许溶液洗涤电导池和电极，然后将溶液倒入电导池中，测定溶液的电导率 κ_t，在 4、6、8、10、12、15、20、25、30、35、40 min 时各测电导率一次，记下 k_t 和对应的时间 t。

5. 另一温度下 κ_0 和 κ_t 的测定

调节恒温槽温度为 （35.0±0.1）℃或 （40.0±0.1）℃。重复上述测定 κ_0 和 κ_t 的步骤。但在测定 κ_t 时，按反应进行 4、6、8、10、12、15、18、21、24、27、30 min 测其电导率。实验结束后，关闭电源，清洗电极，并置于电导水中保存待用。

注意事项

（1） 本实验需用电导水，并避免接触空气及灰尘杂质落入。

（2） 配好的 NaOH 溶液要防止空气中的 CO_2 气体进入。

（3） 乙酸乙酯溶液和 NaOH 溶液浓度必须相同。

（4） 乙酸乙酯溶液需临时配制，配制时动作要迅速，以减少挥发损失。

五、实验数据

（1） 将 t、κ_t、$(\kappa_0-\kappa_t)/t$ 数据列表。

（2） 以两个温度下的 κ_t 对 $(\kappa_0-\kappa_t)/t$ 作图，分别得一直线。由直线的斜率计算各温度下的反应速率常数 k。

（3） 由两温度下的反应速率常数，根据阿累尼乌斯公式计算该反应的活化能。

六、思考题

（1） 为什么由 0.010 0 mol/L 的 NaOH 溶液和 0.010 0 mol/L 的 CH_3COONa 溶液测得的电导率可以认为是 κ_0、κ_∞？

（2） 如果两种反应物起始浓度不相等，试问应怎样计算 k 值？

（3） 如果 NaOH 和乙酸乙酯溶液为浓溶液，能否用此法求 k 值，为什么？

【小栏目】

(1) 乙酸乙酯皂化反应是吸热反应，混合后体系温度降低，所以在混合后的几分钟内所测溶液的电导率偏低，因此最好在反应 4~6 min 后开始测定，否则由 κ_t 对 $(\kappa_0 - \kappa_t)/t$ 作图所得是一抛物线，而非直线。

(2) 乙酸乙酯皂化反应还可以用 pH 值法进行测定。当碱和乙酸乙酯的初始浓度不等时，设其浓度分别为 a 和 b，且 $a>b$，则其反应速率方程的积分式为

$$\ln \frac{a_t}{a_t - a_\infty} = a_\infty kt + \ln \frac{a}{b}$$

设 $t=t$、$t=\infty$ 时体系的 $[OH^-]$ 分别为 $[OH^-]_t$、$[OH^-]_\infty$，则有

$$A^* = -\ln \left(1 - \frac{[OH^-]_t}{[OH^-]_\infty} \right) = [OH^-]_\infty kt + \ln \frac{a}{b}$$

当 a、b 较小时（一般小于 0.01 mol/L），由于在稀溶液中体系的离子浓度变化不大，根据 pH 值的定义，在 25 ℃时，可用酸度计测定体系的 pH 值，即

$$pH = 14 + \lg[OH^-]$$

通过测定 $t=t$ 和 $t=\infty$ 时体系的 pH_t 和 pH_∞ 求得 $[OH^-]_t$ 和 $[OH^-]_\infty$。以 A^* 对 t 作图求直线的斜率，从而获得反应速率常数 k。

第6章　仪器分析实验

6.1　仪器分析测试样品的采集、保存和预处理技术

任何仪器分析操作都不可能一次把待分析对象全部进行测定，一般是通过对全部样品中一部分有代表性物质的分析测定，来推断被分析对象总体的性质。分析对象的全体称为总体，它是一类属性完全相同的物质。构成总体的每一个单位称为个体。从总体中抽出部分个体，作为总体的代表性物质进行分析，这部分个体的集合称为样品。从总体中抽取样品的操作过程称为采样。

一、样品采集的原则

样品采集的原则可概括为代表性、典型性和适时性。

（1）代表性：采集的样品必须能充分代表被分析总体的性质。例如，仓库中粮食样品需按不同方向、不同高度采集，即按三层（上、中、下）五点（四周及中心）法分别采集，将其混合均匀后再按四分法进行缩分，得到分析所需的样品。对于植物油、牛奶、酱油、饮料等液体样品，应充分混匀后再采集。

（2）典型性：对有些样品的采集，应根据检测目的，采集能充分说明此目的的典型样品。例如，对掺假食品的检测，应仔细挑选可疑部分作为样品，而不能随机采样。

（3）适时性：某些样品的采集要有严格的时间概念。例如，发生食物中毒时，应立即赴现场采集引起食物中毒的可疑样品。对于污染源的监测，应根据检测目的，选择不同时间采集样品。

采集样品时要避免样品的污染和被测组分的损失，因此要选择合适的采样器具和采样方法。采样时要详细记录采样时间、地点、位置、温度和气压等。采样量应能满足检测项目对样品量的需要，至少采集两份样品，一份作为保存样品，以备复检或仲裁之用。

二、各类样品的采集方法

样品的采集方法与样品的种类、分析项目、被测组分浓度等因素有关。仪器分析实验涉及的样品种类主要有气体样品、液体样品、一般固体样品、食品和生物材料等几种。

1. 气体样品的采集

（1）常压下，取样用一般吸气装置，如吸筒、抽气泵，使盛气瓶产生真空，自由吸入

气体样品。

（2）若气体压力高于常压，取样时可用球胆、盛气瓶直接盛取样品。

（3）若气体压力低于常压，取样时先将取样器抽成真空，再用取样管接通进行取样。

2. 液体样品的采集

（1）对于装在大容器中的液体，采用搅拌器搅拌或用无油污、水等杂质的空气，深入容器底部充分搅拌，然后用内径约 1 cm、长 80～100 cm 的玻璃管，在容器的不同深度和不同部位取样，经混匀后供分析。

（2）对于密封式容器的液体，先将前面一部分放出并弃去，再接取供分析用的样品。

（3）对于一批中分几个小容器分装的液体，先分别将各容器中样品混匀，然后按该产品规定的取样量，从各容器中取近等量试样于一个试样瓶中，混匀供分析。

（4）对于水管中的液体，应先放去管内静水，取一根橡皮管，其一端套在水管上，另一端插入取样瓶底部，在瓶中装满水后，让其溢出瓶口少许即可。

（5）对于河、池等水源，应在尽可能背阴的地方，离水面以下 0.5 m 深度，离岸 1～2 m 处取样。

3. 一般固体样品的采集

（1）对于粉状或松散样品，如精矿、石英砂、化工产品等，其组成较均匀，可用探料钻插入包内钻取样品。

（2）对于金属锭块或制件，一般可用钻、刨、切削、击碎等方法，按锭块或制件的采样规定采取样品。

（3）对于大块物料，如矿石、焦炭、块煤等，不但组分不均匀，而且大小相差很大，所以采样时应以适当的间距，从各个不同部分采集小样，原始样品一般按全部物料的万分之三至千分之一采集小样。

4. 食品样品的采集

食品检测项目主要有食品的营养成分、功效成分、鲜度、添加剂及污染物等。可按随机抽样、系统抽样和指定代表性样品的方法取样。随机抽样时，总体中每份样品被抽取的概率都相同，如检验食品的合格率，分析食品中某种营养素的含量是否符合国家卫生标准。系统抽样适用于性质随空间、时间变化规律已知的样品采集，如分析生产流程对食品营养成分的破坏或污染情况。指定代表性样品适用于掺假食品、变质食品的检验，应选择可疑部分取样。

5. 生物材料样品的采集

生物材料指人或动物的体液、排泄物、分泌物及脏器等，包括血液、尿液、毛发、指甲、唾液、呼出气、组织和粪便等。

（1）血液。血液包括全血、血浆和血清，可反映机体近期的情况，成分比较稳定，取样污染少，但取样量和取样次数受限制。可采集手指血、耳垂血或静脉血。根据被测物在血液中的分布，分别选取全血、血浆和血清进行分析。

（2）尿液。由于大多数毒物及其代谢物经肾脏排出，同时尿液的收集也比较方便，因此尿液作为生物材料在临床和卫生检验中应用较广。但尿液受饮食、运动和用药的影响较大，还容易带入干扰物质，所以测定结果需加以校正或综合分析。尿液可根据检测目的采集 24 h 全日尿、晨尿及某一时间的一次尿。全日尿能代表一天的平均水平，结果比较稳定，但收集比较麻烦，且容易受污染。实践表明，晨尿和全日尿的许多项目测定结果之间无显著性差异，因此常用晨尿代替全日尿。采样容器为聚乙烯瓶或用硝酸溶液浸泡过的玻璃瓶。

（3）毛发。毛发作为生物样品的优点如下：毛发是许多重金属元素的蓄积库，含量比较固定；毛发可以记录外部环境对机体的影响，头发每月生长 1~1.5 cm，它能反映机体在近期或过去不同阶段物质吸收和代谢的情况；头发易于采集，便于长期保存。但毛发易受环境污染，所以毛发样品的洗涤非常重要，既要洗去外源性污染物，又要保证内源性被测成分不损失。采样应取枕部距头皮 2 cm 左右的发段，取样量 1~2 g。

（4）唾液。唾液作为生物材料样品，具有采样方便、无损伤、可反复测定的优点。唾液分为混合唾液和腮腺唾液。前者易采集，应用较多；后者需用专用取样器，样品成分较稳定，受污染的机会少。

（5）组织。组织主要包括尸检或手术后采集的肝、肾、肺等脏器。尸体组织最好在死后 48 h 之内取样，并要防止所用器械带来的污染。采集的样品应尽快分析，否则需将样品冷冻保存。

三、样品的保存

采集的样品保存时间越短，分析结果越可靠。能够在现场进行测定的项目，应在现场完成分析，以免在样品的运送过程中，待测组分由于挥发、分解和被污染等原因造成损失。若样品必须保存，则应根据样品的物理性质、化学性质和分析要求，采取合适的方法保存样品。可采用冷冻、真空、干燥、加稳定剂、防腐剂或保存剂，通过化学反应使不稳定成分转化为稳定成分等措施，以延长保存期。普通玻璃瓶、棕色玻璃瓶、石英试剂瓶、聚乙烯瓶、袋或桶等常用于保存样品。

四、样品前处理技术

分析仪器灵敏度的提高及分析对象基体的复杂化，对样品前处理提出了更高的要求。目前，现代分析方法中样品前处理技术的发展趋势是速度快、批量大、自动化程度高、成本低、劳动强度低、试剂消耗少、利于人员健康和环境保护、方法准确可靠，这也是评价样品前处理方法的准则。

样品前处理指样品的制备和对样品采用合适的分解、溶解及对待测组分进行提取、净化、浓缩的过程，使被测组分转变成可测定的形式以进行定量、定性分析检测。若选择的前处理手段不当，常常使某些组分损失、干扰组分的影响不能完全除去或引入杂质。样品前处理的目的是消除基体干扰，提高方法的准确度、精密度、选择性和灵敏度。因此，样品前处理是分析检测过程的关键环节，只要检测仪器稳定可靠，检测结果的重复性和准确性就主要取决于样品前处理。方法的灵敏度也与样品前处理过程有着重要的关系。一种新的检测方法，其分析速度往往取决于样品前处理的复杂程度。

测定各类样品中的金属元素，一般需首先破坏样品中的有机物质。选用何种方法，在某种程度上取决于分析元素和被测样品的基体性质。本章主要介绍几种常用的前处理方法。

1. 干灰化法

1）高温干灰化法

一般将灰化温度高于 100 ℃ 的方法称为高温干灰化法。高温干灰化法可有效地破坏生化、环境和食品等样品中的有机基体。样品一般先经 100~105 ℃ 干燥，除去水分及挥发物质。灰化温度及时间是需要选择的，一般灰化温度为 450~600 ℃。通常将盛有样品的坩埚（一般可采用铂金坩埚、陶瓷坩埚等）放入马弗炉内进行灰化灼烧，冒烟直到所有有机物燃烧完全，只留下不挥发的无机残留物。这种残留物主要是金属氧化物以及非挥发性硫酸盐、磷酸盐和硅酸盐等。这种技术最主要的缺点是可以转变成挥发性形式的成分会很快地部分或全部损失。灰化温度不宜过低，温度低则灰化不完全，残存的小炭粒易吸附金属元素，很难用稀酸溶解，造成结果偏低；灰化温度过高，则损失严重。高温干灰化法一般适用于金属氧化物，因为大多数非金属甚至某些金属常会氧化成挥发性产物，如 As、Sb、Ge、Ti 和 Hg 等。

食品样品分析中多采用高温干灰化法，一般控制在 450~550 ℃ 进行干灰化，灰化温度高于 550 ℃ 会引起样品的损失。食品样品中铅和铬的分析，灰化温度一般在 450~550 ℃ 范围内。但对于含氯的样品，由于可能形成挥发性氯化铅，需采取措施防止铅的损失。对于鸡蛋、罐头肉、牛奶、牛肉等多种食品中铅的分析，这种高温干灰化破坏有机物的方法是可行的。

高温干灰化法的优点是能灰化大量样品，方法简单，无试剂污染，空白值低。但对于低沸点的元素常有损失，其损失程度取决于灰化温度和时间，还取决于元素在样品中的存在形式。

2）低温干灰化法

为了解决高温干灰化法因挥发、滞留和吸附而损失痕量金属等问题，常采用低温干灰化法。该方法的灰化温度低于 100 ℃，每小时可破坏 1 g 有机物质。这种低温干灰化法已用于原子吸收测定动物组织中的铍、镉和磷等易挥发元素。低温干灰化法可避免污染和挥发损失以及湿灰化法中的某些不安全性。将盛有样品的石英皿放入等离子体灰化器的氧化室中，用等离子体破坏样品的有机部分，而无机成分不挥发。低温灰化的速度与等离子体的流速、时间、功率和样品体积有关。目前，氧等离子体灰化器已用于糖和面粉等样品的前处理。

2. 湿式消解法

湿式消解法属于氧化分解法。用液体或液体与固体混合物作氧化剂，在一定温度下分解样品中的有机质，此过程称为湿式消解。湿式消解法与干灰化法不同。干灰化法是靠升高温度或增强氧的氧化能力来分解样品中的有机质，而湿式消解法则是依靠氧化剂的氧化能力来分解样品，温度并不是主要因素。湿式消解法常用的氧化剂有 HNO_3、H_2SO_4、$HClO_4$、H_2O_2 和 $KMnO_4$ 等。湿式消解法又分为以下几种方法。

1）稀酸消解法

对于不溶于水的无机样品，可用稀的无机酸溶液处理。几乎所有具有负标准电极电位的金属均可溶于非氧化性酸，但也有一些金属例外，如 Cd、Co、Pb 和 Ni 与盐酸反应速率过慢，甚至钝化。许多金属氧化物、碳酸盐、硫化物等也可溶于稀酸溶液中。为加速溶解，必要时可加热。

2）浓酸消解法

为了溶解具有正标准电极电位的金属，可以采用热的浓酸，如 HNO_3、H_2SO_4、H_3PO_4 等。样品与酸可以在烧杯中加热沸腾，或加热至酸的沸点以上。这种技术既可保持高温，又可维持一定压力，挥发性组分又不会损失。此技术还适用于溶解合金、某些金属氧化物、硫化物、磷酸盐以及硅酸盐等。若酸的氧化能力足够强，且加热时间足够长，有机和生物样品就完全被氧化，各种元素以简单的无机离子形式存在于酸溶液中。

3）混合酸消解法

混合酸消解法是破坏生物、食品和饮料中有机体的有效方法之一。通常使用的是氧化性酸的混合液。混合酸往往兼有多种特性，如氧化性、还原性和配位性，其溶解能力更强。

常用的混合酸是 HNO_3-$HClO_4$，一般是将样品与 $HClO_4$ 共热至发烟，然后加入 HNO_3 使样品完全氧化。可用于乳类食品（其中的 Pb）、油（其中的 Cd、Cr）、鱼（其中的 Cu）和各种谷物食品（其中的 Cd、Pb、Mn、Zn）等样品的灰化，对于毛发样品的消解也有良好的效果。

HNO_3-H_2SO_4 混合酸消解样品时，先用 HNO_3 氧化样品至只留下少许难以氧化的物质，待冷却后，再加入 H_2SO_4，共热至发烟，样品完全氧化。HNO_3 和 H_2SO_4 适用于鱼（其中的Cd）、面粉（其中的 Cd、Pb）、米酒（其中的 Al）、牛奶（其中的 Pb）、蔬菜和饮料（其中的 Cd）等样品的灰化处理。HNO_3、H_2SO_4 和 $HClO_4$ 可用来灰化处理多种样品，如鱼、鸡蛋、奶制品、面粉、头发、胡萝卜、苹果、粮食等。HF-HNO_3（或 HF-H_2SO_4）、HCl-HNO_3 混合酸在消解样品时，HF、HCl 能提供阴离子，而另一种酸具有氧化能力，可促进样品的消解。

湿式消解法中使用较为广泛的混合酸还有 HNO_3-H_2O_2、HNO_3-H_2SO_4-H_2O_2。这些混合酸在测定面粉中的 Al，鱼中的 Cu、Zn 和茶叶中的 Cd 时的样品处理中，都取得了良好效果。

4）酸浸提法

酸浸提法是以酸从样品中提取金属元素的方法，是处理样品的基本方法之一。用 HCl 溶液可以提取多种样品中的微量元素，如在 0.5 g 均匀食物或粪便中加入 1 mol/L 的 HCl 溶液 6 mL，放置 24 h，即可定量提取样品中的 Zn。这种简易的提取法还可用来提取其他金属元素，如血浆在 2 mol/L 的 HCl 溶液中于 60 ℃ 加热 1 h，其中的 Mn 可被定量提取；全血及牛肝中的 Cd、Pb、Cu、Mn、Zn 可用 1% HNO_3 溶液定量提取；用三氯乙酸可从血清蛋白中提取出 Fe 和其他金属元素。实验结果表明，用酸浸提法处理样品的分析结果与使用混合酸 HNO_3、H_2SO_4 和 $HClO_4$ 加热消解所得结果一致。

5）微波溶样法

微波是指波长为 0.1 mm~1 m 的电磁波。微波溶样法是利用样品与酸吸收微波能量，并将其转化为热能而完成的。能量的转化过程也就是样品与酸被加热的过程。这种加热过程引起酸与样品间较大的热对流，搅动并消除已溶解的不活泼样品表层，促进酸与样品更有效地接触，因而加速了样品的分解。在微波溶样的过程中，样品与酸（必要时还有助剂）存放在聚四氟乙烯压力罐中，罐体不吸收微波，微波穿透罐壁作用于样品及酸液。快速变化的磁场诱导样品分子极化，样品极化分子以极快速度的排列产生张力，使得样品表面被不断破坏，样品表层分子迅速破裂，不断产生新的分子表层。通常压力罐内的最高温度和压力可达 200 ℃ 和 1.38 MPa。在这样的高温高压环境下，样品的表面分子与产生的氧发生作用，达到反复氧化的目的，使样品迅速溶解；同时，氧化性酸及氧化剂的氧化电位也显著增大，使得样品更容易被氧化分解。因此，微波对样品与酸液之间的反应有很强的诱发和激活作用，能使反应在很短时间内达到相当剧烈的程度。这是其他溶样方法所不具备的。为了提高样品的溶解效率，以正交实验优化实验参数，如采用单一酸还是混合酸、微波功率、溶样时间及压力、样品量和样品的粒度、溶解样品的容器材料及体系的敞开或密封等。

微波溶样法常用的消解液有 HNO_3-H_2O_2、HNO_3-$HClO_4$、HNO_3-HCl-$HClO_4$、HNO_3-$HClO_4$-HF、HNO_3-HCl、HNO_3-H_2SO_4 等。也有用碱液代替酸液的报道，如用 $LiOH$ 和 H_2O_2 消解不同的矿物及金属氧化物的混合物样品，测定其中的 Mo、W、Th、Cd 和 V 等元素。微波溶样法具有溶样时间短、试剂用量少、回收率高、污染小、样品溶解完全等优点，因此在分析领域中的应用越来越广泛，现已用于生物、地质、植物、食品、中药材、环境以及金属等样品的溶解。

3. 熔融分解法

某些样品用酸不能分解或分解不完全，常采用熔融分解法。熔融分解法将样品和熔剂在坩埚中混匀，于 500~900 ℃的高温下进行熔融分解。利用熔融分解样品一般是复分解反应，通常也是可逆反应，因此必须加入过量的熔剂，以利于反应的进行。采用熔融分解法，只要熔剂及处理方法选择适当，任何岩石和矿样均可达到完全分解的目的，这是熔融分解法的最大优点。但是，由于熔融分解法的操作温度较高，有时高达 1 200 ℃以上，且必须在一定的容器中进行，这样除由熔剂带进大量金属离子外，还会带进一些容器材料，给以后的分析测定带来影响，甚至使某些测定不能进行。因此，在选择样品分解方法时，应尽可能地采用溶解的方法。对一些样品也可以先用酸溶解，剩下的残渣再用熔融分解法处理。

熔融分解法按所用熔剂的性质不同可分为酸熔和碱熔两类。酸熔采用的酸性熔剂为钾（钠）的酸性硫酸盐、焦硫酸盐及酸性氟化物等；碱熔采用的碱性熔剂为碱金属的碳酸盐、硼酸盐、氢氧化物及过氧化物等。分解样品的容器必须进行选择，以防止容器组分进入试液，给后面的分析带来误差，也可防止容器的损坏。对于酸熔，一般使用玻璃容器，若用氢氟酸，则应采用聚四氟乙烯坩埚，处理样品的温度不能超过 250 ℃，若温度更高，则需使用铂坩埚。对于碳酸盐、硫酸盐、氟化物以及硼酸盐等样品，则应使用铂金坩埚；对于氧化物、氢氧化物以及过氧化物，宜用石墨坩埚和刚玉坩埚。

在样品分解过程中产生的误差可能来自以下几个方面：试剂的纯度；反应体系的敞开和加热，挥发性组分的损失；分解样品的容器选择不当而引入的杂质，以及分解条件不当而造成的损失。例如，用 H_3PO_4 溶解时，加热时间过长会析出微溶的焦磷酸盐，同时也会腐蚀玻璃容器。

4. 生物样品的预处理示例

对生物样品中微量无机成分的测定，通常采用原子吸收光谱法、等离子体原子发射光谱分析法和等离子体质谱法。生物样品包括动植物的组织、血液、尿液、水产品和奶制品等，一般采用混合酸（如 HNO_3-H_2O_2、HNO_3-$HClO_4$）反复处理直至样品溶液呈淡黄色。植物样品经风干或烘干，粮食样品经破碎过筛后称量，将样品放入马弗炉内进行灰化灼烧，冒烟直到所有有机物燃烧完全，只留下不挥发的无机残留物，呈灰白色，再用 HNO_3 或 HCl 溶解灰分，将被测元素转入溶液中。常用的方法为高温干灰化法，温度控制在 450~650 ℃。

例如，用石墨炉原子吸收法测定粮食样品中的铅和镉时，样品处理方法如下：准确称取 2.0~5.0 g 于 105 ℃ 烘干的样品，置于坩埚中，在高温炉内用小火炭化至无烟后，冷却。小心地滴加几滴 HNO_3，使残渣湿润，然后用小火蒸干，再移入高温炉中于 600 ℃ 灰化 2 h，冷却，取出。如灰化不完全，再按上述操作滴加 HNO_3 湿润残渣，小火蒸干，移入高温炉中，于 600 ℃ 继续灰化直至样品全部变成白色残渣，冷却后取出。残渣先加少量二次石英亚沸蒸馏水湿润，再加入 1 mol/L 的 HNO_3 溶液 2 mL，转移至 25 mL 容量瓶中，坩埚用二次蒸馏水少量多次冲洗，洗液并入容量瓶中，定容。另取 1 mol/L 的 HNO_3 溶液 2 mL，转移至 25 mL 容量瓶中，用二次石英亚沸蒸馏水定容做试剂空白。所用的试剂为优级纯。

5. 岩石、土壤样品的预处理示例

测定岩石、土壤中微量元素时，样品的预处理方法可根据待测元素的种类选择上述分解方法。称取 0.200 0 g 样品置于聚四氟乙烯坩埚中，用少量蒸馏水将样品润湿，准确加入内标元素钯，其浓度为 10.0 mg/mL。再加入 1.0 mL $HClO_4$、4.0 mL HCl、2.0 mL HNO_3、6.0 mL HF，盖上坩埚盖，放在电热板上，温度控制在 120 ℃ 回流 1 h，放置过夜。第二天取下坩埚盖，并将盖上的溶液用蒸馏水冲洗干净，在 180 ℃ 的条件下加热蒸干。取下冷却后，加入 1.0 mL $HClO_4$ 和 10 mL 蒸馏水，继续加热蒸干。将样品取下放入瓷盘中，冷却后加入 1+1 王水 5.0 mL，加热。待样品完全溶解后，取下冷却，用蒸馏水定容到 10 mL 容量瓶中，摇匀待测。其测定可以用原子吸收光谱法以及电感耦合等离子体发射光谱法。采用多道电感耦合等离子体直读光谱仪，一次进样，可以同时测定 Si、Al、Fe、Mg、Ca、Na、K、Ti、Mn 及 P 等几十种元素，分析速度快，且精密度好。

6.2　维生素 B_{12} 注射液含量的测定（吸收系数法）

一、实验目的

（1）能正确使用吸收系数法对产品（药品）进行定量分析。

（2）掌握吸收系数法的操作过程。

（3）正确判断实验结果，得出实验结论。

课件 6.1　维生素 B_{12}
注射液含量的测定

二、实验原理

维生素 B_{12} 是一类含钴的叶啉类化合物，具有很强的生血作用，可用于治疗恶性贫血等疾病。维生素 B_{12} 不是单一的化合物，共有七种。通常所说的维生素 B_{12} 是指其中的氰钴素，为深红色吸湿性结晶，制成注射液的标示含量有每毫升含维生素 B_{12} 50、100 或 500 mg 等规格。维生素 B_{12} 的水溶液在 $(278±1)$ nm、$(361±1)$ nm 与 $(550±1)$ nm 三波长处有最大吸收。在 361 nm 处的吸收峰干扰因素少，《中华人民共和国药典（2020 年版）》规定以 $(361±1)$ nm 处吸收峰的百分吸收系数 E 值（207）为测定注射液实际含量的依据。

1. 比色皿的使用及配对方法

比色皿决定了光程长度。由于一般商品吸收池的光程精度往往不是很高，与其标示值有微小误差，且材质也不能达到完全相同，因此即使是同一厂家生产的同一规格的吸收池也不一定完全能够互换使用。所以仪器出厂前吸收池都经过检验配套，在使用时不应弄混配套关系。实际工作中，尤其是定量测定中，为了消除误差，在测量前还必须对吸收池进行配套性检验。

实际工作中，可以采用较为简便的方法进行配套检查，即用铅笔在洗净的吸收池毛面外壁编号并用箭头标注光路的走向。在吸收池中分别装入测定用溶剂（空白），以其中一个为参比，测定其他吸收池的吸光度。若测定吸光度为零或两个吸收池吸光度相等，即为配对吸收池。若不相等，则可选出吸光度最小的吸收池为参比，测其他吸收池的吸光度，求出修正值。测定样品时，将待测溶液装入校正过的吸收池，测量其吸光度，所测得的吸光度减去该吸收池的修正值即为此待测溶液本身的吸光度。

操作时，用食指和拇指接触比色皿的两侧毛面拿起比色皿，检查比色皿的透光面是否有划痕、比色皿是否有裂痕后编号，洗净。分别在各比色皿中装入蒸馏水（或适当的溶液）至池高 3/4 处，用滤纸吸干外部的水滴（注意：不能擦透光面），再用擦镜纸或丝巾沿同一方向，轻轻擦拭光面至无痕迹。按池上所标示的箭头方向，竖直放在吸收池架上，并固定好（注意：池内溶液不可过满，以免溢出腐蚀吸收池架和仪器。装入溶液后，比色皿内不可有气泡）。

随着仪器自动化程度的提高，双光束并带有自动数据处理系统的仪器，可以在调零过程中自动进行比色皿的配对及校正。

2. 参比溶液的选择

吸光度的准确测定是定量分析的基础。通常，试样是以溶液状态装入比色皿中进行测定的。溶液中的吸光物质除待测组分外，尚有溶剂、相关试剂及干扰物质等，根据吸光度的加和性，被测溶液的总吸光度为

$$A_{总} = A_{待测组分} + A_{溶剂} + A_{其他试剂} + A_{干扰物质}$$

因此，测量时常用空白溶液作参比，故也称参比溶液，以消除溶剂、试剂及干扰物质的影响，其吸光度为

$$A_{参比} = A_{溶剂} + A_{其他试剂} + A_{干扰物质}$$

两者相减则为待测组分的吸光度，即

$$A_{待测组分} = A_{总} - A_{参比}$$

此外，使用参比溶液还可以消除比色皿和溶液对入射光的反射和散射作用等的影响。

常见空白溶液的选择如下。

（1）溶剂空白。在测定波长下，溶液中只有被测组分对光有吸收，而显色剂或其他组分对光没有吸收，或虽有少许吸收，但所引起的测定误差在允许范围内，在此种情况下可用溶剂（如蒸馏水）作为空白溶液。

（2）试剂空白。试剂空白是指在相同条件下只是不加试样溶液，而依次加入各种试剂和溶剂所得到的空白溶液。试剂空白适用于在测定条件下，显色剂或其他试剂、溶剂等对待测组分的测定有干扰的情况。

（3）试样空白。试样空白是指在与显色反应同样条件下取同样量试样溶液，只是不加显色剂所制备的空白溶液。试样空白适用于试样基体有色并在测定条件下有吸收，而显色剂

溶液不干扰测定，也不与试样基体显色的情况。

此外，还可采用不显色空白（通过加入适当的掩蔽剂，使被测组分不与显色剂作用；或改变加入试剂的顺序，使被测组分不发生显色反应等）、平行操作空白来消除干扰因素的吸收。

3. 测定波长的选择

当用分光光度计测定被测溶液的吸光度时，首先需要选择合适的测定波长。

选择测定波长的依据是被测物质的吸收曲线。在一般情况下，应选择最大吸收波长（λ_{max}）作为测定波长。在最大吸收波长附近，波长的稍许偏移引起的吸光度变化较小，可得到较好的测量精度，而且以 2 nm 为测定波长，测定灵敏度高。但是，若最大吸收峰附近有干扰存在（共存物质或所用试剂有吸收），则在保证有一定灵敏度的情况下，可以选择吸收曲线中其他波长进行测定（应选曲线较平坦处对应的波长），以消除干扰。例如，《中华人民共和国药典（2020 年版）》中维生素 B_{12} 注射液选择 361 nm 测定。

分光光度计使用的一般过程为：开机预热→选定测定功能（通常为"吸光度"或"透光率"）→选择合适的空白溶液、配制标准溶液→设定波长→调零（用空白溶液）→测定溶液的吸收度。

在实验过程中，要及时、真实地完成实验数据的记录。

SP-723 型分光光度计的使用方法如下。

（1）通电预热 20 min，使仪器稳定。

（2）按"方式"键（MODE）将测试方式设置为吸光度方式。

（3）设置波长：旋转"波长手轮"设置分析波长。

（4）样品的测定：打开样品室盖，将参比溶液和被测样品分别加入相同材质的比色皿中，参比溶液放入第一格参比槽、样品放入相应的样品槽中，光路对准参比溶液，盖上样品室盖，调整 100%T，拉试样槽拉杆到第二个格对准闭光路（或打开样品室盖），校正 0%T。拉试样槽拉杆到第二个格，仪器显示试样的吸光度值，记录数据。

（5）清洗：用蒸馏水清洗比色皿，控干，放回比色皿盒中。

（6）关机：测试完毕，关闭仪器。

UV759CRT 型紫外-可见分光光度计的使用方法（可联机进行曲线扫描）如下。

（1）启动计算机主机和紫外-可见分光光度计，预热 20 min，运行 UV Professional 软件。

（2）用干净的刻度移液管移取 3 mL 空白溶液，置于 1 号石英比色皿中，用擦镜纸轻拭去比色皿表面的残液，置入样品室的试样槽中，拉动拉杆，将空白溶液置于光路中。

（3）单击"文件"→"新建波长扫描"，建立一个波长扫描测试。

（4）选择主菜单"操作"→"设置"，打开波长扫描参数设定窗口。

（5）设定"显示模式""扫描波长范围""坐标上限""坐标下限"和"扫描间隔"等参数。

（6）单击"确定"按钮完成并退出设置。

（7）单击"操作"→"建立系统基线"，打开"系统基线"对话框，单击"开始"按钮开始校正系统基线。校正系统基线将需要几分钟的时间，单击"保存"按钮可以保存当前的系统基线，下次测试时，可直接单击"打开"按钮，选择相应空白溶液的系统基线。建议在间隔较长的时间后就进行一次系统基线校正，以保证测试精度。

（8）选择主菜单"操作"→"零位/满刻度"，仪器将会校正用户波长测定范围的100%T。这一校正将根据波长范围的不同需要几十秒到几分钟的时间。

（9）用干净的刻度移液管移取 3 mL 待测试样，置于 2 号石英比色皿中，用擦镜纸轻拭去比色皿表面的残液，置入试样槽中，拉动拉杆，将其置于光路中。

（10）选择主菜单"操作"→"开始测试"，得到待测试样的紫外-可见光谱图，保存数据。

4. 工作曲线的绘制

标准曲线法在多数情况下称为工作曲线法，其在药物分析中应用不多，但在其他分析检测中是实际应用最多的分析检测方法。若标准溶液不经样品前处理过程，则绘制的曲线称为标准曲线；若标准溶液经过与样品前处理一样的过程，如过滤、萃取、色谱分离等，则绘制的曲线称为工作曲线。

1）工作曲线的绘制方法

控制相同的条件，配制 4 个以上浓度不同的待测组分的标准溶液，以空白溶液为参比，在选定的波长下分别测定各标准溶液的吸光度。以标准溶液的浓度为横坐标，吸光度为纵坐标，在坐标纸上绘制曲线，此曲线即为工作曲线。根据样品溶液的吸光度查出曲线上的点对应的浓度即可求出待测组分的量。

相关系数越接近 1，说明工作曲线越好。一般要求所作的工作曲线的相关系数要大于 0.999。

2）注意事项

（1）在实际工作中，为了避免使用中出差错，在所作的工作曲线上必须标明曲线的名称、标准溶液（或标样、对照品、标准品）名称和浓度、坐标分度及单位、测量条件（仪器型号、测定波长、吸收池规格、参比液名称等）以及制作日期和制作者姓名。

（2）在测定样品时，应按相同的方法制备待测试液（为了保证条件一致，操作时一般是试样与标准溶液同时操作），在相同的条件下测量吸光度。

（3）为保证测定的准确度，要求标样与试样溶液的组成保持一致，待测样液的浓度应在工作曲线的线性范围内，最好在工作曲线中部。

（4）在实际工作中，有时稳定性高的工作曲线多次使用。但是应定期校准，且如果实验条件变动（如更换标准溶液，所用试剂重新配制，仪器经过修理、搬动、更换光源等情况），工作曲线应重新绘制。

如果实验条件不变，那么每次测量只要带一个标准溶液，校验一下实验条件是否变化，就可以用此工作曲线测量试液的含量。

工作曲线法适用于成批样品的分析，它可以消除一定的随机误差。比较法可以看成是工作曲线一点法，但要求样品溶液与标准溶液接近，《中华人民共和国药典（2020 年版）》规定，两者相差要在10%以内。所以，其适用于个别样品的分析，在药物分析中应用较多。

5. 药剂、注射液含量等数据处理

（1）原料药：以实际百分含量表示，即

$$百分含量 = \frac{m_{测得量}}{m_{取样量}} \times 100\%$$

（2）标示量：该剂型单位剂量的制剂中规定的主药含量，通常在该剂型的标签上表示出来。例如，一片剂中应含有主药 0.1 g。

（3）制剂（片剂、注射剂、胶囊等）含量：用药物实际含量占标示量的百分比，即

$$制剂含量 = \frac{每片的实际含量}{标示量} \times 100\% = \frac{\dfrac{m_{测得量}}{m_{取样量}} \times 平均片重}{标示量} \times 100\%$$

（4）注射液含量：一般用实际浓度（含量）占标示浓度（含量）的百分比表示，即

$$注射液含量 = \frac{c_{实测}}{c_{标示}} \times 100\%$$

6．紫外–可见分光光度计的维护及保养

紫外–可见分光光度计是精密光学仪器，要注意日常的保养及维护，主要有以下几个方面。

（1）紫外–可见分光光度计应安装在太阳不能直接晒到的地方，以免"室光"太强，影响仪器的使用寿命。

（2）经常做好清洁卫生工作，保持仪器外部特别是内部环境干燥（使用干燥剂）。

（3）经常开机。如果仪器长时间不用，最好每周开机 1~2 h。这样可以去潮湿，防止光学元件和电子元件受潮，以保证仪器能正常运转。

（4）经常校验仪器的技术指标。一般每半年检查一次，最好每季度检查一次，至少一年要检查一次，其检查方法参看标准规程。若指标不正常，请维修工程师检查、维修。

（5）紫外–可见分光光度计有许多转动部件，如光栅的扫描机构、狭缝的传动机构、光源转换机构等。使用者对这些活动部件，应经常加一些钟表油，以保证其活动自如。有些使用者不易触及的部件，可以请制造厂的维修工程师或有经验的工作人员帮助完成。

（6）使用时应掌握一般的故障诊断及排除方法。

紫外–分光光度计的常见故障及其排除方法如表 6-1 所示。

表 6-1　常见故障及其排除方法

序号	故障	排除方法
1	打开主机后，发现不能自检，主机风扇不转	1. 检查电源开关是否正常；2. 检查保险丝（或更换保险丝）；3. 检查计算机主机与仪器主机连线是否正常
2	自检时，某项不通过，或出现错误信息	1. 关机，稍等片刻再开机重新自检；2. 重新安装软件后再自检；3. 检查计算机主机与仪器主机连线是否正常
3	自检时出现"钨灯能量低"的错误	1. 检查光度室是否有挡光物；2. 打开光源室盖，检查钨灯是否点亮，若钨灯不亮，则关机，更换新钨灯；3. 开机，重新自检；4. 重新安装软件后再进行自检
4	自检时出现"氘灯能量低"的错误	1. 检查光度室是否有挡光物；2. 打开光源室盖，检查氘灯是否点亮，若氘灯不亮，则关机，更换新氘灯，换氘灯时，要注意型号；3. 检查氘灯保险丝（一般为 0.5 A），看是否松动氧化烧断，如有故障，立即更换；4. 开机，重新自检；5. 重新安装软件后再进行自检

续表

序号	故障	排除方法
5	波长不准，并发现波长有平移	1. 检查计算机与主机连线是否松动，是否连接不好；2. 检查电源电压是否符合要求（电源电压过高或过低，都可能产生波长平移现象）；3. 重新自检；4. 若还是不行，则打开仪器，用干净小毛刷蘸干净的钟表油刷洗丝杆
6	整机噪声很大	1. 检查氘灯、钨灯是否寿命到期，查看氘灯、钨灯的发光点是否发黑；2. 检查 220 V 电源电压是否正常；3. 检查氘灯、钨灯电源电压是否正常；4. 检查电路板上是否有虚焊；5. 查看周围有无强电磁场干扰；6. 检查样品是否浑浊；7. 检查比色皿是否沾污
7	光度准确度不准	1. 检查样品是否正确、称样是否准确、操作是否正确；2. 比色皿是否沾污；3. 波长是否准确；4. 重新进行暗电流校正；5. 检查保险丝是否有问题（松动、接触不良、氧化）；6. 杂散光是否太大；7. 噪声是否太大；8. 光谱带宽选择是否合适；9. 基线平直度是否变坏
8	基线平直度指标超差	1. 检查基线平直度测试的仪器条件选择是否正确；2. 重新进行暗电流校正；3. 检查光源是否有异常（光源电源不稳、灯泡发黑、灯角接触不良）；4. 检查波长是否不准（是否平移）；5. 重新安装软件
9	测量时吸光度值很大	1. 检查样品是否太浓；2. 检查光度室是否有挡光（波长设置在 546 nm 左右，用白纸在样品室观看光斑）；3. 检查光源是否点亮；4. 关机，重新自检；5. 检查电源电压是否太低；6. 重新安装软件
10	吸光度或透光率的重复性差	1. 检查样品是否有光解（光化学反应）；2. 检查样品是否太稀；3. 检查比色皿是否沾污；4. 是否测试时光谱带宽太小；5. 周围有无强电磁场干扰

三、实验仪器与试剂

紫外-可见分光光度计；比色皿（1 cm，石英），容量瓶（100 mL，棕色），吸量管（5 mL）及小烧杯等。

维生素 B_{12} 注射液。

四、实验步骤

1. 测定溶液的准备（样品溶液、参比溶液）

（1）样品溶液的准备：精密量取维生素 B_{12} 注射液 5 mL，置于 100 mL 棕色容量瓶中，加水定量稀释（平行 3 份）。

（2）参比（空白）溶液：蒸馏水。

2. 比色皿配对

吸收池中装入蒸馏水，在 361 nm 处，将一个吸收池的吸光度调至 0，测定另一个吸收池的吸光度，记录于表 6-2 中。

表 6-2　比色皿配对数据记录表

比色皿序号	1	2	吸光度校准值 ΔA
吸光度（361 nm）	0		

3. 确定测定波长

（1）接通仪器电源，注意检查电压是否和仪器要求的吻合。打开电源开关，仪器通过自检后，预热约 20 min。

（2）将预热好的紫外–可见分光光度计的波长调至 361 nm。

（3）取两个洗净的同种材质的比色皿（已进行比色皿配对）。

（4）测定波长的确定：对于吸收系数法，要利用在测定波长下的比吸收系数（$E_{1\,cm}^{1\%}$）计算溶液浓度及样品含量，所以要保证测吸光度的波长与给定吸收系数的波长一致，减小方法误差。为此，在用吸收系数法测定样品含量时，首先要进行波长的确定。

具体方法：取已配对的比色皿，分别装上试样溶液和参比溶液，以参比溶液调仪器零点，在给定的测定波长±3 nm（本实验为 361 nm±3 nm）的范围测每个波长对应的吸光度值，记录数据，并填入表 6-3 中。若最大值在给定波长±2 nm（本实验为 361 nm±2 nm）范围内，则说明仪器处于正常工作状态，可以进行定量分析；否则要进行校正。

表 6-3　测定波长的确定

λ/nm	358	359	360	361	362	363	364	结论（λ_{max}）
A								

4. 测定各样品的吸光度

选择最大吸收波长为测定波长，测定样品的吸光度，记录数据。每个样品重复测定 3 次，取平均值，计算含量，将数据填入表 6-4 中。

表 6-4　样品的吸光度

样品	A_1	A_2	A_3	$A_{平均}$
1				
2				
3				

5. 结束工作

实验完毕，关闭电源。取出吸收池，清洗晾干后入盒保存。填写仪器使用记录，清理工作台，罩上防尘罩。

五、实验数据

将实验数据及计算结果填入表 6-5 中。

表 6-5　实验数据记录表

平行样品	1	2	3
$A_{平均}$			
若比色皿不配对，ΔA			
校正后吸光度，$A_{校正}$			
测定值代入浓度计算公式计算结果			
样品稀释倍数			
样品浓度			
样品测定结果			
精密度			

根据朗伯-比尔定律，维生素 B_{12} 测定溶液的浓度（单位为 g/mL）计算公式为

$$c_{上机样品} = \frac{A}{E_{1\,cm}^{1\%} \times b \times 100}$$

式中，b 为液层厚度。

六、思考题

（1）采用紫外-可见分光光度计进行样品测试时，最适宜的吸光度范围是多少？吸光度值多大时，浓度相对误差最少？

（2）进行实验时，如何消除吸光度误差？

6.3　高含量铁的测定（示差分析法）

一、实验目的

了解高吸光度示差分析法的基本原理及方法特点。

二、实验原理

课件 6.2　高
含量铁的测定

普通分光光度法是基于测量试样溶液与试剂空白溶液（或溶剂）相比较的吸光度，由相同条件下所作的工作曲线来计算被测组分的含量。这种方法一般只适用于微量组分的测定，当待测组分的含量较高时，测得的吸光度常常偏离朗伯-比尔定律，即使不发生偏离也因采用纯溶剂作参比溶液，使测得的吸光度太高，超出准确测量的读数范围

而引入较大的误差。因此，不适用于高含量组分的测定。

为了提高分光光度法测定的准确度，使其适用于高含量组分的测定，可采用高吸光度示差分析法。其与普通分光光度法的不同之处在于用一个待测组分的标准溶液代替试剂空白溶液作参比溶液，测量被测溶液的吸光度，测得的吸光度 A_f 称为表观吸光度。

设参比溶液的浓度为 c_0，被测溶液的浓度为 c_x，并且 $c_x > c_0$，根据朗伯-比尔定律，得到下式：

$$A_x = \varepsilon c_x b \Rightarrow A_f(\Delta A) = A_x - A_0 = \varepsilon b(c_x - c_0) = \varepsilon b \Delta c$$
$$A_0 = \varepsilon c_0 b$$

由上式可知：被测溶液与参比溶液的吸光度差值与两溶液的浓度差（Δc）成正比。使高浓度的被测溶液的吸光度落在最佳读数范围内，提高了高浓度溶液分光光度法测定的准确度。

高吸光度示差分析法的测量步骤如下。

（1）参比溶液浓度（浓度为 c_0）比被测溶液浓度稍低。

（2）将参比溶液置于参比槽中（样品槽第一格），闭光路时，调节透光率为 0%；光路时，调节透光率为 100%（或吸光度为零）。

（3）将被测溶液推入光路，读取表观吸光度 A_f。

（4）计算被测溶液浓度：$c_x = c_0 + \Delta c$。

三、实验仪器与试剂

721 型分光光度计，吸量管（10 mL，5 mL，1 mL），容量瓶（50 mL）。

铁标准溶液（100 μg/mL），10% 的盐酸羟胺溶液（临用时配制），0.15% 的邻二氮菲溶液（临用时配制），醋酸钠溶液（1 mol/L）。

四、实验步骤

1. 溶液的配制

用 10 mL 吸量管分别吸取 100 μg/mL 的铁标准溶液 3.00、3.50、4.00、4.50、5.00、5.50 mL 于 6 个 50 mL 的容量瓶中，然后分别加入 1% 的盐酸羟胺溶液 1 mL、0.15% 的邻二氮菲溶液 6 mL、1 mol/L 的醋酸钠溶液 5 mL，用蒸馏水稀释至刻度，摇匀。

同时分别吸取 5.0 mL 未知液于 1 个 50 mL 容量瓶中，与以上标准系列一样，加入同样试剂，用蒸馏水稀释至刻度备用（平行 3 份）。

2. 工作曲线的绘制和未知液中含铁量的测定

用 1 cm 比色皿（已配对）在 510 nm 处测其吸光度，先用蒸馏水作参比，测定加入 3.00 mL 铁标准溶液的吸光度，观察其数值大小。

以加入 3.00 mL 铁标准溶液的溶液为参比，分别测出加入 3.50、4.00、4.50、5.00、5.50 mL 铁标准溶液的吸光度。

五、实验数据

（1）记录实验条件及测量数据，填入表 6-6 中，以表观吸光度 A_f 为纵坐标，以两溶液

浓度差 Δc 为横坐标，在坐标纸上绘制工作曲线。

（2）求算出试样溶液的原始浓度。

表 6-6　实验数据记录表

容量瓶编号	1	2	3	4	5	6	待测（平行 3 份）		
吸取铁标液溶液体积/mL	3.00	3.50	4.00	4.50	5.00	5.50	5.00	5.00	5.00
1%的盐酸羟胺/mL	1								
0.15%的邻二氮菲溶液体积/mL	6								
1 mol/L 的醋酸钠溶液体积/mL	5								
总含铁量/(mg·L^{-1})							x	x	x
吸光度 A	参比								

六、思考题

何谓示差分析法？为什么能提高测定的准确度？

6.4　重铬酸钾和高锰酸钾混合物各组分含量的测定

一、实验目的

掌握多组分体系吸收光谱法定量分析的基本原理。

二、实验原理

多组分体系的定量分析是以各吸光组分的吸光度可以加和为基础的。本实验是测定含重铬酸钾、高锰酸钾的两组分体系，它们的吸收光谱如图 6-1 所示。

重铬酸钾、高锰酸钾两组分体系，可以在波长 λ_1、λ_2 下列出二元一次方程：

$$A_{\lambda_1} = \varepsilon_{\lambda_1}^{Cr_2O_7^{2-}} bc_{Cr_2O_7^{2-}} + \varepsilon_{\lambda_1}^{MnO_4^-} bc_{MnO_4^-}$$

$$A_{\lambda_2} = \varepsilon_{\lambda_2}^{Cr_2O_7^{2-}} bc_{Cr_2O_7^{2-}} + \varepsilon_{\lambda_2}^{MnO_4^-} bc_{MnO_4^-}$$

课件 6.3　重铬酸钾和高锰酸钾混合物各组分含量的测定

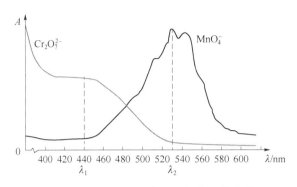

图 6-1　重铬酸钾、高锰酸钾的吸收光谱

通过实验测得 A_{λ_1}、A_{λ_2}，并由标准溶液求出 $\varepsilon_{\lambda_1}^{Cr_2O_7^{2-}}$、$\varepsilon_{\lambda_2}^{Cr_2O_7^{2-}}$、$\varepsilon_{\lambda_1}^{MnO_4^-}$、$\varepsilon_{\lambda_2}^{MnO_4^-}$ 值之后，然后解二元一次方程可求得 c_{Cr}、c_{Mn}。

三、实验仪器与试剂

SP-723 型可见分光光度计，UV759CRT 型紫外-可见分光光度计，比色皿（石英、玻璃，已配对），移液管，容量瓶（50 mL），烧杯。

重铬酸钾（AR）、高锰酸钾（AR）、重铬酸钾/高锰酸钾未知混合试样。

四、实验步骤

1. 标准溶液配置

分别配置一系列不同浓度的重铬酸钾、高锰酸钾标准溶液，标准溶液吸光度在适宜吸光度范围内（0.2~0.7）。

2. 吸收曲线绘制

用空白溶液作参比溶液，分别测定标准重铬酸钾、高锰酸钾溶液的吸收曲线，寻找最大吸收波长 λ_1、λ_2。

3. 工作曲线绘制

用空白溶液作参比溶液，分别在 λ_1 和 λ_2 处测定标准重铬酸钾和高锰酸钾系列溶液的吸光度，绘制 4 条工作曲线，求出 4 条直线的斜率。

4、未知溶液中铬、锰含量测试

用空白溶液作参比溶液，测定未知溶液在 λ_1、λ_2 处的吸光度 A_{λ_1}、A_{λ_2}，根据由标准溶液求出的 $\varepsilon_{\lambda_1}^{Cr_2O_7^{2-}}$、$\varepsilon_{\lambda_2}^{Cr_2O_7^{2-}}$、$\varepsilon_{\lambda_1}^{MnO_4^-}$、$\varepsilon_{\lambda_2}^{MnO_4^-}$ 值，解二元一次方程可求得 c_{Cr}、c_{Mn}。

五、实验数据

将测得的实验数据填入表 6-7 和表 6-8 中。

表 6-7　重铬酸钾溶液的吸光度

浓度	重铬酸钾在 λ_1 处的吸光度	重铬酸钾在 λ_2 处的吸光度
c_1		
c_2		
c_3		
c_4		
c_5		
工作曲线		
斜率	$\varepsilon_{\lambda_1}^{Cr_2O_7^{2-}}$	$\varepsilon_{\lambda_2}^{Cr_2O_7^{2-}}$

表 6-8　高锰酸钾溶液的吸光度

浓度	高锰酸钾在 λ_1 处的吸光度	高锰酸钾在 λ_2 处的吸光度
c_1		
c_2		
c_3		
c_4		
c_5		
工作曲线		
斜率	$\varepsilon_{\lambda_1}^{MnO_4^{-}}$	$\varepsilon_{\lambda_2}^{MnO_4^{-}}$

六、思考题

多组分同时测定时，波长选择的原则是什么？

6.5　复方 SMZ 片中有效成分的测定

一、实验目的

（1）学习双波长分光光度法的方法和技巧。

（2）理解双波长分光光度法的原理及计算方法。

（3）学习复方 SMZ 片中有效成分的测定方法。

课件 6.4　复方 SMZ 片
中有效成分的测定

二、实验原理

要测定溶液中 a 和 b 两种物质的含量，但两者相互干扰，在一定条件下可以通过等吸收波长法消除干扰，测定含量。在干扰组分 b 的等吸收波长（λ_1 和 λ_2）处，分别测定试样的吸光度（$A_{\lambda_1}^{样}$ 和 $A_{\lambda_2}^{样}$），计算差值。然后根据 ΔA 计算组分 a 的含量。

选择波长的原则如下。

（1）干扰组分 b 在两波长处的吸光度相等，即 $\Delta A^b = A_{\lambda_2}^b - A_{\lambda_1}^b = 0$。

（2）待测组分在两波长处的吸光度差值 ΔA 应足够大。因此，常选待测组分最大吸收波长作测定波长 λ_2，从干扰组分的吸收光谱中选择与 λ_2 吸光度相等的等吸收波长作参比波长 λ_1。当 λ_1 有几个波长可选时，应当选取使待测组分的 ΔA 尽可能大的波长作参比波长。若待测组分的最大吸收波长不适合作为测定波长，也可选择吸收光谱的其他波长，但要符合上述波长选择原则。

1 片复方 SMZ 片中含有 SMZ（0.4 g）和 TMP（0.08 g）两种有效成分，两者都有紫外吸收，但紫外吸收峰重叠，互相干扰。采用等吸收波长法可消除干扰，不经分离可分别测定两者的含量。

三、实验仪器与试剂

可见分光光度计（紫外-可见分光光度计），比色皿（1 cm，石英或玻璃，已配对），容量瓶（100 mL），吸量管（5 mL，10 mL 等），漏斗，滤纸等。

复方 SMZ 片，乙醇，0.4% 氢氧化钠溶液，盐酸（0.1 mol/L），氯化钾（s）。

四、实验步骤

1. 对照品溶液的制备

1）SMZ 对照品溶液

精密称取经 105 ℃ 干燥至恒重的 SMZ 对照品 50 mg 于 100 mL 容量瓶中，加乙醇稀释至刻度，摇匀，即得 SMZ 对照品溶液。

2）TMP 对照品溶液

精密称取经 105 ℃ 干燥至恒重的 TMP 对照品 10 mg 于 100 mL 容量瓶中，加乙醇溶解并稀释至刻度，摇匀，即得 TMP 对照品溶液。

2. 供试品溶液的制备

取复方 SMZ 片 10 片，精密称定，研细，精密称取适量（约相当于 SMZ 50 mg、TMP 10 mg）置于 100 mL 容量瓶中，加乙醇适量，振摇 15 min，溶解并稀释至刻度，摇匀，过滤，取滤液备用。

3. SMZ 含量测定

分别精密量取供试品溶液、SMZ 对照品溶液和 TMP 对照品溶液各 2 mL，分别置于 100 mL 容量瓶中，均加 0.4% 的氢氧化钠溶液稀释至刻度，摇匀，得相应的稀释液，按照分光光度法以 0.4% 的氢氧化钠溶液为空白溶液，取 TMP 对照品稀释液，以 257 nm 为测定波长（λ_2），在 304 nm 波长附近（每间隔 0.5 nm）选择等吸收点波长为参比波长（λ_1），要求 $\Delta A = A_{\lambda_2}^{TMP} - A_{\lambda_1}^{TMP} = 0$。再在 λ_2、λ_1 处分别测定供试品稀释液和 SMZ 对照品稀释液的吸光度差值（$\Delta A_{样}$ 和 $\Delta A_{对}$）。含量按下式计算：

$$m_{\text{样}}^{\text{SMZ}}=\frac{\Delta A_{\text{样}}\times m_{\text{对}}^{\text{SMZ}}\times \text{含量}_{\text{对}}}{\Delta A_{\text{对}}},\quad \text{SMZ 标示}(\%)=\frac{m_{\text{样}}^{\text{SMZ}}\times \text{平均片重}}{\text{样品量}\times\text{标示量}}\times 100\%$$

4. TMP 含量测定

分别精密量取供试品溶液、SMZ 对照品溶液和 TMP 对照品溶液各 5 mL，分别置于 100 mL 容量瓶中，均加盐酸–氯化钾溶液［盐酸（0.1 mol/L）75 mL 与氯化钾 6.9 g，加水至 1 000 mL］稀释至刻度，摇匀，得相应的稀释液。按照分光光度法以盐酸–氯化钾溶液为空白溶液，取 SMZ 对照品稀释液，以 239 nm 为测定波长（λ_2），在 295 nm 波长附近（每间隔 0.2 nm）选择等吸收点波长为参比波长（λ_1），要求 $\Delta A=A_{\lambda_2}^{\text{SMZ}}-A_{\lambda_1}^{\text{SMZ}}=0$。再在 λ_2、λ_1 处分别测定供试品稀释液和 TMP 对照品稀释液的吸光度差值（$\Delta A_{\text{样}}$ 和 $\Delta A_{\text{对}}$）。含量按下式计算：

$$m_{\text{样}}^{\text{TMP}}=\frac{\Delta A_{\text{样}}\times m_{\text{对}}^{\text{TMP}}\times \text{含量}_{\text{对}}}{\Delta A_{\text{对}}},\quad \text{TMP 标示}(\%)=\frac{m_{\text{样}}^{\text{TMP}}\times \text{平均片重}}{\text{样品量}\times\text{标示量}}\times 100\%$$

五、实验数据

将测得的实验数据列表，按所给公式进行相关计算，得出复方 SMZ 片中有效成分的含量。

六、思考题

（1）为什么双波长分光光度法可以不经分离直接测定二元混合物中待测组分的含量？

（2）选择等吸收波长的原则是什么？怎样从吸收光谱图上选择等吸收波长？

6.6　未知有机化合物的红外光谱测定（固体化合物测定）

一、实验目的

（1）了解傅里叶变换红外光谱仪的原理及结构。

（2）掌握固体样品的制样方法（KBr 压片法）和压片机的使用。

（3）掌握红外光谱仪的一般操作过程及红外光谱的解析。

课件 6.5　未知有机化合物的红外光谱测定

二、实验原理

物质分子中的各种不同基团，在有选择地吸收不同频率的红外辐射后，发生振动能级之间的跃迁，形成各自独特的红外吸收光谱（简称红外光谱）。据此，可对物质进行定性和定量分析，在对化合物结构的鉴定中应用更为广泛。

红外光谱区域包含近红外区、中红外区和远红外区，其中，应用最为广泛的在中红外区（波长 2.5~25 μm，波数 4 000~400 cm^{-1}）。红外光谱的纵坐标用透射率（%）表示，横坐标用波数（cm^{-1}）表示。苯甲酸的红外光谱如图 6-2 所示。

试样一般分为固体试样和液体试样，制备它们的方法有所不同。

1. 固体试样

KBr 在红外光谱的测定上被广泛用作固体试样调制剂，它的特点是在中红外区（4 000~400 cm⁻¹）完全透明，没有吸收峰。被测样品与它的配比通常是 1∶100，即取固体试样 1~2 mg，在玛瑙研钵中研细，再加入 100~200 mg 磨细干燥的 KBr 粉末，混合研磨均匀，使其粒度在 2 μm（约 200 目）以下。在一个具有抛光面的金属模具上放一个圆形纸环，用刮勺将研磨好的粉末移至环中，盖上另一块模具，放入油压机中加压（5~10 t/cm²）2 min 左右即可得到一定直径及厚度的透明片。KBr 压片形成后，用夹具固定放在仪器的样品窗口上进行测定，这种方法叫压片法。

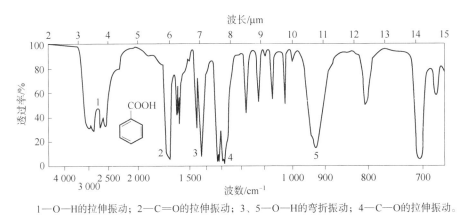

1—O—H的拉伸振动；2—C=O的拉伸振动；3、5—O—H的弯折振动；4—C—O的拉伸振动。

图 6-2　苯甲酸的红外光谱

2. 液体试样

（1）对于沸点较高试样，取一对 NaCl 窗片，用刮勺蘸取液体滴在一块窗片上，然后用另一块窗片覆盖在上面，形成一个没有气泡的毛细厚度薄膜（液膜法），用夹具固定，即可放入仪器光路中进行测试。

（2）对于沸点较低、挥发性较大的试样，可注入封闭液体池中，液层厚度一般为 0.01~1 mm。

3. 制备试样时的注意事项

（1）试样的浓度和测试厚度应选择适当，浓度太小，厚度太薄，会使一些弱的吸收峰和光谱的细微部分不能显示出来；浓度过大，厚度过厚，又会使强的吸收峰超越标尺刻度而无法确定它的真实位置。

（2）试样中不应含有游离水。水分的存在不仅会侵蚀吸收池的盐窗，而且水分本身在红外区有吸收，将使测得的光谱图变形。

（3）试样应该是单一组分的纯物质。多组分试样在测定前应尽量预先进行组分分离（如采用色谱法、精密蒸馏法、重结晶法、区域熔融法等），否则各组分光谱相互重叠，以致对谱图无法进行正确的解释。

本实验用 KBr 压片法测绘有机化合物的红外光谱，并对其进行分析。

三、实验仪器与试剂

WQF-510 型傅里叶变换红外光谱仪，压片磨具，压片机。
KBr（AR），未知有机物（AR）。

四、实验步骤

1. 试样的前处理与提纯

试样中的微量杂质（<1%）可以不进行处理，超过 1%，就需
分离出微量杂质。分离及提纯的方法：重结晶、精馏、萃取、柱层
析、薄层层析、气液制备色谱等。对于一些难提纯的混合组分，也
要尽可能地减少组分数。

仪器操作 6.1　WQF-510
近红外傅里叶变换
红外光谱仪的使用

2. 固体样品的制备

用分析纯的无水乙醇蘸在脱脂棉上清洗玛瑙研钵，用擦镜纸擦拭后，再放在红外灯下彻
底烘干。取 1~2 mg 未知有机物置于玛瑙研钵中，加入已研细的 100~200 mg 无水 KBr，研磨
成极细的粉末置于模具中，用压片机压成薄片，即 KBr 压片。

3. 测绘有机物的红外光谱

（1）仪器开机：接通电源，打开 WQF-510 型傅里叶变换红外光谱仪主机开关，接通计
算机主机，打开显示器；双击桌面图标 MainFTOS，启动程序，进入主菜单界面。显示屏上
出现光谱坐标图，确定主机与工作站联络正常。

（2）单击菜单栏中的"光谱采集"按钮，选择仪器运行参数，可设置分辨率、扫描次
数、扫描速率等，参数设置完成后单击"设置并退出"按钮；若不改变各项参数，单击
"放弃并退出"按钮。

（3）仪器预热 30 min 后开始测试。首先，单击菜单栏中的"光谱采集"按钮，选择
"采集仪器本底（AQBK）"，程序进行空气测试采集，光谱显示窗口出现本底光谱图。

（4）将压片放在红外光谱仪的支架上，单击菜单栏中的"光谱采集"按钮，选择"采
集透光率光谱（AQSP）"，得到样品光谱图，并保存。

（5）仪器使用完毕后，首先停止软件运行，再关闭软件，然后关闭仪器，最后断电将
仪器盖好。

（6）打扫卫生。

注意事项

（1）KBr 应干燥无水，固体试样研磨和放置均应在红外灯下，防止吸水变潮。

（2）保持室内干燥，空调和除湿机必须全天开机（保持环境条件 25 ±10 ℃左右，湿
度≤70%）；

（3）保持实验室安静和整洁，不得在实验室内进行样品化学处理，实验完毕即取出样
品室内的样品；

（4）经常检查干燥剂颜色，如果颜色变浅，立即更换；

（5）设备停止使用时，样品室内应放置盛满干燥剂的培养皿；

（6）将压片模具、KBr 晶体、液体池及其窗片放在干燥器内备用。

五、实验数据

将测得的实验数据填入表 6-9 中，并分析有机物的红外光谱，推断该物质是什么。

表 6-9　实验数据记录表

σ/cm^{-1}	峰归属

六、思考题

（1）为什么在作红外光谱测定分析时样品不能含有水分？

（2）在研磨操作过程中为什么需要在红外灯下进行？

【小栏目】

　　当红外光谱仪不能正常工作时，处理方法如下：

（1）重新启动主机，并重新启动 MainFTOS 程序；

（2）检查仪器样品室中是否有红色斑点，可知激光器是否点亮；

（3）检查软件运行是否正常；

（4）记录仪器出现的错误信息，并与仪器厂家联系。

6.7　液态有机化合物的红外光谱测定（液体化合物测定）

一、实验目的

（1）了解红外光谱与有机化合物结构的关系。

（2）掌握液体试样的液膜法测试技术。

（3）进一步熟悉红外光谱仪的使用。

课件 6.6　液态有机
化合物的红外
光谱测定

二、实验原理

液态试样可分为液体试样和溶液试样两种。液体试样尽量不用溶液状态来测定，以免带入溶剂的吸收干扰。只有试样的吸收很强，无法用液膜法制备成很薄的吸收层时，或者为了避免试样分子之间相互缔合的影响，才采用溶液测试。液膜法又称夹片法，是液态试样制样中应用最广的一种方法，可有效测定挥发性小、黏度低而吸收较强的液体试样。

醛和酮在 1 850~1 650 cm^{-1} 范围内出现强吸收峰，这是 C ═O 的伸缩振动吸收带。其位置相对固定且强度大，很容易识别。饱和脂肪酮在 1 715 cm^{-1} 左右有吸收，双键与羰基的共轭效应会降低 C ═O 的吸收频率，酮与溶剂之间的氢键也会降低羰基的吸收频率。脂肪醛比相应的酮羰基在稍高的频率处出峰：1 740~1 720 cm^{-1}。在 2 870~2 720 cm^{-1} 范围内，还会出现醛基中 C—H 伸缩振动和 C—H 弯曲振动的倍频之间费米共振所产生的双谱带，这是醛基的特征吸收谱带。

三、实验仪器与试剂

WQF-510 型傅里叶变换红外光谱仪，可拆式液体池架，玛瑙研钵，红外灯，滴管。
苯甲醛（AR），苯乙酮（AR），KBr（AR），丙酮（AR），无水乙醇（AR）。

四、实验步骤

（1）开启仪器主机，打开软件并进行预热。

（2）在一个 KBr 晶片上滴 1~2 滴苯甲醛，另一晶片压于其上，装入可拆式液体池架中，然后将液体池架插入红外光谱仪的试样安放处进行测定，即得苯甲醛的红外光谱。用同样的方法测得苯乙酮的红外光谱。

（3）对所得谱图进行标峰处理，并进行试样光谱图检索，处理谱图并保存。

（4）扫描完毕，取出晶片，用丙酮脱脂棉清洁干净后，放回干燥器内保存。按操作步骤关闭仪器并清理实验台。

五、实验数据

（1）指出苯甲醛和苯乙酮试样谱图中各峰的归属，将所测数据填入表 6-10 中。

表 6-10　实验数据记录表

苯甲醛		苯乙酮	
谱带位置/cm^{-1}	基团的振动形式	谱带位置/cm^{-1}	基团的振动形式

（2）对所测谱图进行基线校正及适当平滑处理。

注意事项

（1）可拆式液体池架的晶片应保持干燥透明，切不可用手触摸晶片表面。每次测定完清洁后，应在红外灯下烘干并置于干燥器中备用。晶片不能用水冲洗。

（2）对于含水试样或水溶液试样，绝不能使用 KBr（或 NaCl）晶片。

（3）对于黏度大、不易挥发的液体试样，可直接涂在一个空白晶片上进行测试。

六、思考题

（1）红外光谱法对盐的品种有何要求？为什么？

（2）如何用红外光谱鉴定和区别芳香醛和芳香酮？

6.8 聚合物的红外光谱测定（高分子化合物测定）

一、实验目的

（1）了解聚合物红外光谱的特征。

（2）掌握红外光谱测试中薄膜的制备方法。

（3）掌握聚乙烯和聚苯乙烯红外光谱的测定方法。

课件 6.7　聚合物的
红外光谱测定

二、实验原理

高分子化合物的红外光谱测试，常通过将试样制成薄膜来进行检测。聚乙烯（PE）和聚苯乙烯（PS）等高分子化合物可在软化状态下受压进行模塑加工，在冷却至软化点以下能保持模具形状，在没有热压模的情况下，薄膜可在金属、塑料或其他材料平板之间进行压制。

聚乙烯几乎完全由亚甲基基团组成，因此红外光谱中仅存在亚甲基的伸缩振动和弯曲振动吸收峰。在 2 920 cm^{-1} 和 2 850 cm^{-1} 处是亚甲基的伸缩振动吸收峰，在 1 464 cm^{-1} 和 719 cm^{-1} 处是亚甲基弯曲振动吸收峰。当亚甲基链的一端连接一个苯环形成聚苯乙烯时，红外光谱上就会同时出现亚甲基和单取代苯环吸收峰。聚苯乙烯在 2 923 cm^{-1} 和 2 850 cm^{-1} 处的吸收峰，归属为亚甲基的伸缩振动吸收峰；苯环不同平面上 C—H 键弯曲振动在 697 cm^{-1} 和 756 cm^{-1} 处出现强吸收峰；在 1 601、1 583、1 493、1 452 cm^{-1} 处是苯环的骨架振动特征吸收峰。

三、实验仪器与试剂

WQF-510 型傅里叶变换红外光谱仪，薄膜夹，红外灯，酒精灯，刀片，滴管。

聚乙烯（AR），聚苯乙烯（AR），氯仿（AR）。

四、实验步骤

（1）将聚乙烯树脂颗粒投入试管内，在酒精灯上加热软化，立即用刀片将软化的聚乙烯刮到聚四氟乙烯平板上，同时摊成薄膜。将聚四氟乙烯平板置于酒精灯上方适宜的高度，加热至聚乙烯薄膜重新软化后，离开热源，立即盖上另一聚四氟乙烯平板，压制成薄膜。待冷却后，用镊子取下薄膜并放在薄膜夹上，然后放入红外光谱仪的试样安放处进行测定。

（2）配制 12% 的聚苯乙烯的氯仿溶液，用滴管吸取溶液滴在干净的玻璃板上，立即用两端缠有细钢丝的玻璃棒将溶液摊平，自然干燥。然后将玻璃板浸入蒸馏水中，用镊子小心揭下薄膜，再用滤纸吸取薄膜上的水，将薄膜置于红外灯下烘干。将聚苯乙烯薄膜放在薄膜夹上，放入红外光谱仪的试样安放处进行测定。

（3）对所得光谱进行标峰处理，并进行试样光谱检索，处理光谱并保存。

（4）扫描完毕，取出薄膜夹，按操作步骤关闭仪器并清理实验台。

五、实验数据

指出聚乙烯和聚苯乙烯样品图谱中各峰的归属，将所测数据填入表 6-11 中。

表 6-11　实验数据记录表

聚乙烯		聚苯乙烯	
谱带位置/cm^{-1}	基团的振动形式	谱带位置/cm^{-1}	基团的振动形式

注意事项

（1）对于聚合物薄膜，膜的厚度通常在 0.15 mm 左右。

（2）对聚四氟乙烯平板进行加热时，温度不宜过高，否则聚四氟乙烯平板会软化变形。

（3）玻璃平板和聚四氟乙烯平板一定要平滑、干净。

六、思考题

（1）聚乙烯薄膜的制备是否可采取其他方法？

（2）试述用红外光谱法鉴别聚合物的优点。

6.9　荧光分析法测定维生素 B$_2$ 含量

一、实验目的

（1）学习荧光分析法测定维生素 B$_2$ 含量的基本原理和方法。

（2）熟悉荧光分光光度计的结构及使用方法。

二、实验原理

课件 6.8　荧光分析法
测定维生素 B$_2$ 含量

有些物质，当用紫外光照射时，它吸收某种波长后还会发射出各种颜色和强度不同的光；而当紫外光停止照射后，这种光线也随之消失，这种光线称为荧光。由于物质分子结构不同，所吸收的紫外光波长和发射的荧光波长也有所不同。利用物质的这个特性，可以对物质进行定性分析。同一种分子结构的物质，用同一种波长的紫外光照射，可发射相同波长的荧光；若该物质的浓度不同，所发射的荧光强度也不同，利用这个性质可以对物质进行定量分析，这种定量方法称为荧光分析法，简称荧光法。测量荧光的仪器有滤光片荧光计、滤光片–单色器荧光计和荧光分光光度计，现在主要应用的是荧光分光光度计。

在经过紫外光或波长较短的可见光照射后，一些物质会发射出比入射光波长更长的荧光。在稀溶液中，荧光强度 I_F 与物质的浓度 c 有以下关系：

$$I_F = 2.303\varphi I_0 \varepsilon bc$$

式中，φ 为常数，取决于荧光效率；I_0 为入射光强度；c 为荧光物质浓度；b 为液层厚度。

当实验条件一定时，荧光强度与荧光物质的浓度成线性关系：

$$I_F = Kc$$

式中，K 为常数。

荧光强度与激发光强度成正比，提高激发光强度，可成倍提高荧光强度。同时，提高仪器灵敏度，可提高荧光分析法的灵敏度。而吸收光度法，无论是提高激发光强度还是提高仪器灵敏度，入射光和出射光都同时增大，其灵敏度不变。因此，荧光分析法比吸收光度法灵敏度高。

维生素 B_2（又叫核黄素，VB_2）是橘黄色无臭的针状结晶，易溶于水而不溶于乙醚等有机溶剂，在中性或酸性溶液中稳定，光照易分解，对热稳定。

VB_2 溶液在 $430\sim440$ nm 蓝光的照射下，发出绿色荧光，荧光峰在 535 nm 处。VB_2 的荧光强度在 $pH=6\sim7$ 时最强，在 $pH=11$ 的碱性溶液中荧光消失，所以可以用荧光分析法测定 VB_2 的含量。

VB_2 在碱性溶液中经光线照射会发生分解而转化为光黄素，光黄素的荧光比 VB_2 的荧光强得多，故测定 VB_2 的荧光时溶液要控制在酸性范围内，且在避光条件下进行。

三、实验仪器与试剂

上海棱光 F98 荧光分光光度计（见图 6-3）。

VB_2 标准品，市售 VB_2 片，1% HAc 溶液。

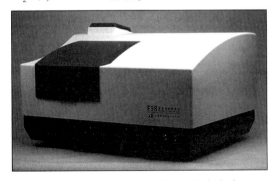

图 6-3 上海棱光 F98 荧光分光光度计

四、实验步骤

1. 标准系列溶液的配制

1) 10.0 mg/L 的 VB_2 标准溶液的配制

仪器操作 6.2　F98 荧光分光光度计 的使用

准确称取 10.0 mg VB_2，将其溶解于少量的 1% 的 HAc 溶液中，转移至 1 000 mL 容量瓶中，用 1% 的 HAc 溶液稀释至刻度，摇匀。该溶液应装于棕色试剂瓶中，置阴凉处保存。

2) 标准系列溶液的配制

准确移取 1.00、2.00、3.00、4.00、5.00 mL 标准 VB_2 溶液，分别加入 5 个干净的 50 mL 容量瓶中，用蒸馏水稀释至刻度，摇匀。

2. 待测样品的配制（平行 3 份）

（1）取市售 VB_2 一片，用研钵研细，用 1% 的 HAc 溶液溶解，将其全部转入 50 mL 烧杯中并置于超声振荡器中超声振荡后，过滤，定容至 100 mL 容量瓶中。储存于棕色试剂瓶中，置阴凉处保存。

（2）取待测样品液 1 mL 置于 50 mL 容量瓶中，用蒸馏水稀释至刻度，摇匀。

3. 标准溶液的测定

（1）打开氙灯，10 s 后再打开主机，然后打开计算机电源，荧光分光光度计工作站自动启动并初始化仪器，预热 20~30 min。

（2）打开软件，仪器初始化完毕后，在工作界面上选择测量项目（定量分析），设置适当的仪器参数：激发波长为 440 nm，发射波长为 535 nm，增益为中，入射缝宽和出射缝宽均为 10 nm。

（3）以蒸馏水为空白样品，合上样品室盖，调读数至"0"，按从稀至浓的顺序分别测量系列标准溶液的荧光强度。

4. 未知试样的测定

用与测定标准溶液相同的条件，测量待测样品溶液的荧光强度。

退出主程序，关闭计算机，先关主机，最后关氙灯。

五、实验数据

将所测实验数据填入表 6-12 中，并进行相关计算，求得样品液的浓度。

表 6-12　实验数据记录表

平行样品	1	2	3
荧光强度，$I_{平均}$			
回归方程，相关系数			
回归方程线性范围			
将测定值代入回归方程的计算结果			

续表

平行样品	1	2	3
样品稀释倍数			
样品浓度			
样品测定结果			
精密度			

注意事项

（1）在测量荧光强度时，最好用同一个荧光皿，以避免荧光皿之间的差异引起的测量误差。

（2）取荧光皿时，手指拿住棱角处，切不可碰光面，以免污染荧光皿，影响测量。

六、思考题

（1）维生素 B_2 在 pH＝6~7 时荧光最强，本实验为何在酸性溶液中测定？

（2）用荧光分析法测定时应注意哪些问题？

（3）试解释荧光分析法比吸收光度法灵敏度高的原因。

6.10　火焰原子吸收光谱法测定样品中金属离子的含量（条件摸索）

一、实验目的

（1）掌握原子吸收光谱法测定的原理。

（2）了解原子吸收分光光度计的主要结构及操作方法。

二、实验原理

课件 6.9　火焰原子吸收光谱法测定样品中金属离子的含量

原子吸收光谱法具有灵敏度高、选择性好、操作简单、快速和准确度好等特点，被广泛应用于各个行业。

在原子吸收光谱法中，一般由空心阴极灯提供特定波长的辐射，即待测元素的共振线，试样通过原子化器使待测元素分解为气态的基态原子。当空心阴极灯的辐射通过原子蒸气时，特定波长的辐射部分地被基态原子所吸收，经单色器分光后，通过检测器测得吸收前后强度变化，从而求得试样中待测元素的含量。原子吸收分光光度计工作流程如图 6-4 所示。

在使用锐线光源和低浓度的情况下，基态原子蒸气对共振线的吸收符合朗伯-比尔定律：

$$A = K'c$$

式中，A 为吸光度；K' 为常数；c 为待测溶液浓度。

这是原子吸收光谱法的定量基础，定量方法可用工作曲线法或标准溶液加入法进行。

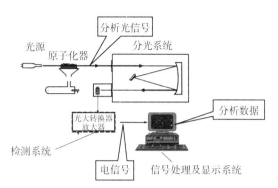

图 6-4　原子吸收分光光度计工作流程

本实验（以铁为例）是利用水中铁离子在空气-乙炔焰中变成铁的原子蒸气，由空心阴极灯辐射出波长为 248.3 nm 的共振线通过铁的原子蒸气时，即被铁的基态原子吸收，其吸光度与溶液中铁离子的浓度成正比，测出一系列已知浓度的铁标准溶液的吸光度，绘制成工作曲线，测出试样的吸光度后根据工作曲线即可求得水中含铁量。

三、实验仪器与试剂

WFX-130B 型原子吸收分光光度计。

铁标准溶液（5.0 μg/mL）。

四、实验步骤

仪器操作 6.3
WFX-130B 型
原子吸收分光
光度计的使用

1. 操作条件的选择

测试内容：分析线、灯电流、燃助比、狭缝宽度。

1）开机

（1）打开室内总电源开关，开启通风系统，检查仪器的配制是否完好，检查乙炔钢瓶气体压力是否符合要求，乙炔管道有无泄漏，检查水峰是否有水。

（2）安装金属离子空心阴极灯，接通电源，设置实验条件，开启仪器预热。

2）选择分析线（以铁为例）

根据对试样分析灵敏度的要求和干扰情况，选择合适的分析线。试液浓度低时，选择最灵敏线；试液浓度高时，选择次灵敏线，并选择没有干扰的谱线。

实验方法：铁可测试的分析线很多条，一般选择波长为 248.3 nm 为最灵敏线。

注意：若改变分析线后，应该用蒸馏水为空白液喷雾，重新调节吸光度零点。

3）选择灯电流

灯电流的选择要考虑灯的发射强度高、稳定性好、谱线的宽度、灯的使用寿命，灯电流太大太小对测量都不利。

实验方法：固定其他实验条件，改变灯电流，测量铁标准溶液 5.0 μg/mL 的吸光度，以吸光度大且稳定者为最佳灯电流。

注意：每次测定后都应该用蒸馏水为空白液喷雾，重新调节吸光度零点。

4）选择燃助比

燃助比影响火焰的性质，从而影响原子化。

实验方法：固定其他实验条件，由于本型号仪器空气流量为固定值，通过改变乙炔流量变化选择燃助比，喷入铁标准溶液，记录相应的乙炔流量和吸光度。以吸光度最大值所对应的燃助比为最佳值。

注意：每改变流量后，都应该用蒸馏水为空白液喷雾，重新调节吸光度零点。

5）选择狭缝宽度

当吸收线附近无干扰时，可以适当增大狭缝宽度；当吸收线附近有干扰时，应适当减小狭缝宽度。

实验方法：在以上最佳燃助比和燃烧器高度条件下，使用不同的狭缝宽度测定铁标准溶液的吸光度并记录。

注意：每次测定后都应该用蒸馏水为空白液喷雾，重新调节吸光度零点。

6）操作条件总结

根据测得的实验数据分析出最佳的实验条件，即最佳分析线、最佳灯电流、最佳燃助比、最佳狭缝宽度、最佳燃烧器高度。

注意：最佳实验条件选择完成后并不意味着测定的结果准确无误，因为实际样品的组成复杂，可能存在着物理干扰、化学干扰和电离干扰等其他干扰，实际实验中，需要进行相应的排除。

2. 水样中金属离子含量的测定

（1）配制一系列不同浓度的金属离子标准溶液，用去离子水稀释至刻度，摇匀待测。

（2）待测样品平行 3 份（若待测样品中铁的浓度不在曲线范围内，对样品进行适当的稀释）。

（3）在上面选得的最佳实验条件下，每次用去离子水调零，依次测定各标液的吸光度而得工作曲线。在同样条件下，测定待测样品的吸光度以求得水样中金属离子的含量（测量次数设定为 3 次）。

3. 实验结束

实验结束，用毛细管吸喷蒸馏水 3~5 min 后，关闭乙炔流量计开关，熄灭火焰，关闭仪器电源开关，顺时针关闭乙炔钢瓶总阀，待压力表指针回零后逆时针旋松减压阀，关闭空气压缩机。清理实验台面，填写仪器使用记录。

五、实验数据

将所测实验数据填入表 6-13 和表 6-14 中，并进行相应计算和分析。

表 6-13　操作条件的选择

	灯电流/mA			燃助比			狭缝宽度/mm		
	2	3	4	1:6	1:4	1:3	0.1	0.2	0.4
吸光度 A									

表 6-14　金属离子含量的测定

平行样品	1	2	3
吸光度 $A_{平均}$			
回归方程（相关系数）			
回归方程线性范围			
灵敏度 C_0			
检出限 D			
将测定值代入回归方程的计算结果			
样品稀释倍数			
样品浓度			
样品测定结果			
精密度			
准确度			

六、思考题

（1）原子吸收分光光度计主要由哪几部分组成？各有什么作用？

（2）火焰原子吸收分光光度计的原子化火焰，根据氧化还原特性，分为多少种？本次实验所测定的离子应该选用什么样的火焰？

6.11　火焰原子吸收光谱法测定
头发中钙的含量（湿式消解法）

一、实验目的

（1）了解火焰原子吸收光谱的工作原理，学习其使用方法。

（2）掌握原子吸收光谱常用的样品前处理方法——湿式消解法。

（3）学习火焰原子吸收光谱法检测存在的主要干扰及抑制干扰的方法。

课件 6.10　火焰原子吸收光谱法测定头发中钙的含量

二、实验原理

钙是人体必需的无机元素，被称为"生命元素"，是人体骨骼、牙齿的重要组成部分，对维持人体的神经、内分泌、消化及免疫等系统的正常生理功能起到重要作用。钙的摄入不足可导致身体生长发育缓慢、佝偻病和骨质疏松等疾病。随着健康知识的普及和人们对健康的迫切要求，检测机体是否缺钙已成为常规的监测指标。钙的测定多用原子吸收光谱法进行，头发能够较客观地反映一个时期人体元素营养状况，且其化学成分相对稳定，容易采集

和保存，并易被患者及家属接受而被广泛采用。用火焰原子吸收光谱法测定头发中的钙时，磷酸根的存在会产生比较严重的干扰，加入一定量的释放剂可以消除其干扰。

三、实验仪器与试剂

WFX-130B 型原子吸收分光光度计，钙空心阴极灯。

硝酸（GR），乙炔，二次蒸馏水，钙标准储备液（1.00 g/L），锶溶液（10 g/L）。

四、实验步骤

1. 头发样品的准备和消解（平行 3 份）

取待测者后脑勺距发根部起 2~3 cm 的头发，用中性洗涤剂清洗，浸泡 15 min，用蒸馏水洗涤干净，于 80 ℃烘箱中烘干，保存于干燥器中备用。

用分析天平准确称取头发样品 0.1 g（精确到小数点后四位）于锥形瓶中，加入 5.00 mL 硝酸，锥形瓶上放置一个小三角漏斗，在电炉上缓慢加热，并每间隔几分钟对反应液进行摇匀，至头发完全消失。升高电炉温度，将反应液浓缩至 0.5 mL 左右。冷却，定量转移至 25 mL 容量瓶中，并加入 1 mL 10 g/L 锶溶液，定容，待测。同时制备空白溶液。

2. 标准溶液的配制

准确移取 10.00 mL 钙标准储备液（1.00 g/L）于 100 mL 容量瓶中，用 0.5%的 HNO_3 溶液定容，摇匀，此为钙标准溶液（100.0 mg/L）。

用移液管分别移取钙标准溶液 0、1.00、2.00、3.00、4.00、5.00 mL 于 50 mL 容量瓶中，并加入 2 mL 10 g/L 的锶溶液，定容，待测。

3. 仪器准备与测试

（1）打开室内总电源开关；开启通风系统；检查仪器的配制是否完好，检查乙炔钢瓶气体压力是否符合要求，乙炔管道有无泄漏；检查水峰是否有水。安装钙空心阴极灯，开启空气压缩机、仪器和计算机，启动工作站。

（2）编辑钙的检测方法，主要包括以下几个方面：
①光谱检测条件如灯电流、狭缝宽度、分析线等（一般用默认条件）；
②测定所需要的气体条件（气体种类、燃助比）；
③样品信息表及标准溶液信息表。

（3）打开乙炔钢瓶，点火。

（4）进行样品分析，记录数据。

注意：每次测完一个溶液，都要用空白溶液喷雾调零，再测下一个溶液。

（5）实验结束，用毛细管吸喷蒸馏水 3~5 min 后，关火，关闭仪器，依次关闭乙炔钢瓶、空气压缩机、工作站和计算机。

五、实验数据

将所测实验数据填入表 6-15 中，根据数据求算头发样品中钙的含量，并对结果进行讨论。

表 6-15　实验数据记录表

平行样品	1	2	3
吸光度 A			
回归方程（相关系数）			
回归方程线性范围			
灵敏度 C_0			
检出限 D			
将测定值代入回归方程的计算结果			
样品测定结果			
含量计算			

六、思考题

实验中锶离子对钙的测定有何作用？

注意事项

（1）浓硝酸有强氧化性，强腐蚀性，取用时必须小心。

（2）在消解时有有毒的棕黄色二氧化氮气体产生，消解的步骤必须在通风橱中完成，操作时戴好手套。

6.12　火焰原子吸收光谱法测定水样中钙的含量（标准加入法）

一、实验目的

（1）掌握用标准加入法进行定量分析。

（2）进一步熟悉原子吸收法的一般实验过程。

二、实验原理

课件 6.11　火焰原子吸收光谱法测定水样中钙的含量

钙离子是水中重要的离子之一，对水的硬度有着很大的贡献。由于试样中基体成分比较复杂、配置的标准溶液与试样组成存在较大差别，常采用标准加入法测定。该法是在数个容量瓶中加入等量的试样，分别加入不等量（倍增）的标准溶液，用适当溶剂稀释至一定体积后，依次测出它们的吸光度。以加入标准溶液的质量为横坐标，相应的吸光度为纵坐标，绘出标准曲线，如图 6-5 所示。

图中横坐标与标准曲线延长线的交点至原点的距离 m_x 即为容量瓶中所含试样的量，从而求得试样的含量。

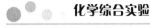
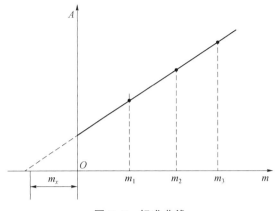

图 6-5　标准曲线

三、实验仪器与试剂

WFX-130B 型原子吸收分光光度计，钙空心阴极灯。

钙标准储备液（1 mg/mL）。

四、实验步骤

1. 标准溶液和待测试样配制

（1）钙标准溶液（100.00 μg/mL）：吸取钙标准储备液（1 000.00 μg/mL）10 mL 至 100 mL 容量瓶中，用去离子水稀释至刻度。

（2）配制待测试样：水样。

（3）测定样品准备：吸取 5 份 2.00 mL 试样溶液，分别置于 50 mL 容量瓶中。各加入钙标准溶液 0.0、1.0、2.0、3.0、4.0 mL 于容量瓶中，以去离子水稀释至刻度，配制成一组标准溶液。该系列溶液加钙浓度分别为 0.00、2.00、4.00、6.00、8.00 μg/mL。

2. 样品测试

（1）打开室内总电源开关；开启通风系统；检查仪器的配制是否完好，检查乙炔钢瓶气体压力是否符合要求，乙炔管道有无泄漏；检查水峰是否有水。安装钙空心阴极灯，打开空气压缩机、乙炔气体钢瓶，打开主机电源。

（2）在工作站中设定测量条件。

（3）点火，检查基线情况、火焰情况，条件不合适时，优化原子化条件。

（4）以蒸馏水为空白样品，分别测定上述各溶液的吸光度。

（5）实验结束，用毛细管吸喷蒸馏水 3~5 min 后，关火，关闭仪器，依次关闭乙炔钢瓶、空气压缩机、工作站和计算机。

五、实验数据

将所测实验数据填入表 6-16 中。

表 6-16　实验数据记录表

钙标准溶液浓度/($\mu g \cdot mL^{-1}$)	0.00	2.00	4.00	6.00	8.00
吸光度 A					

（1）绘制吸光度对含量的标准曲线。

（2）将标准曲线延长至与横坐标相交处，则交点至原点间的距离对应于试样中钙的含量。

（3）换算成水样中钙的含量。

六、思考题

标准加入法与标准曲线法的不同在哪些方面？有何优点？

注意事项

（1）为了得到较为准确的外推结果，至少要配制 4 个试样，以提高测量准确度。

（2）标准曲线斜率不能太小，否则外延后会引入较大误差，因此加入标准溶液的浓度 c_0 应与试样 c_x 尽量接近。

（3）本法能消除基体带来的干扰，但不能消除背景吸收带来的干扰。

6.13　石墨炉原子吸收光谱法测定奶粉中铬的含量（干灰化法）

一、实验目的

（1）了解干灰化法的原理。

（2）掌握石墨炉原子吸收分光光度计的使用方法和操作技术。

（3）熟悉石墨炉原子吸收光谱法的应用。

课件 6.12　石墨炉原子吸收光谱法测定奶粉中铬的含量

二、实验原理

石墨炉原子吸收光谱法是将试样（液体或固体）置于石墨管中，用大电流通过石墨管，此时石墨管经过干燥、灰化、原子化三个升温程序将试样加热至高温使试样原子化。为了防止试样及石墨管氧化，需要在不断通入惰性气体的情况下进行升温。这种方法最大的优点是试样的原子化效率高（几乎全部原子化）。特别是对于易形成难熔氧化物的元素，由于没有大量氧的存在，并有石墨提供大量的碳，因此能够得到较高的原子化效率。因此，通常石墨炉原子吸收光谱法的灵敏度是火焰原子吸收光谱法的 10~200 倍。

铬是人体必需的微量元素，铬的缺乏或过量对人体和动物都会产生严重危害。适量的铬能增加人体内胆固醇的分解和排泄，是机体内葡萄糖能量因子中的一个有效成分。铬的缺乏会影响糖类及脂类的代谢，但铬过量，同样会有致癌的危险。

铬的测定通常采用比色法和原子吸收光谱法。比色法干扰因素较多，操作繁杂。原子吸收光谱法具有操作简便、快速、准确的优点。

三、实验仪器与试剂

4530F 型原子吸收分光光度计，铬空心阴极灯，高纯氩气（99.999%）

铬标准储备液（1 000 μg/mL），浓硝酸，磷酸二氢铵，硝酸镁，二次蒸馏水。

四、实验步骤

1. 相关溶液配制

1）100.0 μg/mL 的铬标准储备液的配制

用 10.00 mL 移液管量取 10.00 mL 1 000 μg/mL 的铬标准溶液于 100 mL 容量瓶中，用 0.2% 的硝酸溶液定容至刻度，摇匀，备用。

2）10.0 ng/mL 铬标准溶液的配制

取 1.00 mL 100.0 μg/mL 的铬标准溶液于 100.0 mL 的容量瓶中，用 0.2% 的硝酸定容稀释至刻度，此标准溶液为 1.00 μg/mL；然后取 1.00 mL 1.00 μg/mL 的铬标准溶液于 100.0 mL 的容量瓶中，用 0.2% 的硝酸溶液稀释至刻度，得到 10.0 ng/mL 的铬标准溶液。

3）系列铬标准溶液的配制

分别配制 2.00、4.00、6.00、8.00、10.00 ng/mL 的铬标准溶液。

4）1 g/L 的硝酸镁溶液和 25 g/L 的磷酸二氢铵溶液的配制

称取磷酸二氢铵 2.5 g、硝酸镁 0.1 g，分别溶于 100 mL 二次蒸馏水中，置于聚乙烯塑料瓶中，并于冰箱中保存。

2. 样品测试溶液的制备——干灰化法（平行 3 份）

准确称取 1.0 g（精确至 0.000 1 g）粉碎好的某品牌奶粉于坩埚中，先用小火在密封式电加热器上小心地将样品炭化至无烟。移入马弗炉中于 500 ℃ 灰化 6~8 h 后冷却至室温。若个别试样灰化不彻底，则加 1 mL 混合酸（硝酸和高氯酸按体积比为 4：1 的比例混合），在密封式电加热器上小火加热，反复多次直到消化完全，用二次蒸馏水将样品溶液转移到 50 mL 容量瓶中，摇匀，过滤后待测。同时制备空白样品一份。

3. 仪器准备与样品测试

（1）打开室内总电源开关，开启通风系统，开循环水，开氩气为 0.35~0.4 MPa。

（2）打开计算机和仪器主机电源开关，此时仪器石墨炉的自动进样器进行自检。设置相关参数，如表 6-17 和表 6-18 所示。

表 6-17　原子吸收分光光度计工作参数

待测元素	波长/nm	狭缝/nm	灯电流/mA	背景校正	进样量/μL	基体改进剂/μL
Cr	357.9	0.6	10	空白溶液	20	磷酸二氢铵 2，硝酸镁 3

表 6-18　程序升温参数

待测元素	干燥 1	干燥 2	灰化	原子化	净化
Cr	110 ℃，15 s	130 ℃，35 s	500 ℃，20 s	2300 ℃，5 s	2450 ℃，3 s

（3）预热铬空心阴极灯 30 min。

（4）测定样品：测定系列铬标准溶液的吸光度和样品溶液的吸光度。

4. 加标回收实验

称取相同的四组奶粉样品，两份加入标准溶液，另两份不加，进行前处理，再进行检测，测得铬的回收率。

5. 精密度检验

对同种样品平行测定 8 次，用相对标准偏差表示精密度（相对标准偏差应小于 5%）。

实验结束后，打印报告，关闭灯，退出系统，关闭主机电源；再关闭循环水、氩气和室内电源。

五、实验数据

将所测实验数据填入表 6-19、表 6-20 和表 6-21 中，求算奶粉样品中铬的含量，并对照国家标准对结果进行讨论。

表 6-19　实验数据记录表（1）

平行样品	1	2	3
吸光度 A			
回归方程（相关系数）			
回归方程线性范围			
灵敏度 C_0			
检出限 D			
将测定值代入回归方程的计算结果			
样品测定结果			
含量计算			

表 6-20　实验数据记录表（2）

样品	1	2	3	4
吸光度				
加标回收率				

表 6-21　实验数据记录表（3）

平行测定次数	1	2	3	4	5	6	7	8
吸光度								
精密度								

六、思考题

使用石墨炉原子吸收分光光度计进行分析时，应优化哪些参数？升温程序中的干燥、灰化、原子化、清洗各起什么作用？

6.14 原子荧光光谱法测定水样中硒的含量（标准曲线法）

一、实验目的

(1) 了解原子荧光光度计的基本结构和原理。
(2) 学会原子荧光光度计的基本操作。
(3) 了解食品中硒的测定意义。

课件 6.13 原子荧光光谱法
测定水样中硒的含量

二、实验原理

利用硼氢化钠或硼氢化钾作为还原剂，将样品溶液中的待测元素还原为挥发性共价气态氢化物（或原子蒸气），然后借助载气将其导入原子化器，在氩-氢火焰中原子化形成基态原子。基态原子吸收光源的能量而变成激发态，激发态原子在去活化过程中将吸收的能量以荧光的形式释放出来，此荧光信号的强弱与样品中待测元素的含量呈线性关系，因此通过测定荧光强度就可以测定样品中被测元素的含量。

本次实验将四价硒在盐酸介质中还原为硒化氢，由载气将其带入原子化器中进行原子化，在硒空心阴极灯的照射下，硒原子受光辐射激发发射出特征波长的荧光，在一定的浓度范围内其荧光值的强度与硒的含量成正比，从而计算出样品中的硒含量。

三、实验仪器与试剂

原子荧光光度计（北京吉天 AFS-933 型，见图 6-6）；硒高强度空心阴极灯。

图 6-6 AFS-933 型原子荧光光度计

硒标准物质（1 000 μg/mL），硒标准工作溶液（1 μg/mL），1%的硼氢化钠+0.2%的氢氧化钾，载流液（5%的 HCl 溶液）。

四、实验步骤

（1）配制标准溶液：取 0.5 mL 硒标准工作溶液于 50 mL 比色管中，加 5% 的 HCl 溶液定容至 50 mL，待测，原子荧光光度计可以自动稀释样品，所以只要配制标准溶液的最高点浓度即可，剩下的标准点，仪器会自动稀释后配制。

仪器操作 6.4
AFS-933 型原子荧光光度计的使用

标准溶液的浓度分别是：2.00、4.00、6.00、8.00、10.00 μg/L。

（2）未知液中硒含量的测定：将处理好的未知样品（平行 3 份）置于 25 mL 比色管中，摇匀，待测。

（3）打开仪器，设定参数，仪器预热稳定后，依次测定试剂空白、标准系列溶液、未知待测溶液的荧光强度，记下数据。

五、实验数据

将所测数据填入表 6-22 中并进行相应计算。

表 6-22　实验数据记录表

平行样品	1	2	3
荧光强度，I			
回归方程（相关系数）			
回归方程线性范围			
将测定值代入回归方程的计算结果			
样品稀释倍数			
样品浓度			
样品测定结果			
精密度			

注意事项

（1）仪器的外部使用条件：实验室温度在 15~30 ℃ 之间，湿度小于 75%。应配备精密稳压电源且电源应有良好接地。尽量保证仪器台后部距墙面有 50 cm 距离，便于仪器的安装与维护。

（2）对气体、器皿和试剂的要求：氩气纯度大于 99.99%，配备标准氧气减压表。玻璃器皿应清洗干净用酸浸泡且为原子荧光专用。试剂的纯度应符合要求，储备液应定期更换，使用液和还原剂应现用现配。

（3）更换元素灯时一定要关闭主机电源。

（4）开机的顺序：先打开计算机，再打开仪器主机电源，最后打开软件。

（5）水封：使用仪器前应检查二级气液分离器（水封）中是否有水。

（6）预热：测量前仪器应运行预热半个小时（汞灯需要时间更长）。

（7）测量过程中尽量不要进行其他软件操作。

（8）注意反应过程中气液分离器中不能有积液。

（9）样品必须澄清不能有杂质，不能进浓度过高的标准溶液和样品。

（10）蠕动泵滴加硅油，注意泵管疲劳度，实验结束后打开压块。

（11）对于元素灯：应选取适当大小的灯电流；低熔点元素的灯在使用过程中不能有较大的振动，使用完毕后必须待灯管冷却后才能取下，以防空心阴极变形；一定要先关电源再插拔灯，如果灯不经常使用，最好每隔一定时间在额定工作电流下点燃 30 min；注意不要沾污发射窗口。如若沾污，可用脱脂棉蘸无水乙醇擦拭。

六、思考题

（1）原子荧光光度计可以测定的元素有哪些？

（2）还原剂中加入氢氧化钾的原因是什么？配制的先后顺序是什么？

6.15 电感耦合等离子体发射光谱法测定水样中金属离子的含量（标准曲线法）

一、实验目的

（1）掌握电感耦合等离子体发射光谱法的实验原理。

（2）了解电感耦合等离子体发射光谱仪的主要组成部分及其功能，熟悉该仪器的特点及应用范围。

课件 6.14　电感耦合等离子体发射光谱法测定水样中金属离子的含量

二、实验原理

电感耦合等离子体（Inductively Coupled Plasma，ICP）是原子发射光谱的重要高效光源，在电感耦合等离子体发射光谱仪（ICP-OES）中，试液被雾化后形成气溶胶，由氩载气携带进入等离子体焰炬，在焰炬的高温下，溶质的气溶胶经历多种物理化学过程而被迅速原子化，成为原子蒸气，并进而被激发，发射出元素特征光谱，经分光后进入摄谱仪而被记录下来，从而对待元素进行定量分析。

ICP-OES 主要由高频发生器、氩气源、等离子体发生器、进样装置（包括雾化器等）、光谱仪及计算机信息处理部分组成。

根据各元素气态原子所发射的特征辐射的波长和强度，即可进行物质组成的定性和定量分析。谱线强度（I）与被测元素浓度（c）有如下关系：

$$I = ac^b$$

式中，a 是与激发源种类、工作条件及试样组成等有关的常数；b 是自吸系数。当元素含量较低时，$b=1$，元素的含量与其谱线强度成正比。因此，在一定工作条件下，测量谱线强度即可进行物质组成的定量分析。

ICP-OES 能提供高温（等离子体的中心温度高达约 10 000 K，可使试样完全蒸发和原子化）、环状通道、惰性气氛，且自吸现象小，因而具有选择性好（基体效应和元素间的干扰少）、灵敏度高（检测限可达 $10^{-9} \sim 10^{-11}$ g/L）、精密度高（相对标准偏差一般为 0.5% ~ 2%）、线性范围宽（通常可达 4~6 个数量级）等优点，是同时分析液体试样中多个金属元素含量的最佳仪器。目前，此仪器可用于分析 70 多种元素，并可对百分之几十的高含量元素进行测定。

由于仪器性能的改善和计算机的应用，目前的 ICP-OES 在测量谱线强度时，常采用顺序扫描法和多通道测量法。前者可同时自动连续地按波长顺序进行各元素分析线强度的测量，完成多元素的测定工作；后者将不同元素的分析线按波长大小，分别固定排在不同的出射狭缝，由相应的光电倍增管接收，每一狭缝就是一个测量通道，此类仪器最多可安放 40 个通道，可同时测量几十种元素。本实验利用 ICP-OES 同时测定自来水样中铜、镉、铬多种重金属离子的含量。

三、实验仪器与试剂

ICP5000 型 ICP-OES（见图 6-7），容量瓶，刻度吸量管，烧杯。

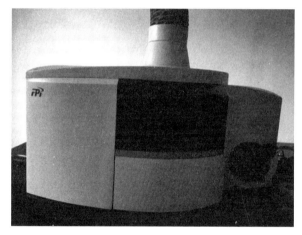

图 6-7　ICP5000 型 ICP-OES

标准溶液，待测水样品，超纯水，2% 的硝酸溶液。

四、实验步骤

1. 配制不同浓度的标准溶液

取 5 只编号的 50 mL 容量瓶，依次加入标准溶液（体积根据实际待测样品浓度进行设定），用 2% 的硝酸溶液定容至刻度，摇匀，计算此时溶液中金属离子浓度。

2. 配制标准空白溶液

取 50 mL 容量瓶，加入浓硝酸 1 mL，用去离子水稀释至刻度，摇匀。

3. 水样溶液的准备（平行 3 份）

待测样品不同，则样品前处理方式也有所不同，必要时还要经过适当稀释，使样品溶液中元素浓度在标准曲线范围内。

仪器操作 6.5
ICP5000 电感耦合等离子体发射光谱仪的使用

本实验的待测水样需要稀释数倍后方可上机测试。

4. 测定

1）方法的新建

（1）通过"常用"→"方法"→"新建"来新建方法，弹出元素周期表，根据需要选择合适的元素后，弹出对话框，默认谱线是推荐的最佳谱线，用户可以根据实际样品的光敏度等因素选择其他一条或多条谱线进行分析，单击"确定"按钮，进入下一步。

（2）给新建的方法命名，并选择合适的文件夹存储，下次需要时可以在文件夹中调出。单击"下一步"按钮。

（3）进入方法编辑界面，根据需要选择合适的单位，当测量元素较多时根据元素个数检查是否有漏选的元素，记录样品前处理、配比方法的信息。单击"参数设置"按钮，进入下一步。

（4）进入参数设置界面，单击"校准"按钮，进入校准界面，在该界面中，输入标准曲线中各元素的浓度。默认是"空白"和"高标"，若需要增加标准曲线的浓度点，选中"高标"，单击"删除"按钮，再单击"添加"按钮，并在弹出的对话框中输入标准点的名称和该点中各元素的浓度，若标准溶液中各元素浓度不一致或浓度输入错误，可以在右侧"标样数据"的"浓度"中修改对应元素的浓度。

（5）单击"数据处理方法"按钮，在出现的界面中，可以根据需要修改测量结果的有效位数；单击"保存"按钮，方法新建完成，会出现在信息显示栏中。

2）建立标准曲线

（1）在点燃等离子体并稳定 15~30 min 后，选中需要的分析方法，并右击"激活"按钮，方法前面的图标由灰色变为橙色。

（2）单击"常用"→"运行分析"→"校准"，进入运行校准界面，根据需要选择需要测量的标样和谱线，单击"运行"按钮。

（3）单击"运行"按钮，弹出"样品校准"对话框。根据提示吸入相应的标准溶液，单击"确定"按钮，依次完成标准曲线的测量。

注意：在更换溶液的过程中，请勿长时间将进样针置于空气中，并将进样针外侧的溶液清理干净，将进样针插入液面以下后单击"确定"按钮，按浓度由低到高的顺序进行测量。

3）样品测量

曲线建立完成之后即可进行样品分析，单击"常用"→"运行分析"→"样品"，即弹出对话框，给样品命名并设置完参数后，单击"运行"按钮，即可完成未知样品的分析。

根据 1）~3）的步骤，先将配制不同浓度的标准溶液和水样溶液上机测试。测试完标准溶液后，仪器会根据标准溶液的光强度对浓度进行线性回归，绘制金属元素的标准曲线。测试完水样溶液后，由仪器软件直接给出测定结果。

五、实验数据

将所测实验数据填入表 6-23，计算出水样中金属离子的含量，并求出精密度。

表 6-23　实验数据记录表

平行样品	1	2	3
回归方程，相关系数			
将测定值代入回归方程的计算结果			
样品稀释倍数			
样品浓度			
样品浓度测定结果			
精密度			

六、思考题

（1）ICP 发射光谱法定性、定量分析的依据是什么？

（2）电感耦合等离子体光源由几部分组成？优点是什么？

6.16　气相色谱仪的使用及定性分析

一、实验目的

（1）了解气相色谱仪的结构并掌握其基本操作。

（2）掌握气相色谱分析中分离条件的确定。

（3）学习利用保留值进行色谱对照的定性方法；学会柱效和分离度的测定。

课件 6.15　气相色谱仪
的使用及定性分析

二、实验原理

色谱法是一种分离分析技术，气相色谱法是以气体作为流动相，当它携带欲分离的混合物流经固定相时，由于混合物中各组分的性质不同，与固定相作用的程度也有所不同，因而组分在两相间具有不同的分配系数，经过相当多次的分配之后，各组分在固定相中的滞留时间有长有短，从而使各组分先后流出色谱柱而得到分离。

气相色谱的载体有氮气、氢气等，这类气体自身不与被测组分发生反应，当样品组分随载气通过色谱柱而得到分离后，根据流出组分的物理或化学性质不同，可选用合适的检测仪器予以检测，得到电信号随时间变化的色谱流出曲线，也称色谱图。根据色谱组分峰的出峰时间（保留值）不同，可进行色谱定性分析，而峰面积或峰的高度则与组分含量有关，可用于进行色谱定量分析。气相色谱法是一种高效能、高速度、高灵敏度、操作简便，且应用范围广泛的分离分析方法。只要在色谱温度适用范围内，具有 20~1 300 Pa 蒸气压，或沸点在 500 ℃ 以下和相对分子质量在 400 以下的化学稳定物质，原则上均可采用气相色谱法进行分析。

各种物质在一定的色谱条件下（一定的固定相与操作条件等）有各自确定的保留值，

因此保留值可作为一种定性指标。对于较简单的多组分混合物，若其中所有待测组分均为已知，而且它们的色谱峰均能分开，则可将各个色谱峰的保留值与各相应的标准样品在同一条件下所得的保留值进行对照比较，就能确定各色谱峰所代表的物质，这就是纯物质对照法定性的原理。该法是气相色谱分析中最常用的一种定性方法。还应注意，有些物质在相同色谱条件下，往往具有相近的甚至相同的保留值，因此在对具有相近保留值物质进行色谱定性分析时，要求使用高效性的色谱柱，以提高分离效率，并且采用双柱法（即分别在两根具有不同极性的色谱柱上测定保留值）。在没有已知标准样品可作对照的情况下，可借助于保留指数文献值进行定性分析。对于组分复杂的混合物，采用更为有效的方法，即与其他鉴定能力强的仪器联用，如气相色谱/质谱、气相色谱/红外吸收光谱联用等手段进行定性分析。

本实验利用保留值进行甲醇和乙酸乙酯的定性分析。

色谱柱的柱效以理论板数 n 表示，根据塔板理论，理论塔板数越大，板高越小，柱效能越高。总分离效能指标以分离度 R 表示，分离度应大于 1.5，可按下列公式求得：

$$n = 16 \times \left(\frac{t_R}{W}\right)^2 = 5.54 \times \left(\frac{t_R}{W_{1/2}}\right)^2$$

$$R = \frac{2 \times (t_{R2} - t_{R1})}{W_1 + W_2}$$

式中，t_R 为保留时间；t_{R1}、t_{R2} 分别为组分 1、2 的保留时间；W 为峰底宽；$W_{1/2}$ 为半峰宽；W_1、W_2 分别为组分 1、2 的峰底宽。

三、实验仪器与试剂

色谱柱，气相色谱仪，微量注射器。

待测试样。

四、实验步骤

1. 开机

（1）选择合适的色谱柱安装于进样器一端，另一端安装于所用的检测器口。

（2）打开载气（N_2），待压力达到约 0.3 MPa 后，打开气相色谱仪主机电源，在面板上按"状态/设定"键进行参数设定。

仪器操作 6.6
SP-2100A 气相色谱仪的使用

柱温：低于或接近混合试样的平均沸点；可设定 3 个温度，高于、等于和低于平均沸点，观察保留时间和峰形的变化。

气化室温度：高于混合试样中样品最高沸点 20~30 ℃。

检测器温度：等于气化室温度，氢火焰离子化检测器温度必须大于 100 ℃，防止水蒸气冷凝污染检测器。

（3）待气相色谱仪面板上显示"就绪"后，打开氢气钢瓶（氮气和氢气体积比约为 1∶1）、空气发生器开关，平衡约 10 min，在气相色谱仪面板上按"点火"键。取烧杯放在检测器出口处，观察烧杯底部是否有水雾生成，有水雾表示检测器正常工作。

（4）打开计算机，双击 BF-2002 色谱工作站图标进入色谱工作站。

2. 测试样品

（1）清洗微量注射器，用待测样品润洗，取合适体积的样品准备进样。注意：每次移取液体前后均用滤纸片将注射器针头表面残留的液体擦净。

（2）进样，同时按面板上"开始"键和"色谱数据采集器"键，进行谱图采集，拔出注射器。

气相色谱中手动进样技术的熟练与否，直接影响到分析结果的好坏，进样时应注意以下两点。

①正确的进样手法：取样后，一手持注射器（防止气化室的高气压将针芯吹出），另一只手保护针尖（防止插入隔垫时弯曲），先小心地将注射针头穿过隔垫，随即快速将注射器插到底，并将样品轻轻注入气化室（注意不要用力过猛使针芯弯曲）。

②注射样品所用时间及注射器在气化室中停留的时间越短越好。

（3）保存谱图，记录每个组分的保留时间和峰面积。

3. 关机

（1）实验结束后，在色谱工作站上单击"停止色谱图采集"按钮，在气相色谱仪面板上按"停止"键，停止仪器运行。

（2）关闭氢气钢瓶和空气发生器开关，在面板上按"状态/设定"键，通过设定参数使主机降温，等气化室、色谱柱和检测器温度降到设定值约40 ℃后，关闭主机电源。

（3）关闭载气，填写仪器使用记录。

五、实验数据

（1）样品定性分析。将所测实验数据填入表6-24中，并进行相应计算。

表6-24　实验数据记录表（1）

混合组分	1	2
保留时间 t_R		
样品推断		

（2）将所测实验数据填入表6-25中，再根据色谱图中样品的 t_R 和 W，按公式分别计算样品的理论板数 n 以及它们的分离度 R。

表6-25　实验数据记录表（2）

样品	1	2
保留时间 t_R		
样品半峰宽		
样品峰底宽		
理论塔板数 n		
分离度		

六、思考题

（1）本次实验测试柱温和气化室温度分别是多少？柱温对色谱峰分离有何影响？
（2）气相色谱检测器都有哪几种？分别适用哪些物质分离？

6.17 冰片含量的测定（内标法）

一、实验目的

（1）学会用内标法进行定量分析。
（2）学会测定校正因子。

课件 6.16 冰片
含量的测定

二、实验原理

内标法是选择样品中不含有的纯物质作为对照物质加入待测样品溶液中，以待测组分和对照物质的响应信号对比，测定待测组分的含量。

三、实验仪器与试剂

气相色谱仪，1 μL 微量注射器。
水杨酸甲酯，醋酸乙酯，冰片，龙脑对照品。

四、实验步骤

1. 校正因子的测定

以聚乙二醇（PEG）-20M 为固定相，涂布浓度为 10%，柱温为 140 ℃。理论塔板数按龙脑峰计算，且不低于 1 900。

取水杨酸甲酯适量，精密称定，加醋酸乙酯制成每 1 mL 含 5 mg 的溶液，作为内标溶液。另取龙脑对照品 50 mg，精密称定，置于 100 mL 容量瓶中，加内标溶液溶解，并稀释至刻度，摇匀，吸取 1 μL，注入气相色谱仪，计算校正因子。

2. 测定

取冰片约 50 mg，精密称定，移至 10 mL 容量瓶中，用内标溶液溶解并稀释成刻度，摇匀，吸取 1 μL，注入气相色谱仪，测定。

五、实验数据

将所测实验数据填入表 6-26 中，并进行相应计算。

表 6-26　实验数据记录表

样品	峰面积 A	峰面积 A（水杨酸甲酯）	校正因子
龙脑			
冰片			

六、思考题

（1）内标法的优缺点各是什么？
（2）内标物应满足哪些条件？

6.18　环己烷–苯混合物中各组分浓度的测定（归一化法）

一、实验目的

（1）学会测定质量校正因子。
（2）学会用归一化法进行定量分析。

二、实验原理

课件 6.17　环己烷–
苯混合物中各组
分浓度的测定

当样品中各组分都能出峰，并一一分开时，可以利用归一化法进行
定量分析。样品中某一组分的质量分数按下式计算：

$$\omega_i = \frac{m_i}{m} \times 100\% = \frac{m_i}{m_1 + m_2 + m_3 + \cdots + m_n} \times 100\% = \frac{f_i A_i}{f_1 A_1 + f_2 A_2 + \cdots + f_n A_n} \times 100\%$$

式中，f_i 为各组分的定量校正因子；A_i 为各组分的峰面积。

质量校正因子可以查手册，也可以自行测定。测定时取已知质量分数的混合液，从色谱
图中求出各自的峰面积，按下式计算：

$$\frac{m_i}{m_s} = \frac{A_i f_i}{A_s f_s} \quad f_i = \frac{A_s f_s}{A_i} \cdot \frac{m_i}{m_s}$$

本实验可设 $f_s = f_苯 = 0.78$（TCD）。

三、实验仪器与试剂

气相色谱仪，1 μL 微量注射器。
环己烷–苯标样（体积比 1∶1，质量比 0.79∶0.879），环己烷–苯样品溶液。

四、实验步骤

（1）按仪器操作说明书控制各项实验条件。
色谱柱：不锈钢，2 m×4 mm。
固定相：15% DNP–6201 担体（60~80 目）。
温度：柱室 100 ℃，检测室 130 ℃，气化室 150 ℃。
载气流量：H_2，60 mL/min。
进样量：0.8 μL。
桥电流：180 mA。
（2）用微量注射器注射 0.8 μL 环己烷–苯标样，记录色谱图，测量各组分的峰面积。
计算环己烷的质量校正因子，将测量结果与文献值作比较。
（3）注射 0.8 μL 环己烷–苯样品溶液，记录色谱图。用同样的方法测量各组分的峰面

积，并利用测得的 f 值，计算各组分的质量分数。

五、实验数据

将所测实验数据填入表 6-27 中，并进行相应计算。

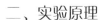

表 6-27　实验数据记录表

样品	峰面积 A（标准样品）	峰面积 A（待测样品）	校正因子
环己烷			
苯			

注意事项

（1）实验前，对色谱仪的整个气路系统必须进行检漏。如有漏气点，应进行排除。

（2）为了防止热丝烧断，开机前应先通气，然后通桥电流。关机时应先关桥电流，后关气。不得超过最高允许桥电流（见仪器说明书）。

（3）应小心使用微量注射器，不可用力过猛，不要折弯针芯，也不要全部拉出套外。若有不清楚之处，应立即报告指导老师妥善处理。样品溶液中如有难挥发溶质，使用完毕后立即用乙醇或丙酮清洗多次，以免针芯受污染而卡死。

六、思考题

试讨论气相色谱各种定量方法的优缺点及适用范围。

6.19　高效液相色谱法测定饮料中咖啡因的含量（外标法）

一、实验目的

（1）学习高效液相色谱仪的操作。

（2）了解高效液相色谱法测定咖啡因的基本原理。

（3）掌握高效液相色谱法进行定性及定量分析的基本方法。

课件 6.18　高效液相色谱法测定饮料中咖啡因的含量

二、实验原理

咖啡因又称咖啡碱，是从茶叶或咖啡中提取而得的一种生物碱，它属黄嘌呤衍生物，化学名称为 1，3，7-三甲基黄嘌呤。咖啡因能兴奋大脑皮层，使人精神兴奋。咖啡中咖啡因的含量为 1.2%~1.8%，茶叶中为 2.0%~4.7%。可乐、APC 药片等中均含咖啡因。其分子式为 $C_8H_{10}O_2N_4$，结构式为

$$\begin{array}{c}
\text{H}_3\text{C}-\text{N}\underset{\text{N}}{\overset{\text{O}}{\bigcirc}}\text{N}-\text{CH}_3 \\
\text{CH}_3
\end{array}$$

本实验采用反相高效液相色谱法将饮料中的咖啡因与其他组分（如单宁酸、咖啡酸、蔗糖等）分离，将已配制的浓度不同的咖啡因标准溶液加入色谱系统，测定它们在色谱图上的保留时间 t_R 和峰面积 A，可直接用 t_R 定性，用峰面积 A 作为定量测定的参数来定饮料中的咖啡因含量。

外标法分标准曲线法、外标一点法和外标两点法。标准曲线法是用对照物质配成一系列浓度的对照品溶液确定标准曲线，求出斜率和截距，还可以计算出标准曲线的回归方程。在完全相同的条件下，准确进样，对照品溶液进样量与样品溶液进样量完全相同，根据待测组分的色谱峰面积信号，从标准曲线上查出其浓度或代入标准曲线的回归方程，计算出样品浓度。标准曲线的截距为零时，可用外标一点法（直接比较法）定量。标准曲线的截距不为零时，须用外标两点法定量。

本实验采用外标一点法测试含量。

三、实验仪器与试剂

高效液相色谱仪 S3000，色谱柱（ODS 柱 C_{18}，5 μm 150×4.6 mm），平头微量注射器。

流动相［甲醇（色谱纯）+高纯水］，咖啡因标准储备液（50 μg/mL，10 μg/mL），测饮料试液（可乐，咖啡）。

四、实验步骤

（1）准备流动相。

（2）仪器条件：泵的流速为 1.0 mL/min；检测波长为 275 nm；六通阀进样器满环；柱温为室温；甲醇：水（体积比）= 60：40。

（3）仪器基线稳定后，放入咖啡因标准样。

（4）样品处理如下。

①将约 25 mL 可乐置于一 100 mL 洁净、干燥的烧杯中，剧烈搅拌 30 min 或用超声波脱气 5 min，以赶尽可乐中的二氧化碳。

②准确称取 0.04 g 速溶咖啡，用 90 ℃ 蒸馏水溶解，冷却后待用。

③将上述样品分别转移至 50 mL 容量瓶中，并用蒸馏水稀释至刻度。

**仪器操作 6.7
S3000 高效液相
色谱仪的使用**

（5）上述样品溶液分别用 0.45 μm（可乐）或 0.22 μm（咖啡）滤头过滤，弃去前面的过滤液，取后面的过滤液，备用。

（6）根据高效液相色谱仪操作规程分析饮料试液。

五、实际数据

（1）咖啡因定性分析（进样标记至色谱峰顶尖的时间）。将所测实验数据填入表 6-28 中，并进行相应计算。

表 6-28　实验数据记录表（1）

样品	标准品浓度/ （μg · mL^{-1}）	保留时间 t_R	峰面积 A（1）	峰面积 A（2）	峰面积 A（3）	峰面积 $A_{平均}$
标准品						

（2）上机样品中咖啡因含量的计算。将所测实验数据填入表 6-29 中，并将所得的峰面积代入公式 $\left(\dfrac{c_标}{c_样}=\dfrac{A_标}{A_样}\right)$ 中计算待测溶液浓度。

表 6-29　实验数据记录表（2）

样品	峰面积 $A(1)$	峰面积 $A(2)$	峰面积 $A(3)$	峰面积 $A_{平均}$	浓度/$(\mu g \cdot mL^{-1})$
可乐					
速溶咖啡					

注意事项

（1）不同的可乐、咖啡中咖啡因含量不大相同，称取的样品量可酌量增减。

（2）若样品和标准溶液需保存，应置于冰箱中。

（3）为获得良好结果，标准和样品的进样量要严格保持一致。

六、思考题

对照法和标准曲线法进行定量分析的优缺点分别是什么？

6.20　循环伏安法测定电极反应参数（循环伏安法）

一、实验目的

（1）理解循环伏安法的原理及电极过程可逆性的判断方法。

（2）学会使用电化学工作站并掌握循环伏安法的实验技能。

课件 6.19　循环伏安法测定电极反应参数

二、实验原理

循环伏安法是最重要的电分析化学研究方法之一。循环伏安法是在工作电极上施加一个线性变化的循环电压，记录工作电极上得到的电流与施加电压的关系曲线，对溶液中的电活性物质进行分析。扫描开始时，从起始电压扫描至某一电压后，再反向回扫至起始电压，构成等腰三角形电压，一次扫描过程中完成一个氧化和还原过程的循环，故此法称为循环伏安法。

当工作电极被施加的扫描电压激发时，其上将产生响应电流。以该电流（纵坐标）对电位（横坐标）作图，称为循环伏安图。

循环伏安图中可得到的几个重要参数是：阳极峰电流（i_{pa}）、阴极峰电流（i_{pc}）、阳极峰电位（E_{pa}）和阴极峰电位（E_{pc}）。能够和工作电极迅速交换电子的氧化还原电对称为电化学可逆电对。

可逆电对的氧化还原电位 ΔE_p 是 E_{pa} 和 E_{pc} 平均值：

$$\Delta E_p = (E_{pa}+E_{pc})/2 \approx 0.059/n \tag{6-1}$$

第一个循环正向扫描可逆体系的峰电流可由 Randles-Sevcik 方程表示：

$$i_p = 2.69 \times 10^5 n^{3/2} A D^{1/2} c v^{1/2} \tag{6-2}$$

式中，i_p 为峰电流，A；n 为电子数；A 为电极面积，cm^2；D 为扩散系数，cm^2/s；c 为浓度，mol/cm^3；v 为扫描速率，V/s。

根据上式，i_p 随 $v^{1/2}$ 的增加而增加，并和浓度成正比。

对于简单的可逆（快反应）电对，i_{pa} 和 i_{pc} 的值很接近，即

$$i_{pa}/i_{pc} \approx 1 \tag{6-3}$$

对于一个简单的电极反应过程，式（6-1）和式（6-3）是判断电极反应是否为可逆体系的重要依据。

三、实验仪器与试剂

电化学工作站（CHI760E），三电极系统（工作电极：铂圆盘电极或玻碳电极，辅助电极：铂丝电极，参比电极：饱和甘汞电极或 Ag/AgCl 电极），磁力搅拌器。

$K_3Fe(CN)_6$ 溶液（0.1 mol/L），KCl 溶液（1 mol/L），KNO_3 溶液（1 mol/L），麂皮抛光布，α-Al_2O_3 抛光粉。

四、实验步骤

1. 工作电极预处理

将铂圆盘电极或玻碳电极用 α-Al_2O_3 粉末按照 1.0、0.3、0.05 μm 粒度在麂皮抛光布上

将工作电极表面磨光，然后用蒸馏水超声清洗 2~3 min，重复三次，最后用去离子水彻底洗涤，得到一个平滑光洁、新鲜的电极表面。

2. 仪器准备与预热

依次将工作电极、辅助电极、参比电极与电化学工作站（见图 6-8）连接（注意不要接错），打开计算机和仪器，让其预热 10 min，将相应颜色的电极夹按照对应关系夹在电极上。

**仪器操作 6.8
CHI760E 电化学
工作站的使用**

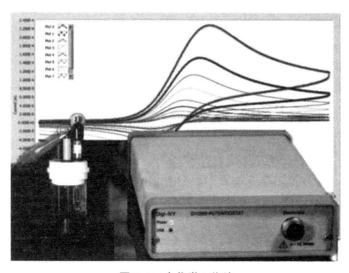

图 6-8 电化学工作站

启动工作站，在菜单中依次选择 Setup、Technique、Parameter，输入实验参数。在出现的窗口中按下列要求设置仪器参数，完成后单击"确认"按钮。

Init（V）：-0.2 V   High E（V）：0.80 V   Low E（V）：-0.2 V

Final E（V）：0.8 V   Initial P/N= P   Scan Rate（V/s）：0.2

Sweep Segments：4   Sample Interval（V）：0.001 Quiet Time（sec）：2

Sensitivity（A/V）：1e-0.005

3. 溶液准备

（1）在 100 mL 容量瓶中移入 5 mL 0.1 mol/L 的 $K_3Fe(CN)_6$ 溶液，稀释至刻度线，待用。

（2）扫描速率实验。在 50 mL 容量瓶中移入 5 mL 步骤（1）中稀释后的 $K_3Fe(CN)_6$ 溶液，再加入 25 mL 1 mol/L 的 KCl 溶液，定容，倒入电解杯中，插入电极。选择不同的扫描速率：0.05、0.1、0.2、0.3、0.4 V/s，分别记录从+0.8~-0.2 V 的循环伏安图。将 5 个伏安图叠加，打印。

（3）浓度实验。在 5 个 50 mL 容量瓶中分别加入 2.5、5、7.5、12.5、15 mL 步骤（1）中稀释后的 $K_3Fe(CN)_6$ 溶液，用 1 mol/L 的 KCl 溶液定容至刻度。插入三电极系统，单击 Run 按钮开始扫描。以 0.2 V/s 的扫描速率从+0.8~-0.2 V 进行扫描，记录循环伏安图。

五、实验数据

1. 扫描速率实验

记录不同扫描速率时测得的峰电流和峰电位（见表6-30），并求出对应的 i_{pa}/i_{pc} 和 ΔE_p。根据表6-30所得数据分别以阳极峰电流 i_{pa} 和阴极峰电流 i_{pc} 对 $v^{1/2}$ 作图，求出对应的线性方程（标出相关系数），说明电流和扫描速率之间的关系。

表6-30　实验数据记录表（1）

扫描速率/ $(V \cdot s^{-1})$	$v^{1/2}$	i_{pa}	i_{pc}	i_{pa}/i_{pc}	E_{pa}	E_{pc}	ΔE_p
0.05							
0.1							
0.2							
0.3							
0.4							
i_{pa}/i_c 平均值				ΔE_p平均值			

2. 溶液浓度的影响

将不同溶液浓度时测得的峰电流和峰电位记录在表 6-31 中，并求出对应的 i_{pa}/i_{pc} 和

ΔE_p。根据表 6-31 所得数据分别以阳极峰电流 i_{pa} 和阴极峰电流 i_{pc} 对溶液浓度作图，求出对应的线性方程（标出相关系数），说明电流和浓度的关系。

表 6-31　实验数据记录表（2）

溶液浓度/ $(mol \cdot L^{-1})$	i_{pa}	i_{pc}	i_{pa}/i_{pc}	E_{pa}	E_{pc}	ΔE_p
i_{pa}/i_{pc} 平均值			ΔE_p 平均值			

根据实验结果说明电极反应过程的可逆性。

注意事项

（1）工作电极表面必须仔细清洗，否则将严重影响循环伏安图图形。

（2）每次扫描之间，为使电极表面恢复初始状态，应将溶液搅拌，等溶液静止 1~2 min 后再扫描。

六、思考题

（1）由循环伏安曲线可以获得哪些电极反应参数？从这些参数如何判断电极反应的可逆性？

（2）在三电极系统中，工作电极、参比电极和辅助电极各起什么作用？

6.21　离子选择性电极测定水样中硝酸根离子的含量（标准曲线法、标准加入法）

一、实验目的

（1）掌握离子选择性电极的测量原理。

（2）学会应用离子选择性电极测定离子浓度的两种方法：标准曲线法及标准加入法。

（3）学习 PXD-2 型通用离子计的使用方法及有关实验操作技术。

课件 6.20　离子选择性电极测定水样中的硝酸根离子

二、实验原理

以饱和甘汞电极（见图 6-9（a））为参比电极，硝酸根电极（见图 6-9（b））为测量电极，在 PXD-2 型通用离子计上测定试液的电动势。根据能斯特方程，分别使用标准曲线法及标准加入法确定待测试液中硝酸根离子的含量，可得

$$\varphi_{ISE} = K \pm \frac{2.303RT}{n_i F} \lg a_i$$

式中，φ_{ISE} 为离子选择性电极膜电位；n_i 为待测离子的电荷数；a_i 为待测离子活度（或浓度），阳离子取 "+"，阴离子取 "-"。

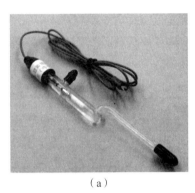 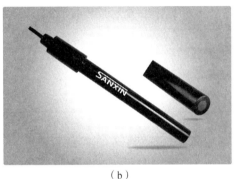

（a） （b）

图 6-9 饱和甘汞电极与硝酸根电极

（a）饱和甘汞电极；（b）硝酸根电极

三、实验仪器与试剂

PXD-2 型通用离子计，硝酸根电极，饱和甘汞电极，容量瓶（50 mL），烧杯（50 mL，400 mL），移液管（0.5 mL，5 mL，25 mL，50 mL），滴定管（25 mL），玻璃棒。

仪器操作 6.9 PXD-2 型通用离子计的使用

0.1 mol/L 的标准 KNO_3 溶液，0.001 mol/L 的标准 KNO_3 溶液，1 mol/L 的 NaH_2PO_4 溶液，污水样。

四、实验步骤

1. 仪器的调试

（1）将功能选择键拨至 "mV" 挡，此时仪器工作在 mV 待测状态下，"定位""斜率""温度补偿"均无作用。

（2）通电预热仪器。

（3）调整 "调零" 电位器，使该仪器显示为 "0.00"。

（4）将测量电极输入插头插入电极座并使其自动锁紧，参比电极接入 "参比"，旋紧螺母，并把电极头浸入待测溶液中。

（5）开动搅拌器，搅拌 2 min 后，停止搅拌，待仪器稳定数分钟后，此时读取仪器显示值即为所测读数。

2. 标准曲线法

（1）配制标准系列溶液：取 50 mL 容量瓶 4 个，分别编成 1 号、2 号、3 号、4 号，其中 1 号、2 号容量瓶分别加入 0.001 mol/L KNO_3 溶液 0.5、5.00 mL，3 号、4 号容量瓶分别加入 0.1 mol/L 的 KNO_3 溶液 0.5、5.00 mL，再向每只容量瓶中各加入 1 mol/L 的 NaH_2PO_4 溶液 5 mL（用滴定管加），然后用去离子水稀释至刻度，摇匀，即得浓度分别为 10^{-5}、10^{-4}、10^{-3}、10^{-2} mol/L 的 KNO_3 溶液，其中离子强度缓冲剂 NaH_2PO_4 的浓度均为 0.1 mol/L。

（2）污水样的处理：取合适体积的污水样（根据污水样的大概浓度，将样品进行适当稀释）于 50 mL 容量瓶中，加入 5 mL NaH_2PO_4 溶液，用去离子水稀释至刻度，摇匀，此溶液编号为 5 号。

（3）测定：测量电极用硝酸根电极，参比电极用饱和甘汞电极，先用标准系列溶液，测出所对应的电动势，绘制 E-$\lg[NO_3^-]$ 曲线；再测出 5 号污水样的电动势，由工作曲线上求出污水中的 NO_3^- 浓度。

3. 标准加入法

取 100 mL 烧杯，先加入 50.00 mL 污水样（记为 6 号溶液），测量电动势，再加入 0.5 mL 0.1 mol/L 的 KNO_3 溶液（记为 7 号溶液），搅拌摇匀，测量电动势，用下列公式计算 $[NO_3^-]$：

$$[NO_3^-]=c_\Delta(10^{\Delta E/S}-1)^{-1}$$

式中，c_Δ 为 7 号溶液比 6 号溶液所增加的浓度，即

$$c_\Delta=\frac{0.5\times0.1}{50+0.5}\text{ mol/L}=0.000\,99\text{ mol/L}$$

五、实验数据

将所测数据填入表 6-32 和表 6-33 中，并进行相应计算。

表 6-32　实验数据记录表（1）

样品	1 号	2 号	3 号	4 号	5 号（污水样）
0.001 mol/L 的 KNO_3 溶液	0.5 mL	5.00 mL			
0.1 mol/L 的 KNO_3 溶液			0.5 mL	5.00 mL	
1 mol/L 的 NaH_2PO_4 溶液	5 mL	5 mL	5 mL	5 mL	5 mL
c_{KNO_3}/(mol·L^{-1})	1×10^{-5}	1×10^{-4}	1×10^{-3}	1×10^{-2}	
E					
回归方程，相关系数					
回归方程线性范围					
将测定值代入回归方程的计算结果					
样品稀释倍数					
样品浓度					

表 6-33　实验数据记录表（2）

样品	6 号	7 号
0.1 mol/L 的 KNO_3 溶液		0.5 mL
E		
ΔE		
c_Δ		
S		
c_{HNO_3}		

六、思考题

（1）本实验使用的 1 mol/L 的 NaH_2PO_4 溶液起什么作用？为什么标准加入法中不加入 NaH_2PO_4 溶液，而标准曲线法中加入？

（2）饱和甘汞电极的内参比溶液是什么？

6.22　热重分析仪测定五水硫酸铜的热分解曲线（热分析法）

一、实验目的

（1）掌握热重分析原理和 ZCT-A 型热重分析仪的基本结构和工作原理。

（2）对五水硫酸铜进行热重分析，测量化学分解反应过程中的分解温度，绘制相应热重曲线。

课件 6.21　热重分析仪测定五水硫酸铜的热分解曲线

二、实验原理

热分析法是物理化学分析的基本方法之一。热分析法研究物质在加热过程中发生相变或其他物理化学变化时所伴随的能量、质量和体积等一系列的变化，可以确定其变化的实质或鉴定矿物。热分析法种类很多，比较常用的方法有差热法、热重法（包括微分热重）、差示扫描量热法。

1. 热重分析原理

热重分析是在程序控制温度下，测量物质质量与温度关系的一种技术。热重法实验得到的曲线称为热重（TG）曲线。热重曲线以温度作横坐标，以试样的失重作纵坐标，显示试样的绝对质量随温度的恒定升高而发生的一系列变化。这些变化表征了试样在不同温度范围内发生的挥发组分的挥发，以及在不同温度范围内发生的分解产物的挥发。如图 6-10 所示，$CaC_2O_4 \cdot H_2O$ 的热重曲线有三个非常明显的失重阶段。第一个阶段表示水分子的失去，第二个阶段表示 CaC_2O_4 分解为 $CaCO_3$，第三个阶段表示 $CaCO_3$ 分解为 CaO。当然，$CaC_2O_4 \cdot H_2O$ 的热失重比较典型，实际上许多物质的热重曲线很可能是无法如此明了地区分为各个阶段的，甚至会成为一条连续变化的曲线。这时，测定曲线在各个温度范围内的变化速率就显得格外重要，它是热重曲线的一阶导数，称为微分热重曲线，微分热重曲线能很好地显示这些速率的变化。

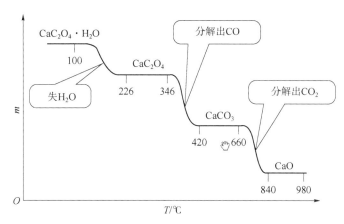

图 6-10　$CaC_2O_4 \cdot H_2O$ 的热重曲线

2. $CaC_2O_4 \cdot H_2O$ 的热分解过程

$CaC_2O_4 \cdot H_2O$ 的热分解过程有三步，如表 6-34 所示。

表 6-34　$CaC_2O_4 \cdot H_2O$ 的热分解过程

变化过程	I	II	III
峰顶温度/℃	202.62	520.55	777.94
失重分数/%	−12.29	−19.15	−30.00
$\Delta H / (kJ \cdot mol^{-1})$	61.60	47.86	101
对应的变化	$CaC_2O_4 \cdot H_2O(s) \rightarrow$ $CaC_2O_4(s) + H_2O(g)$	$CaC_2O_4(s) \rightarrow$ $CaCO_3(s) + CO(g)$	$CaCO_3(s) \rightarrow$ $CaO(s) + CO_2(g)$

3. 五水硫酸铜的热分解过程

在差热法分析中，随着程序温度的升高，五水硫酸铜的脱水过程分为三个阶段，分别脱去 2、2、1 个水分子，大致温度分别为 45、100、212 ℃。这些热分解、热失重现象也可以在热重曲线中得到验证。

三、实验仪器与试剂

ZCT-A 型热重分析仪，坩埚，镊子，药匙，分析天平。

$CuSO_4 \cdot 5H_2O(AR)$。

四、实验步骤

1. 实验前准备

（1）应检查仪器连接系统是否正常，样品支架上清洁无任何杂质。

（2）开启计算机，打开冷却水。

（3）开启热重分析仪主机上的电源开关，应该能听到仪器的自检报警声，响几声后停止。开机预热仪器至少 20 min。

（4）装样品：用镊子先将坩埚（Al$_2$O$_3$）放于分析天平上归零，然后移出天平，用专用小药匙往坩埚中添加待测样品，并准确称取 5~10 mg（约占据 1/3 坩埚容积），保证样品在坩埚中均匀铺平，并记录数值。

（5）天平操作（此步骤由指导老师操作）：抬起炉体，观察托盘的左边是否有参比坩埚（正常情况下该坩埚会一直留在左盘），被测样品放置于托盘的右边；放下炉体。

（6）装完样品后，待杆稳定再开始实验。

2. 实验过程

（1）进入热分析采集系统：光标指向 RSZ 时，双击。

打开封面：光标指向中心位置，单击。

（2）量程设置。

单击菜单栏上的"新采集"选项，此时系统自动进行热重调零，调整完毕后进入"参数设定"画面。

输入"基本实验参数"：操作键盘及鼠标，对实验名称、实验序号、操作者姓名、试样质量等参数进行正确输入，对 DSC 量程、TG 量程、DTG 量程进行选取。

输入"升温参数"：操作键盘及鼠标，对起始温度（显示为当前炉温）、升温速率（≤40 ℃/min）、终值温度等内容进行输入。具体参数的设置根据用户的实际使用要求按分析步骤进行操作。

单击"确定"按钮，此时继电器吸合，加热指示灯亮，热分析系统处于工作状态。此时，观察状态栏内 TG 数值应在 TG 量程的 90% 左右，不超过量程最大值。如果不符，单击"取消"按钮重新进行采集。

（3）采集结束。光标指向"停止"按钮，双击，使指示灯灭掉。

（4）数据存储。单击菜单栏的"保存"选项，输入文件名（中文、分子式或字符代号）后，单击"保存"按钮。

3. 数据处理

打开保存的文件，根据实验报告的要求，可任选以时间为横轴或温度为横轴。

热重曲线分析：右击，进入"曲线分析"菜单，选择热重曲线，在该曲线待分析失重段的左端起点双击，然后拖动至所选峰段的右端点处，观察所出现的文字位置是否合适，不合适的话通过上下移动鼠标调整至合适位置，然后松开左键，按上述方法依次分析三个失重过程。

若对分析结果不满意，单击"重画"按钮，可删除已写上去的分析数据。单击"打印"按钮，此时，将从打印机输出一张 RSZ 热分析报告。

4. 系统退出

单击"文件"按钮，选择"关闭"选项，按屏幕提示正常退出该系统，并依次关闭仪器、计算机、N_2 钢瓶总阀、冷却水。

注意事项

（1）转移坩埚和称取样品时，严禁用手直接触碰，而应使用专用镊子夹取坩埚，并轻拿轻放。

（2）样品要均匀平铺在坩埚中，保证待测样品受热均匀。

（3）软件没有记忆功能，因此在采样过程中，不能关闭程序。

（4）在仪器分析工作过程中不要触摸仪器和敲打晃动实验台，以免发生触电、灼伤和对热重曲线造成不必要的干扰。

（5）实验结束后，当加热炉温度降至 200 ℃ 以下时，方可关闭冷却水。

五、思考题

如果增大升温速率，$CuSO_4 \cdot 5H_2O$ 分解温度会发生怎样的变化？

6.23　电位滴定法测定混合碱中 Na_2CO_3 和 $NaHCO_3$ 的含量（设计实验）

一、实验目的

（1）了解电位滴定仪的工作原理和基本结构，学会其使用方法。
（2）熟练文献的查阅方法，并初步练习设计实验方案。
（3）掌握用 HCl 标准溶液及自动 pH 滴定仪测定混合碱各组分含量的方法。

二、实验提示

（1）在试样测定中，第一终点和第二终点分别是什么？为什么不同？
（2）怎么正确使用 pH 玻璃电极和饱和甘汞电极？
（3）如何提高测定的精密度和准确性？
（4）根据现有文献报道，还可用哪些方法测定混合碱中 Na_2CO_3 和 $NaHCO_3$ 的含量？

三、设计实验方案

（1）电位滴定法的原理是什么？
（2）理论上的第一化学计量点和第二化学计量点是什么？
（3）实验用到的仪器、试剂有哪些？
（4）如何设计实验步骤？
（5）如何处理实验数据？
（6）实验的注意事项有哪些？

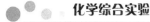

6.24　食用油中脂肪酸组成的测定（设计实验）

一、实验目的

（1）了解食用油中脂肪酸的种类。

（2）熟练掌握文献的查阅方法，并初步练习设计实验方案。

（3）练习利用色谱−质谱联用技术进行定性和定量分析的实验方案设计。

二、实验提示

（1）通过查阅文献，不同种类食用油中脂肪酸的种类有哪些？

（2）国家标准中测定食用油中脂肪酸的方法是什么？

（3）利用色谱−质谱联用技术测定脂肪酸的种类和含量的方法原理是什么？

（4）对于食用油试样最佳的测定方式是气质联用还是液质联用？

三、设计实验方案

（1）用哪种方法测定食用油中的脂肪酸？

（2）实验的方法原理是什么？

（3）定性和定量方法各是什么？

（4）实验的用到的仪器、试剂有哪些？

（5）如何设计实验步骤？

（6）如何处理实验的数据？

（7）实验的注意事项有哪些？

6.25　Al^{3+}小分子探针的制备及其对海蜇养殖水样的研究（虚拟仿真实验）

一、实验目的

（1）了解小分子探针的设计及其对金属离子的检测研究思路：配体的制备及提纯（简单席夫碱反应）→配体的纯度检测（薄层色谱法）及表征（核磁共振氢谱）→对常见金属离子的荧光选择性识别研究→探针应用研究（对水样中Al^{3+}的检测研究）。

（2）熟练掌握实验操作方法：分析天平的使用（直接称量法）、回流冷凝装置的安装、旋转蒸发仪的使用、机械搅拌器的使用、减压抽滤操作、薄层色谱分析操作（TLC）、核磁共振波谱仪操作及荧光分析仪的操作等方法。

（3）掌握数据处理方法：合成反应产率的计算、核磁共振氢谱图分析、标准工作曲线法（曲线绘制、线性回归方程/线性范围及相关系数的求算）、加标回收率的计算。

（4）了解科研动态，能够将理论与实际相结合，进行海蜇样品中Al^{3+}的分析检测研究（拓展内容）。

二、实验原理

　　荧光探针是建立在光谱化学和光学波导与测量技术基础上，选择性地将分析对象的化学信息连续转变为分析仪器易测量的荧光信号的分子测量装置。荧光探针受到周围环境的影响，荧光信号发生变化，从而使人们获知周围环境的特征或者环境中存在的某种特定信息。它具有响应速度快、灵敏度高、检测限低、选择性好、易于操作等优点，在各种检测和标记中应用广泛，如测定金属离子、农药残留、生物分子含量，示踪生物分子，标记大分子及细胞和亚细胞结构等方面。

　　小分子探针结构组成：荧光基团（fluorophore），连接基团（spacer）和识别基团（receptor），如图 6-11 所示。

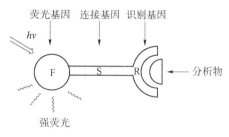

图 6-11　小分子探针的结构

　　本项目设计合成了一种基于萘醛与三氮唑的小分子探针（见图 6-12），并通过薄层色谱法和核磁共振氢谱证实合成目标产物，采用荧光分析法检测其对 15 种常见金属离子的响应。荧光分析法测试结果：在激发波长 342 nm、发射波长 454 nm 下，15 种金属离子中的 Al^{3+} 对荧光探针有显著的荧光增强作用（见图 6-13），其他离子荧光变化程度较弱或几乎没有响应。

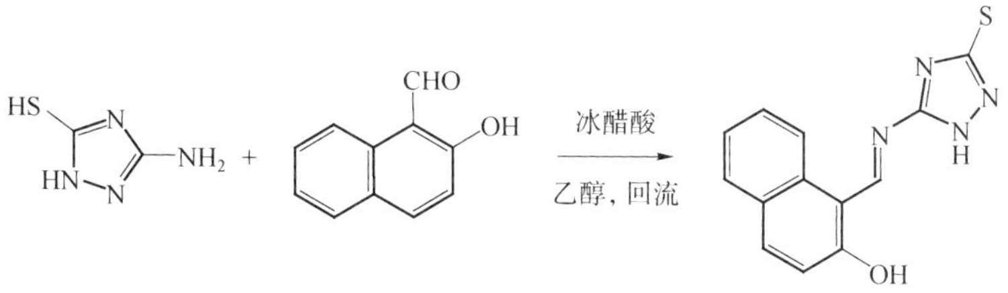

图 6-12　小分子探针合成路线示意图

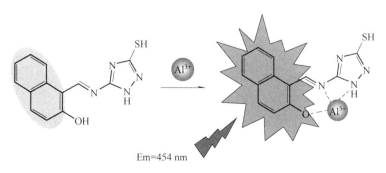

图 6-13　小分子探针与 Al^{3+} 相互作用机理图

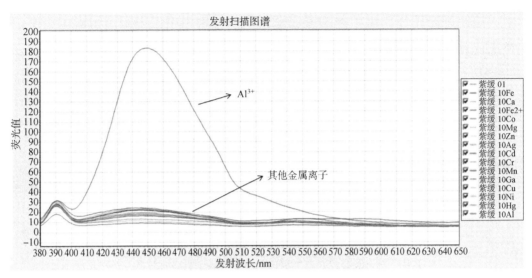

图 6-13　小分子探针与 Al^{3+} 相互作用机理图（续）

人体铝超标主要来源于：海产品铝超标；油条、油饼等油炸面制品中非法添加明矾作为膨松剂或凝固剂；自发粉、馒头、面条等小麦粉及其制品中过度使用泡打粉；饮用水铝超标；含铝餐具的使用等。食品安全风险监测中推荐采用的分析方法有：电感耦合等离子体发射光谱法、分光光度法、石墨炉原子吸收光谱法。目前，由于电感耦合等离子体发射仪和石墨炉原子吸收仪器昂贵，在基层难以普及推广。分光光度法比较适用于我国现阶段基层检测机构与加工生产企业对铝含量的监测需要，但操作步骤比较烦琐，测试需在缓冲溶液中，铝离子与铬天青 S、聚乙二醇辛基苯基醚（OP）、溴代十六烷基吡啶（CPB）反应生成蓝色的四元混合胶束，在波长 620 nm 测定反应溶液的吸光度进行定量分析。

本项目设计合成的荧光探针成功实现了对 Al^{3+} 的专一选择性识别，操作简单，识别效果显著。

三、实验仪器与试剂

分析天平，回流冷凝装置，旋转蒸发仪，硅胶板，层析缸，点样管，紫外分析仪，核磁共振波谱仪，荧光分析仪，常用玻璃仪器等。

3-氨基-5 巯基-1，2，4-三氮唑，2-羟基-1-萘甲醛，冰醋酸，无水乙醇，二氯甲烷，海蜇养殖水样，海蜇样品（两种品牌）。

开发软件：MLabsPro 软件。

四、实验步骤

1. 称量（分析天平的使用，直接称量法）

（1）按下天平开关，打开天平。

（2）将称量纸放置到天平上。

（3）去掉称量纸重量（去皮）。

（4）打开干燥器盖。

仪器操作 6.10　Al^{3+} 小分子探针的制备及其对海蜇养殖水样的研究

（5）用药匙取 3-氨基-5 巯基-1，2，4-三氮唑样品。

（6）将样品转移至称量纸上（0.58 g，5 mmol）。

（7）关闭干燥器盖。

（8）放置加料漏斗。

（9）将称量好的样品转移至 100 mL 单口圆底烧瓶中。

（10）另取称量纸，将称量纸放置到天平上。

（11）去掉称量纸重量（去皮）。

（12）打开干燥器盖。

（13）用药匙取 2-羟基-1-萘甲醛样品。

（14）将样品转移至称量纸上（1.03 g，6 mmol）。

（15）关闭干燥器盖。

（16）放置加料漏斗。

（17）将称量好的样品转移至 100 mL 单口圆底烧瓶中。

（18）长按天平开关，关闭天平。

（19）将磁子放入烧瓶中。

（20）量取 60 mL 无水乙醇。

（21）将量取好的无水乙醇转移至单口圆底烧瓶中。

（22）将滴管放到圆底烧瓶上方。

（23）向圆底烧瓶中滴加 3 滴冰醋酸。

2. 探针的合成（搭建回流冷凝装置）

（1）将圆底烧瓶（100 mL）用铁夹夹住。

（2）安装球形冷凝管。

（3）选择进水口。

（4）打开机械搅拌器的开关。

（5）打开加热器的开关。

（6）调节温度约 800 ℃。

（7）按下 SET 按钮，进行加热回流 6 h。

（8）关闭加热器开关。

（9）关闭机械搅拌器开关。

（10）将冷凝管放置到桌面上。

（11）将圆底烧瓶放置到烧瓶架上。

3. 减压蒸馏（旋转蒸发操作，去除溶剂）

（1）将圆底烧瓶中的溶液转移至新的 100 mL 茄形瓶中。

（2）打开真空泵开关。

（3）关闭旋转蒸发仪上通大气的旋塞。

（4）安装烧瓶。

（5）打开自来水。

（6）打开旋转蒸发仪电源。

（7）打开旋转蒸发仪加热开关。

（8）达到设定温度后，调节旋蒸速度，在 550 ℃进行旋蒸。

（9）旋蒸结束后，先接通旋蒸仪与大气接通的旋塞。

（10）关闭真空泵开关。

（11）关闭旋蒸仪加热开关。

（12）关闭自来水。

（13）将茄形瓶放于烧瓶架上。

4. 产物提纯（去除 2-羟基-1-萘甲醛）

（1）将茄形瓶中固体转移至 100 mL 烧杯中。

（2）至将磁子放入烧杯中。

（3）量取 40 mL 的二氯甲烷。

（4）将量取好的二氯甲烷溶液转移至烧杯中。

（5）烧杯上面蒙上薄膜。

（6）打开机械搅拌器开关。

（7）调节转速，搅拌约 10 min。

（8）关闭机械搅拌器开关。

5. 减压抽滤（固液分离）

（1）将布氏漏斗放置在抽滤瓶上（口对口）。

（2）连接导管到抽滤瓶。

（3）在布氏漏斗中放入滤纸。

（4）在滤纸上加入少量二氯甲烷润湿。

（5）打开真空水泵开关，指针有偏转。

（6）将烧杯中的溶液用玻璃棒引流到布氏漏斗中进行抽滤。

（7）抽滤完后，拔掉抽滤瓶中的导管。

（8）关闭真空泵。

（9）将布氏漏斗中的固体用玻璃棒转移到表面皿上。

（10）放入烘箱中烘干，得最终产物。

问题 1：若产物质量为 0.95 g，计算产率。

6. 薄层色谱分析（验证新物质及纯度检测）

（1）用药匙取少量的 3-氨基-5-巯基-1,2,4-三氮唑样品。

（2）将样品转移至试管中，滴加 1 mL 的 DMF 溶液。

（3）用药匙取少量的 2-羟基-1-萘甲醛样品。

（4）将样品转移至试管中，滴加 1mL 的 DMF 溶液。

（5）用药匙取少量的产物样品。

（6）将样品转移至试管中，滴加 1 mL 的 DMF 溶液。

（7）在距硅胶板一端 1 cm 处画一条线。

（8）用毛细管蘸取原料液 3-氨基-5-巯基-1,2,4-三氮唑。

（9）在硅胶板上点样。

（10）用新的毛细管蘸取原料液 2–羟基–1–萘甲醛。

（11）在硅胶板上点样。

（12）用新的毛细管蘸取产物液。

（13）在硅胶板上点样。

（14）打开展开瓶盖子。

（15）用 50 mL 量筒量取 30 mL 合适的展开剂溶液。

（16）倒入 100 mL 展开瓶中。

（17）将点样好的硅胶板放入展开瓶中。

（18）盖上展开瓶盖子。

（19）打开盖子。

（20）立刻取出硅胶板。

（21）用笔在硅胶板展开剂前沿部分画一条线。

（22）打开紫外灯 285 nm（紫外）开关。

（23）打开紫外灯 365 nm（荧光）开关。

（24）将硅胶板放在紫外灯下显色。

（25）记录显色位置。

（26）关闭紫外分析仪。

最后得到的薄层色谱图如图 6–14 所示。

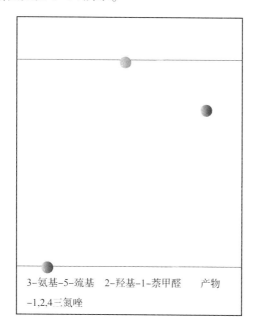

图 6–14　薄层色谱图

7. 核磁共振氢谱检测（结构验证）

（1）用药匙取少量产物（约 50 mg）。

（2）将产物转移至清洁的青霉素瓶中。

（3）将 d6–DMSO 加入青霉素瓶中，溶解样品。

（4）用带过滤膜的注射器吸取样品的 d6-DMSO 溶液。

（5）将溶液转移至核磁管中。

（6）将核磁管放入转子。

（7）将转子放入定身量筒中。

（8）调整核磁管的位置。

（9）将样品放入仪器中。

（10）按下控制器上的 LIFT 按钮，将样品管送入仪器。

（11）打开计算机和工作站。

（12）创建检测项目。

（13）在输入框中输入命令 sx_1。

（14）进行锁场操作。

（15）进行自动调谐和匀场。

（16）调节增益后开始采样。

（17）单击 Proc. Spectrum 按钮。

（18）关闭工作站。

（19）按下控制器上的 LIFT 按钮，将样品管从仪器弹出。

（20）将样品管放置到试管架中。

（21）关闭计算机。

最后得到的核磁共振氢谱图如图 6-15 所示。

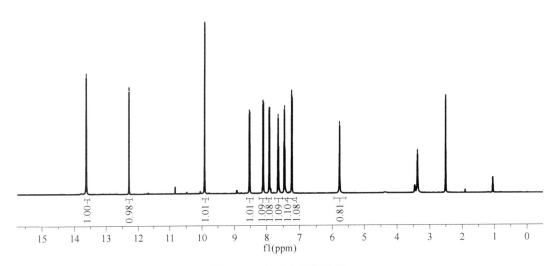

图 6-15　核磁共振氢谱图

8. 探针对金属离子的荧光选择性识别

储备液:

探针（$1×10^{-3}$ mol/L）;

金属盐: $Al(NO_3)_3$、$Ca(NO_3)_2$、$Cd(NO_3)_2$、$AgNO_3$、$Co(NO_3)_2$、$Fe(NO_3)_3$、$Fe(NO_3)_2$、$Hg(NO_3)_2$、$Mg(NO_3)_2$、$Mn(NO_3)_2$、$Ni(NO_3)_2$、$Zn(NO_3)_2$、$Cu(NO_3)_2$、$Cr(NO_3)_3$、$Pb(NO_3)_2$ 浓度均为 $1×10^{-2}$ mol/L;

10 mmol/L 的 PBS 溶液。

（1）用 0.1 mL 的吸量管吸取探针的储备液。

（2）将洗耳球放于吸量管口处吸液。

（3）移除洗耳球，使吸量管溶液下降至刻度线。

（4）将吸取的 0.1 mL 探针溶液转移至 10 mL 容量瓶中。

（5）用洗瓶向 10 mL 容量瓶中加入 PBS 溶液，当液面接近容量瓶刻度时停止。

（6）用滴管定容至刻度时停止。

（7）盖上容量瓶盖子。

（8）摇匀容量瓶溶液。

（9）用 0.1 mL 的吸量管吸取金属离子的储备液。

（10）将洗耳球放于吸量管口处吸液。

（11）移除洗耳球，使吸量管溶液下降至刻度线。

（12）将吸取的 0.1 mL 金属离子溶液转移至 10 mL 容量瓶中。

（13）用洗瓶向 10 mL 容量瓶中加入 PBS 溶液，当液面接近容量瓶刻度时停止。

（14）用滴管定容至刻度时停止。

（15）盖上容量瓶盖子。

（16）摇匀容量瓶溶液。

（17）用 PBS 溶液润洗比色皿。

（18）将比色皿中的 PBS 溶液倒入废液缸。

（19）用探针溶液润洗比色皿。

（20）将比色皿中的标准溶液倒入废液缸。

（21）将探针溶液倒入比色皿。

（22）用滤纸擦拭比色皿，将比色皿表面擦拭干净。

（23）打开分子荧光仪的盖子。

（24）将第一个比色皿放入分子荧光仪中。

（25）关闭分子荧光仪的盖子。

（26）打开计算机，打开工作站。

（27）单击仪器设置按钮，设置光源，设置完毕关闭设置界面。

（28）单击扫描按钮，设置发射光谱参数如下，单击出图按钮。

开始: 380 nm; 结束: 650 nm; 激发波长: 342 nm; 激发狭缝: 10 nm; 发射狭缝: 10 nm; 扫描速度: 1 000 nm/min。

（29）同样的方法测试，加入 10 倍量不同金属离子的探针的荧光发射光谱，得到如

图 6-16 所示的发射光谱图。

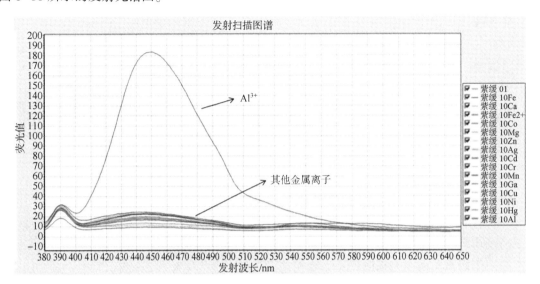

图 6-16　发射光谱图

9. 探针对 Al^{3+} 的滴定分析（绘制标准工作曲线，线性回归方程求算）

储备液：

样品 1［探针（0.01 mmol/L），10 mmol/L 的 PBS 溶液］；

样品 2［探针（0.01 mmol/L），$Al(NO_3)_3$（0.01 mmol/L），10 mmol/L 的 PBS 溶液］；

样品 3［探针（0.01 mmol/L），$Al(NO_3)_3$（0.02 mmol/L），10 mmol/L 的 PBS 溶液］；

样品 4［探针（0.01 mmol/L），$Al(NO_3)_3$（0.03 mmol/L），10 mmol/L 的 PBS 溶液］；

样品 5［探针（0.01 mmol/L），$Al(NO_3)_3$（0.04 mmol/L），10 mmol/L 的 PBS 溶液］；

样品 6［探针（0.01 mmol/L），$Al(NO_3)_3$（0.05 mmol/L），10 mmol/L 的 PBS 溶液］；

样品 7［探针（0.01 mmol/L），$Al(NO_3)_3$（0.06 mmol/L），10 mmol/L 的 PBS 溶液］；

样品 8［探针（0.01 mmol/L），$Al(NO_3)_3$（0.07 mmol/L），10 mmol/L 的 PBS 溶液］；

样品 9［探针（0.01 mmol/L），$Al(NO_3)_3$（0.08 mmol/L），10 mmol/L 的 PBS 溶液］；

样品 10［探针（0.01 mmol/L），$Al(NO_3)_3$（0.09 mmol/L），10 mmol/L 的 PBS 溶液］；

样品 11［探针（0.01 mmol/L），$Al(NO_3)_3$（0.10 mmol/L），10 mmol/L 的 PBS 溶液］；

样品 12［探针（0.01 mmol/L），$Al(NO_3)_3$（0.11 mmol/L），10 mmol/L 的 PBS 溶液］；

样品 13［探针（0.01 mmol/L），$Al(NO_3)_3$（0.12 mmol/L），10 mmol/L 的 PBS 溶液］；

样品 14［探针（0.01 mmol/L），$Al(NO_3)_3$（0.13 mmol/L），10 mmol/L 的 PBS 溶液］；

样品 15［探针（0.01 mmol/L），$Al(NO_3)_3$（0.14 mmol/L），10 mmol/L 的 PBS 溶液］；

样品 16［探针（0.01 mmol/L），$Al(NO_3)_3$（0.15 mmol/L），10 mmol/L 的 PBS 溶液］。

（1）用样品 1 溶液润洗比色皿。

（2）将比色皿中的样品 1 溶液倒入废液缸。

（3）将样品 1 溶液转移至比色皿中。

（4）用滤纸擦拭比色皿，将比色皿表面擦拭干净。

（5）打开分子荧光仪的盖子。

（6）将比色皿放入分子荧光仪中。

（7）关闭分子荧光仪的盖子。

（8）单击浓度测定按钮，单击"设定"标签页，设置测定参数如下，设置完参数单击"标准"标签页。

激发波长：342 nm；发射波长：450 nm；激发狭缝：10 nm；发射狭缝：10 nm；浓度单位：mmol/L。

（9）填写样品 1 浓度（Al^{3+} 离子浓度），单击浓度测定按钮。

（10）关闭工作站。

（11）打开分子荧光仪的盖子。

（12）将第一个比色皿放置到桌面上。

（13）将第二个比色皿放入分子荧光仪中。

（14）关闭分子荧光仪的盖子。

（15）填写样品 2 浓度，单击浓度测定按钮。

（16）关闭工作站。

（17）打开分子荧光仪的盖子。

（18）将仪器中的比色皿放置到桌面上。

（19）将第三个比色皿放入分子荧光仪中。

（20）关闭分子荧光仪的盖子。

（21）填写样品 3 浓度，单击浓度测定按钮。

（22）关闭工作站。

（23）打开分子荧光仪的盖子。

（24）将装有样品的比色皿放置到桌面。

（25）关闭分子荧光仪的盖子。

最后得到的实验数据如表 6-35 所示。

表 6-35　实验数据（1）

名称	Al^{3+}离子浓度/（mmol·L^{-1}）	荧光强度
样品 1	0	10.07
样品 2	0.01	20.84
样品 3	0.02	30.69
样品 4	0.03	40.9
样品 5	0.04	52.7
样品 6	0.05	63.8
样品 7	0.06	77.03
样品 8	0.07	91.49
样品 9	0.08	104.7

名称	Al^{3+}离子浓度/（mmol · L^{-1}）	荧光强度
样品 10	0.09	120.2
样品 11	0.10	132
样品 12	0.11	142.5
样品 13	0.12	140.5
样品 14	0.13	143.8
样品 15	0.14	144
样品 16	0.15	144.2

10. 探针对 Al^{3+}的加样回收率测试（分析方法准确度）

储备液：

样品 1［探针（0.01 mmol/L），Al（NO$_3$）$_3$（0.005 mmol/L），标准 Al^{3+}（0.005 mmol/L）；10 mmol/L 的 PBS 溶液］；

样品 2［探针（0.01 mmol/L），Al（NO$_3$）$_3$（0.005 mmol/L），标准 Al^{3+}（0.005 mmol/L）；10 mmol/L 的 PBS 溶液］；

样品 3［探针（0.01 mmol/L），Al（NO$_3$）$_3$（0.005 mmol/L），标准 Al^{3+}（0.005 mmol/L）；10 mmol/L 的 PBS 溶液］。

（1）用样品 1 溶液润洗比色皿。

（2）将比色皿中的样品 1 溶液倒入废液缸。

（3）将样品 1 溶液转移至比色皿中。

（4）用滤纸擦拭比色皿，将比色皿表面擦拭干净。

（5）打开分子荧光仪的盖子。

（6）将比色皿放入分子荧光仪中。

（7）关闭分子荧光仪的盖子。

（8）单击浓度测定按钮，单击"设定"标签页，设置测定参数如下，设置完参数单击"标准"标签页。

激发波长：342 nm；发射波长：450 nm；激发狭缝：10 nm；发射狭缝：10 nm；浓度单位：mmol/L。

（9）填写样品 1 浓度（Al^{3+}离子浓度），单击浓度测定按钮。

（10）关闭工作站。

（11）打开分子荧光仪的盖子。

（12）将第一个比色皿放置到桌面上。

（13）将第二个比色皿放入分子荧光仪中。

（14）关闭分子荧光仪的盖子。

（15）填写样品 2 浓度，单击浓度测定按钮。

（16）关闭工作站。

（17）打开分子荧光仪的盖子。

（18）将仪器中的比色皿放置到桌面上。

（19）将第三个比色皿放入分子荧光仪中。

（20）关闭分子荧光仪的盖子。

（21）填写样品 3 浓度，单击浓度测定按钮。

最后得到的实验数据如表 6-36 所示。

表 6-36　实验数据（2）

名称	原始值 Al^{3+} 离子浓度/ $(mmol \cdot L^{-1})$	加入值 Al^{3+} 离子浓度/ $(mmol \cdot L^{-1})$	荧光强度
样品 1	0.005	0.005	18.60
样品 2	0.005	0.005	18.55
样品 3	0.005	0.005	18.75

11. 海蜇水样中 Al^{3+} 的测试实验（应用分析）

储备液：

样品 1：海蜇养殖水样［探针（0.01 mmol/L），海蜇养殖水样，10 mmol/L 的 PBS 溶液］；

样品 2：加标样品［探针（0.01 mmol/L），海蜇养殖水样，标准 Al^{3+}（0.01 mmol/L）；10 mmol/L 的 PBS 溶液］。

（1）用样品 1 溶液润洗比色皿。

（2）将比色皿中的样品 1 溶液倒入废液缸。

（3）将样品 1 溶液转移至比色皿中。

（4）用滤纸擦拭比色皿，将比色皿表面擦拭干净。

（5）打开分子荧光仪的盖子。

（6）将比色皿放入分子荧光仪中。

（7）关闭分子荧光仪的盖子。

（8）单击浓度测定按钮，单击"设定"标签页，设置测定参数如下，设置完参数单击"标准"标签页。

激发波长：342 nm；发射波长：450 nm；激发狭缝：10 nm；发射狭缝：10 nm；浓度单位：mmol/L。

（9）填写样品 1 浓度（Al^{3+} 离子浓度），单击浓度测定按钮。

（10）关闭工作站。

（11）打开分子荧光仪的盖子。

（12）将第一个比色皿放置到桌面上。

（13）将第二个比色皿放入分子荧光仪中。

（14）关闭分子荧光仪的盖子。

（15）填写样品 2 浓度，单击浓度测定按钮。

最后得到的实验数据如表 6-37 所示。

表 6-37 实验数据（3）

名称	海蜇养殖水样	标准样品 Al^{3+} 离子浓度/ （mmol·L^{-1}）	荧光强度
样品 1	未知	0	9.95
样品 2	未知	0.01	19.08

五、实验数据

（1）若减压抽滤后的产物质量为 0.95 g，计算产率。

（2）根据得到的核磁共振氢谱图，进行谱图解析，并得出结论。

（3）根据探针对不同浓度 Al^{3+} 的荧光测试实验数据，绘制标准工作曲线，求出线性回归方程及线性范围。

（4）根据探针对 Al^{3+} 的加标回收率测试数据，求出 Al^{3+} 离子浓度，计算加样回收率。

（5）根据海蜇养殖水样中 Al^{3+} 离子浓度测试结果，查阅资料，分析是否符合地下水质量标准中的Ⅲ类标准。

六、拓展内容

若选取本地两种不同品牌的即食海蜇产品（1 号，2 号），分别取 25 g 进行预处理成 1 000 mL 溶液（10 mmol/L 的 PBS），测试结果如表 6-38 所示。

表 6-38 海蜇样品中 Al^{3+} 离子浓度测量

名称	荧光值	Al^{3+} 离子浓度/（mmol·L^{-1}）
1 号	67.90	
2 号	121.90	
1 号+0.01 mmol/L 标准	82.35	
2 号+0.01 mmol/L 标准	130.10	

计算：

（1）样品中海蜇浓度（mg/L）。

（2）查阅文献，海蜇产品中 Al^{3+} 离子浓度是否超标？

（3）若 Al^{3+} 离子浓度超标，请根据实验结果分析海蜇中铝超标的可能原因。

参 考 文 献

［1］南京大学《无机及分析化学实验》编写组. 无机及分析化学实验［M］. 5 版. 北京：高等教育出版社，2015.

［2］何英，李青，王桂英. 无机与分析化学实验［M］. 北京：北京理工大学出版社，2022.

［3］朱玲，徐春祥. 无机化学实验［M］. 北京：高等教育出版社，2005.

［4］辛剑，孟长功. 基础化学实验［M］. 北京：高等教育出版社，2004.

［5］大连理工大学无机化学教研室. 无机化学实验［M］. 3 版. 北京：高等教育出版社，2014.

［6］吴茂英，郝志峰. 微型无机化学实验［M］. 北京：化学工业出版社，2022.

［7］邓海山，张建会. 分析化学实验［M］. 2 版. 武汉：华中科技大学出版社，2019.

［8］蔡蒳，唐意红. 分析化学实验［M］. 2 版. 上海：上海交通大学出版社，2015.

［9］天津大学物理化学教研室. 物理化学［M］. 5 版. 北京：高等教育出版社，2009.

［10］北京大学物理化学教研室. 物理化学实验［M］. 北京：北京大学出版社，1980.

［11］沈阳化工大学物理化学教研室. 物理化学实验［M］. 北京：化学工业出版社，2012.

［12］蔡显鄂. 物理化学实验［M］. 北京：高等教育出版社，2000.

［13］顾月姝，宋淑娥. 物理化学实验［M］. 2 版. 北京：化学工业出版社，2007.

［14］蔺红桃，柳玉英，王平. 仪器分析实验［M］. 北京：化学工业出版社，2020.

［15］千宁，沈昊宇. 现代仪器分析实验［M］. 北京：化学工业出版社，2019.

［16］张晓明. 仪器分析［M］. 杭州：浙江大学出版社，2012.

［17］赵艳霞，段怡萍. 仪器分析应用技术［M］. 北京：中国轻工业出版社，2011.

［18］王淑美. 仪器分析实验［M］. 北京：中国中医药出版社，2013.

附　录

附录 1　常见物质的溶解性

组成	Mg^{2+}	Ca^{2+}	Al^{3+}	Zn^{2+}	Cu^{2+}	Ba^{2+}	Fe^{2+}	Fe^{3+}	Co^{2+}	Ni^{2+}	Ag^+	Hg_2^{2+}	Hg^{2+}	Cr^{3+}	Mn^{2+}	Pb^{2+}	Cd^{2+}	Bi^{3+}	As^{3+}	Sn^{2+}	Sn^{4+}
O^{2-}	HCl	略溶, HCl	HCl	HCl	HCl	HCl	HCl	HCl	HCl	HCl	HNO_3	HNO_3	HCl	HCl	HCl	HNO_3	HCl	HNO_3	HCl	HCl	略溶, HCl
S^{2-}	水	水	水解, HCl	HCl	HNO_3	水	HCl	HCl	HNO_3	HNO_3	HNO_3	王水	王水	水解, HCl	HCl	HNO_3	HNO_3	HNO_3	HNO_3	浓 HCl	浓 HCl
F^-	HCl	不溶	水	HCl	略溶, HCl	略溶	略溶, HCl	略溶, HCl	HCl	HCl	水	水	水	水	HCl	略溶, HNO_3	略溶, HCl	HCl	—	水	水
Cl^-	水	水	水	水	水	水	水	水	水	水	不溶	HNO_3	水	水	水	沸水	水	水解, HCl	水解, HCl	水解, HCl	水解, HCl
Br^-	水	水	水	水	水	水	水	水	水	水	不溶	HNO_3	水	水	水	不溶	水	水解, HCl	水解, HCl	水解, HCl	水解, HCl
I^-	水	水	水	水	略溶	水	水	水	水	水	不溶	HNO_3	HCl	水	水	略溶, HNO_3	水	HCl	水	水	水解, HCl

续表

组成	Mg^{2+}	Ca^{2+}	Al^{3+}	Zn^{2+}	Cu^{2+}	Ba^{2+}	Fe^{2+}	Fe^{3+}	Co^{2+}	Ni^{2+}	Ag^+	Hg_2^{2+}	Hg^{2+}	Cr^{3+}	Mn^{2+}	Pb^{2+}	Cd^{2+}	Bi^{3+}	As^{3+}	Sn^{2+}	Sn^{4+}
OH^-	HCl	略溶，HCl	HCl	HCl	HCl	HCl	HCl	HCl	HCl	HCl	HNO_3	—	—	HCl	HCl	HNO_3	HCl	HCl	—	HCl	不溶
CO_3^{2-}	略溶	HCl	—	HCl	HCl	HCl	HCl	—	HCl	HCl	HNO_3	HNO_3	HCl	—	HCl	HNO_3	HCl	HCl	—	—	—
$C_2O_4^{2-}$	水	HCl	HCl	HCl	HCl	HCl	HCl	HCl	HCl	HCl	HNO_3	HNO_3	HCl	HCl	HCl	HNO_3	HCl	HCl	—	HCl	水
PO_4^{3-}	HCl	HCl	HCl	HCl	HCl	HCl	HCl	HCl	HCl	HCl	HNO_3	HNO_3	HCl	HCl	HCl	HNO_3	HCl	HCl	—	HCl	HCl
NO_2^-	水	水	水	水	水	水	—	水	水	水	热水	水	水	水	水	水	水	—	—	—	—
NO_3^-	水	水	水	水	水	水	水	水	水	水	水	略溶，HNO_3	水	水	水	水	水	略溶，HNO_3	—	—	—
SO_3^{2-}	水	HCl	HCl	HCl	HCl	HCl	HCl	—	HCl	HCl	HNO_3	HNO_3	HCl	—	HCl	HNO_3	HCl	—	—	HCl	—
SO_4^{2-}	水	微溶	水	水	水	不溶	水	水	水	水	略溶	略溶	略溶	水	水	不溶	水	略溶	—	水	—
$S_2O_3^{2-}$	水	水	水	HCl	—	HCl	水	—	水	水	HNO_3	—	—	—	水	HNO_3	水	—	—	水	水
AsO_3^{3-}	HCl	HCl	—	HCl	HCl	HCl	HCl	HCl	HCl	HCl	HNO_3	HNO_3	HCl	—	HCl	HNO_3	HCl	HCl	—	HCl	—

续表

组成	Mg^{2+}	Ca^{2+}	Al^{3+}	Zn^{2+}	Cu^{2+}	Ba^{2+}	Fe^{2+}	Fe^{3+}	Co^{2+}	Ni^{2+}	Ag$^+$	Hg$_2^{2+}$	Hg^{2+}	Cr^{3+}	Mn^{2+}	Pb^{2+}	Cd^{2+}	Bi^{3+}	As^{3+}	Sn^{2+}	Sn^{4+}
AsO$_4^{3-}$	HCl	HCl	HCl	HCl	HCl	HCl	HCl	HCl	HCl	HCl	HNO$_3$	HNO$_3$	HCl	HCl	HCl	HNO$_3$	HCl	HCl	—	HCl	HCl
CrO$_4^{2-}$	水	水	—	水	水	HCl	—	水	HCl	HCl	HNO$_3$	HNO$_3$	HCl	HCl	略溶, HCl	HNO$_3$	HCl	HCl	—	HCl	—
SiO$_3^{2-}$	HCl	HCl	HCl	HCl	HCl	HCl	HCl	HCl	HCl	HCl	HNO$_3$	—	—	HCl	HCl	HNO$_3$	HCl	HCl	—	—	—
CN$^-$	水	水	—	HCl	HCl	HCl	不溶	—	HNO$_3$	HNO$_3$	不溶	—	水	HCl	HCl	HNO$_3$	HCl	—	—	—	—
CNS$^-$	水	水	水	水	HNO$_3$	水	水	水	水	水	不溶	HNO$_3$	水	水	水	HNO$_3$	HCl	—	—	—	水
[Fe(CN)$_6$]$^{4-}$	水	水	—	不溶	不溶	水	不溶	不溶	不溶	不溶	不溶	—	—	—	HCl	不溶	不溶	—	—	—	不溶
[Fe(CN)$_6$]$^{3-}$	水	水	—	HCl	不溶	水	不溶	水	不溶	不溶	不溶	—	不溶	—	不溶	不溶	不溶	—	—	不溶	—

附录2　常见离子和化合物的颜色

表1　常见离子的颜色

颜色	种类
无色阳离子	Ag^+,Cd^{2+},K^+,Ca^{2+},As^{3+}(在溶液中主要以 AsO_3^{3-} 存在),Pb^{2+},Zn^{2+},Na^{2+},Sr^{2+},As^{5+},AsO_4^{3-},Hg_2^{2+},Bi^{3+},NH_4^+,Ba^{2+},Sb^{3+},Sb^{5+}(主要以 $SbCl_6^{3-}$ 或 $SbCl_6^-$存在),Hg^{2+},Mg^{2+},Al^{3+},Sn^{2+},Sn^{4+}
有色阳离子	Mn^{2+}浅玫瑰色,稀溶液无色;$[Fe(H_2O)_6]^{3+}$淡紫色,但平时所见 Fe^{3+}盐溶液为黄色或红棕色;Fe^{2+}浅绿色,稀溶液无色;Cr^{3+}绿色或紫色;Co^{2+}玫瑰色;Ni^{2+}绿色;Cu^{2+}浅蓝色
无色阴离子	SO_4^{2-},PO_4^{3-},F^-,SCN^-,$C_2O_4^{2-}$,MoO_4^{2-},SO_3^{2-},BO_2^-,Cl^-,NO_3^-,S^{2-},WO_4^{2-},$S_2O_3^{2-}$,$B_4O_7^{2-}$,Br^-,NO_2^-,ClO_3^-,VO_3^-,CO_3^{2-},SiO_3^{2-},I^-,Ac^-,BrO_3^-
有色阴离子	$Cr_2O_7^{2-}$ 橙色,CrO_4^{2-} 黄色,MnO_4^- 紫色,MnO_4^{2-} 绿色,$[Fe(CN)_6]^{4-}$黄绿色,$[Fe(CN)_6]^{3-}$黄棕色,I_3^- 棕黄色

表2　常见化合物的颜色

颜色	种类
黑色	Ag_2O,Ag_2S,BiI_3,Bi_2S_3(棕黑),Co_3O_4,CoS,CuO,CuS,Cu_2S,$Fe[Fe(CN)_6]$,FeO,Fe_3O_4,FeS,HgS^*,MnO_2,NiO,Ni_2O_3,$Ni(OH)_3$,NiS,PbS,SnO,$TiCl_2$,TeI_4(灰黑),VO,V_2O_3(灰黑),V_2S_3(棕黑)
蓝色	$CoCl_2·H_2O$(蓝棕),$Co(OH)Cl$,$CoCl_2$(无水),$CrO(O_2)_2$(aq),$Cr(OH)_3$(灰蓝),$Cu(BO_2)_2$,$Cu(OH)_2$(浅蓝),$[Cu(H_2O)_4]SO_4$,$[Cu(OH)_4]SO_4$(蓝紫),$[Cu(NH_3)_4]SO_4$(深蓝),$[Cu(en)_2]SO_4$(深蓝紫),$CuCl_2·2H_2O$,$Cu_2(OH)_2CO_3$,$CuSiO_3$,$Fe_2[Fe(CN)_6]$,$K[Fe(CN)_6Fe]$(深蓝),N_2O_3(低温),$NaBO_2·Co(BO_2)_2$,VO_2
绿色	$Co_2[Fe(CN)_6]$,CoO(灰绿),Cr_2O_3,$[Cr(H_2O)_5Cl]^{2+}$(蓝绿),$[Cr(H_2O)_4Cl_2]Cl$,$[Cr(H_2O)_5Cl]Cl_2$,$CrCl_3·6H_2O$,$Cr(OH)_3$(灰绿),$[Cr(OH)_4]Cl$(亮绿),$Cr_2(SO_4)_3·6H_2O$,$CuCl_2$(aq,黄绿),$Cu(OH)_2·CuCO_3$(墨绿),$CuSCN$(暗绿),$K_2[CuCl_4]$,$FeSO_4·7H_2O$,Hg_2I_2(黄绿),K_2MnO_4,MnS(无水,深绿),$Ni(OH)_2$,NiO(暗绿),$Ni(OH)_3$,$Ni(CN)_2$,$Ni[Fe(CN)_6]$,$Ni(OH)_2CO_3$(浅绿),$NiSiO_3$(翠绿),$Ni(BO_2)_2$,$[Ti(H_2O)_5Cl]Cl_2·H_2O$,$[TiCl(H_2O)_5]Cl_3$,$[V(H_2O)_6]Cl_3$,VF_4
黄色	$AgBr$,AgI,Ag_3PO_4,Ag_2SiO_3,As_2S_3,$BiO(OH)$(灰黄),$BaCrO_4$,Bi_2O_3,$CaCrO_4$,$CdCrO_4$,CdO(棕黄),$[Co(NH_3)_6]Cl_2$(土黄),CdI_2,CdS,ClO_2,$CuBr$,CuI,$[Cr(NH_3)_6]Cl_3$,$[Cr(NH_3)_5H_2O]Cl_3$(橙黄),K_2CrO_4,$K_2Cr_2O_7$(橙色),$Cu(OH)$,$Cu(CN)_2$,FeC_2O_4,$FeCrO_4·2H_2O$,$K_4[Fe(CN)_6]$,$K_3[FeCl_6]$,$FeCl_3·6H_2O$(棕黄),$K_3[Fe(C_2O_4)_3]$,$Fe(C_5H_5)_2$,$FePO_4$,$HgSO_4$,Hg_2CO_3,$K_2[PtCl_6]$,$K_3[Co(NO_2)_6]$,$K_4[Fe(CN)_6]$,$K_2Na[Co(NO_2)_6]$,$M_2Fe_6(SO_4)_4(OH)_{12}$(黄铁矾,$M=NH_4$,Na,K),$NaBiO_3$,$NaAc·Zn(Ac)_2·3[UO_2(Ac)_2]·9H_2O$,$(NH_4)_3PO_4·12MoO_2·6H_2O$,$PbCrO_4$,$PbO$,$PbI_2$,$SbI_3$,$SnS_2$,$SrCrO_4$,$Zn_3[Fe(CN)_6]_2$(黄褐)

颜色	种类
红色	$AgCrO_4$(砖红),Bi_2O_5(红棕),$Cr_2(SO_4)_3$(桃红),CuF,Cu_2O,$Cu[Fe(CN)_6]$(暗红),Fe_3O_4,$Fe(OH)_3$(红棕),$FeCl_3$,HgS,HgO,HgI_2,Hg_2O,$K_2Cr_2O_7$,$K_3[Fe(CN)_6]$(血红),$Na_2Cr_2O_7$,NO_2(红棕),MnS,Pb_3O_4,SnI_4,Sb_2S_3(橘红),V_2O_5(砖红)
粉红色	$CoCl_2 \cdot 6H_2O$,$Co(OH)_3$,$[Co(H_2O)_6]Cl_2$,$[Co(NH_3)_5(H_2O)]Cl_3$,$MnSO_4 \cdot 7H_2O$
紫色	$K_3[Co(CN)_6]$,$CoCl_2 \cdot 2H_2O$(紫红),$CoSiO_3$,$[Co(NH_3)_4(CO_3)]Cl$(紫红),$[CoCl(NH_3)_5]Cl_2$(紫红),$Cr_2(SO_4)_3 \cdot 18H_2O$(紫红),$[Cr(NH_3)_2(H_2O)_4]Cl_3$(紫红),$[Cr(H_2O)_6]Cl_3$(蓝紫),$[Cu(NH_3)_4]SO_4$(蓝紫),$CuBr_2$(紫黑),$KMnO_4$,$[Ni(NH_3)_6]Cl_3$(蓝紫),$(NH_4)_2Fe(SO_4)_2 \cdot 12H_2O$(浅紫),$[Ti(H_2O)_6]Cl_3$,$[V(H_2O)_6]Cl_2$(蓝紫)
棕色	CdO,$CoCl_2 \cdot H_2O$(蓝棕),$[Co(NH_3)_6]Cl_3$(红棕),$FeCl_3 \cdot 6H_2O$,$K_3[Fe(CN)_6]$,$Fe(OH)_2$,Fe_2O_3,$MnO(OH)$(棕黑),PbO_2(棕褐),V_2O_5,WO_2(红棕)

*某些人工制备和天然产物的物质常有不同的颜色,如沉淀生成的 HgS 为黑色,天然的是朱红色。